Generis
PUBLISHING

AF409498

Einführung in den Elektromagnetismus nach Maxwell

(Elektromagnetische Mechanik)

André Michaud

CIP a Camerei Naționale a Cărții

Einführung in den Elektromagnetismus nach Maxwell : (Elektromagnetische Mechanik)/André Michaud. – Chișinău : Generis Publishing, 2020 (Print on demand). – 290 p. : fig., tab.

Tit. orig.: Introduction à l'électromagnétisme selon Maxwell. - Referințe bibliogr.: p. 281-290 (100 tit.).

ISBN 978-9975-3238-6-4.

537.8

M 65

Cover image: www.pixabay.com

Generis Publishing

Online orders: www.generis-publishing.com

Orders by email: info@generis-publishing.com

"Die Dinge geschehen in dieser Welt,

wenn jemand sie geschehen lässt"

Inhaltsverzeichnis

Vorwort

Damit die erste mechanische Erklärung für die Emission und Absorption elektromagnetischer Photonen durch Elektronen in der Physikgemeinde derzeit Sinn macht, kann die Erklärung zu diesem Zeitpunkt nur aus vier unvertrauten Aspekten des Elektromagnetismus erfolgen, von denen zwei sehr junge Entwicklungen sind, die gerade aus diesem Grund nicht gut bekannt sind, die die im Jahr 2000 vorgeschlagene dreiräumliche Geometrie und Paul Marmets Ableitung sind, die nur drei Jahre später veröffentlicht wurde. Beide müssen mit Louis de Broglies Hypothese über die mögliche innere elektromagnetische Struktur des lokalisierten Photons und Maxwells anfänglicher Schlussfolgerung korreliert werden, dass sowohl elektrische als auch magnetische Felder sich gegenseitig induzieren müssen, damit die Existenz elektromagnetischer Energie korrekt beschrieben werden kann.

Leider sind sowohl de Broglies Hypothese als auch Maxwells anfängliche Interpretation, obwohl formal in der Literatur verfügbar, den meisten in der gegenwärtigen Physik-Gemeinschaft unvertraut, weshalb die Abfolge der Argumente im letzten Artikel dieses Projekts so angeordnet ist, dass alle vier unvertrauten Aspekte nach und nach mit den wichtigsten bekannten Schlussfolgerungen, die zuvor über Elementarteilchen gezogen wurden, verbunden werden, um wie alle vier unvertrauten Aspekte mit der Beobachtung harmonieren zu zeigen, und folglich als solide Grundlage zur Erklärung der Photonenemission und -absorption verwendet werden können.

Diese Unvertrautheit mit den Schlussfolgerungen von Maxwell und de Broglie ist hauptsächlich auf die Dominanz der Kopenhagener Interpretation im letzten Jahrhundert zurückzuführen, eine Dominanz, die schließlich in der orthodoxen Physikgemeinschaft so absolut wurde, dass viele der wichtigsten bahnbrechenden Arbeiten die von Max Planck, Albert Einstein und Louis de Broglie veröffentlicht wurden, neben anderen wichtigen Beiträgen zum Fortschritt des Wissens in der Physik, die sich dieser Interpretation widersetzten, nicht mehr erwähnt werden und bis heute nicht einmal ins Englische übersetzt wurden, um sie der weltweiten Physikgemeinschaft zur Verfügung zu stellen. Nirgendwo wird der schändliche Einfluss der Kopenhagener Interpretation auf die Physikgemeinschaft besser ins rechte Licht gerückt als in einer Analyse, die ursprünglich auf Deutsch von Franco Selleri 1983 unter dem Titel "*Die Debatte um die Quantentheorie*" veröffentlicht wurde [1].

Dieses Übersetzungsproblem wird derzeit von Organisationen wie der von Vesselin Petkov gegründeten *Minkowski Institute Press* bearbeitet, die sich der Bereitstellung vieler dieser Grundpapiere in englischer Sprache widmet. In der beeindruckenden Liste solcher unübersetzten Papiere machte mich mein Freund Fritz Lewertoff, der die allererste Übersetzung von Herman Minkowskis "*Das Relativitätsprinzip*" ("*The Relativity Principle*") [2] 2012 ins Englische lieferte, auf zwei weitere wichtige Papiere in dieser Liste aufmerksam, deren frühere Übersetzung vielleicht es ermöglicht haben könnte, den Fortschritt in der fundamentalen Physik viel früher wieder aufzunehmen, und jetzt befinden sich in dem Übersetzungsprozess.

Der erste ist der Text eines Vortrags von Max Planck vom 12. November 1930 mit dem Titel "*Positivismus und reale Aussenwelt*" [3], in dem er die Art und Weise ausstellt, in der sich der Skeptizismus in der Fundamentalphysik durchgesetzt hatte, bis hin zu Zweifeln an der logischen Argumentation selbst offenbart, und wie eine solche Haltung, die er drei Jahre zuvor auf dem Solvey-Kongress 1927 gerade erst beobachtet worden war, und die die Gemeinschaft zu dem Mangel an Fortschritt führen konnte, das wir seit Jahrzehnten in der physikalischen Grundlagenforschung beobachten. Diese schädliche Philosophie, die von Bohr, Heisenberg und Sommerfeld aktiv gefördert wurde, wurde letztendlich als die "*Kopenhagener Interpretation*" bekannt, und zum Leidwesen all derer in der Gemeinschaft, die an den Nutzen der Rationalität glauben, in den letzten 90 Jahren die dominierende Philosophie in der orthodoxen Fundamentalphysik-Gemeinschaft geworden ist.

Die auffälligste Aussage in Plancks Vortrag ist eine Bemerkung, die sicherlich als eine Warnung vor den Gefahren der damals in der Fundamentalphysik-Gemeinschaft immer mehr um sich greifenden Skepsis gegenüber dem logischen Denken gedacht war, wonach wir die Realität auf der fundamentalen Ebene nie klarer verstehen werden können als die vagen Umrisse, die die statistische Beschreibungsmethode Heisenbergs erlaubt, die ein axiomatisches Dogma ist, das in direktem Widerspruch zu unserem heutigen Verständnis der subatomaren Ebene aus der elektromagnetischen Perspektive steht:

> *"Ein Menschenkind, das seine eigene Zukunft als durch das Schicksal zwangsläufig vorherbestimmt ansieht, oder ein Volk, das den Prophezeiungen seines naturgesetzlich festgelegten Unterganges Glauben schenkt, bekundet damit in Wirklichkeit nur,*

daß es den rechten Willen zum Aufstieg nicht aufzubringen vermag." ([3], S. 34).

Plancks Besorgnis über diesen Vertrauensverlust in logisches Denken, das schien der orthodoxe Glaube in die fundamentale Physik-Gemeinschaft zu werden, sich bald als gerechtfertigt erwiesen zu haben, und bereits 1953 prangerte Schrödinger dies unverblümt an, in einem Werk, das immer noch nicht ins Englische übersetzt wurde um der internationalen Gemeinschaft zur Verfügung gestellt zu werden ([4], S. 16). Siehe Zitat dieser Denunziation in Abschnitt 2.1.

Die Analyse von Planck hebt deutlich hervor das begrenzte Spektrum an Fortschrittsmöglichkeiten, das der statistische Ansatz bietet, die auf dem Vormarsch in der Physik-Forschungsgemeinschaft war, im Vergleich zu denen, die der dynamische Ansatz bietet, in der klaren Identifizierung der Naturgesetze.

Der zweite Text ist eine unglaublich wichtige Arbeit von Albert Einstein aus dem Jahr 1910 [5] verfügbar ist und den im letzten Jahrhundert praktisch niemand gelesen oder auf den sich niemand bezogen hat, aus dem einfachen Grund, dass die einzige existierende Version dieses Textes eine Übersetzung des verlorenen deutschen Originals ins Französische ist, mit dem Titel *"Le Principe de relativité et ses conséquences dans la physique moderne"* (*"Das Relativitätsprinzip und seine Konsequenzen in der modernen Physik"*).

Die Bedeutung dieses Artikels liegt in der Tatsache, dass er zeigt, dass Einstein bereits 1910 die 1:1 Identitätsbeziehung zwischen der elektrodynamischen Kraft, die zur Beschleunigung der Ladung e des Elektrons führt, wenn es in einem elektrischen Feld E gehalten wird, und der Gravitationskraft, die zur Beschleunigung der Masse m desselben Elektrons führt, erkannt hat, wie sie von Newton für makroskopische Massen aufgestellt wurde und die er mit Gleichung (2) auf Seite 143 dieses Artikels zusammenfasste:

> *"On peut, par exemple, obtenir de cette façon les équations du mouvement d'un point matériel de masse m portant une charge électrique e (par exemple un électron) et soumis à l'action d'un champ électromagnétique. On connaît, en effet, les équations du mouvement d'un point matériel à l'instant où sa vitesse est nulle. D'après les équations de Newton et la définition de l'intensité du champ électrique, on a:"*

Vorläufige Rückübersetzung ins Deutsche, in Ermangelung des verlorenen Originals:

"Zum Beispiel können wir auf diese Weise erhalten die Bewegungsgleichungen eines materiellen Punktes der Masse m, der eine elektrische Ladung e (z.B. ein Elektron) trägt und der Einwirkung eines elektromagnetischen Feldes ausgesetzt ist. Wir kennen die Bewegungsgleichungen eines materiellen Punktes in dem Moment, in dem seine Geschwindigkeit Null ist. Nach den Newtonschen Gleichungen und der Definition der elektrischen Feldstärke haben wir:"

$$(2) \qquad m\,\frac{\mathrm{d}^2 x}{\mathrm{d}t^2} = e\mathbf{E}_x \qquad ([5],\ \text{S. } 143)$$

Dieses seinerseits richtige Verständnis der Beziehung zwischen der unveränderlichen Ruhemasse und der unveränderlichen Ladung des Elektrons erklärt sicherlich seine nach wie vor bestehende Intuition, dass die Gravitation mit dem Elektromagnetismus in Verbindung gebracht werden muss, wie wir in Abschnitt 1.7.1 weiter analysieren werden. Es ist allgemein bekannt, dass er sich gegen Ende seines Lebens dafür eingesetzt hatte, dass die Gravitation mit dem Elektromagnetismus in Verbindung gebracht werden muss, und dass er offen dafür eintrat, dass dieser Weg untersucht werden sollte, auch wenn dies bedeutete, dass seine Theorien der Speziellen Relativität (SR) und der Allgemeinen Relativität (AR) als physikalisch nicht anwendbar aufgegeben werden mussten, d.h. selbst wenn sich seine Theorien letztlich nur als *"ein Luftschloss"* herausstellten, wie er 1954 schrieb [6].

Tatsächlich kam die Entwicklung dieser *Relativitäts*theorien zu Beginn des 20. Jahrhunderts aufgrund einer angeblichen Unmöglichkeit zustande absolute Bewegung im Universum nachzuweisen, wobei dem Konzept der *relativen Bewegung* gegenüber der *absoluten Bewegung* der Vorrang gegeben wurde, auf das der Mathematiker Henri Poincaré in einer kurzen Notiz, die von der französischen *Académie des Sciences* im Juni 1905 weit verbreitet wurde. Diese Frage wird in Abschnitt 3.4, und Unterabschnitte 3.5.1 und 3.17.1 behandelt.

Bedauerlicherweise hatte die Kopenhagener Interpretation, als Einstein diese Empfehlung einige Jahre vor seinem Tod im Jahre 1955, dass dem Elektromagnetismus mehr Aufmerksamkeit geschenkt werden sollte, formulierte, bereits den gesamten Bereich der physikalischen Grundlagenforschung erobert, wie durch Schrödingers 1953 Denunziation belegt (siehe Abschnitt 2.1), und die gesamte orthodoxe Gemeinschaft lehnte seine

Empfehlung offenbar sofort und bewusst ab ohne einen zweiten Blick abzulehnen, wie Archibald Wheeler, ein bedeutender Meinungsführer der Kopenhagener Interpretation, 1995 berichtete:

"A distinguished physicist even published in his very last years'
works, the main point of which is to claim that gravitation follows
the pattern of electromagnetism. This thesis, we cannot accept, and
the community of physics, quite rightly, does not accept."

Archibald Wheeler, 1995. ([7], S. 391)

Übersetzung:

"Ein angesehener Physiker hat sogar in seinen Arbeiten der
letzten Jahre veröffentlicht, deren Hauptpunkt darin besteht, zu
behaupten, dass die Gravitation dem Muster des
Elektromagnetismus folgt. Diese These können wir nicht
akzeptieren, und die Gemeinschaft der Physik akzeptiert sie zu
Recht nicht."

Das unglückliche Ergebnis dieser völligen Ablehnung war eine 40 Jahre dauernde Pause, bevor diese Untersuchung Ende der 1990er Jahre wieder aufgenommen werden konnte, gleich nachdem dieser Autor in dem Werk, das er zusammen mit Ignazio Ciufolini verfasst und 1995 veröffentlicht hatte, auf diesen Kommentar von Wheeler aufmerksam wurde [7]. Diese scheinbar unverständliche Weigerung, mit der Grundlagenforschung in einer so wichtigen Richtung fortzufahren, wird in Abschnitt 1.7.2 analysiert.

Das Projekt, zu dem die vorliegende Arbeit gehört, zielt darauf ab, die durch diese Ablehnung verursachten Schäden zu beheben, indem es die subatomare Größenordnung der physikalischen Realität von den seit langem etablierten experimentellen Grundlagen des Elektromagnetismus aus untersucht und analysiert, und zwar durch eine Ausdehnung auf den 3D-Vektorraum von Maxwell. Von den verschiedenen Aspekten der subatomaren Ebene, die analysiert werden sollen, behandeln die Abschnitte 1.26 und 1.27, was die Untersuchung des Elektromagnetismus in Bezug auf die Gravitation ergibt, und bestätigen offenbar, dass Einsteins Schlussfolgerung, dass die Gravitation dem Muster des Elektromagnetismus folgt, durchaus richtig gewesen sein könnte.

Die meisten der bisher in diesem Projekt veröffentlichten frei zugänglichen Arbeiten, die die Schlussfolgerungen über die verschiedenen beobachteten Phänomene auf subatomarer Ebene entsprechend dieser neuen Perspektive neu fokussieren, wurden in einer separat veröffentlichten Monographie zusammengefasst [8]. Die drei verbleibenden Artikel, die in der Folge ebenfalls im Open Access veröffentlicht wurden, einschließlich der abschließenden Synthese des Projekts, werden nun in der vorliegenden Arbeit neu gruppiert.

Kapitel 1 reproduziert den Inhalt des als Referenz zitierten Artikels [9] mit dem Titel *"Electromagnetism according to Maxwell's Initial Interpretation"* (*"Elektromagnetismus nach der ursprünglichen Maxwellschen Interpretation"*) wieder, der im Januar 2020 formell veröffentlicht wurde und der die abschließende Synthese dieses Projekts darstellt. Die erforderliche Abfolge von Argumenten ist in diesem Kapitel so organisiert, dass nach und nach alle vier anfangs erwähnten ungewohnten Aspekte mit den wichtigsten bekannten Schlussfolgerungen, die zuvor über Elementarteilchen gezogen wurden, verbunden werden, um deutlicher zu machen, inwieweit diese ungewohnten Aspekte mit der Beobachtung harmonieren und somit als solide Grundlage für die endgültige Erklärung der Photonenemission und -absorption verwendet werden können.

Kapitel 2 reproduziert den Inhalt des als Referenz zitierten Artikels [10] mit dem Titel *"The Hydrogen Atom Fundamental Resonance States"* (*"Die fundamentale Resonanzzustände des Wasserstoffatoms"*) wieder, der im April 2018 formell veröffentlicht wurde. Er zeichnet die Ursprünge der Quantenmechanik nach und fokussiert ihr Verständnis entsprechend den Schlussfolgerungen ihrer ursprünglichen Begründer, Louis de Broglie und Erwin Schrödinger, um schließlich im Zusammenhang mit der bereits erwähnten erweiterten Raumgeometrie zu erklären, warum Elektronen in der Natur nicht auf Atomkerne aufprallen können, sondern nur in verschiedenen stabilen Orbitalen der stationärer Wirkung in einiger Entfernung von diesen Kernen eingefangen werden können.

Schließlich reproduziert Kapitel 3, mit einigen ergänzenden Unterabschnitten, den Inhalt des als Referenz zitierten Artikels [11] mit dem Titel *"Gravitation, Quantum Mechanics and the Least Action Electromagnetic Equilibrium States"* (*"Gravitation, Quantenmechanik und die elektromagnetischen Gleichgewichtszustände der stationären Wirkung"*) wieder, der im November 2017 formell veröffentlicht wurde. Er bietet einen vereinfachten Überblick über die Zustände und Prozesse, die in dieser Reihe von Arbeiten beschrieben wurden, und die in dieser Monographie mit dem Titel *"Electromagnetic Mechanics of Elementary Particles"* zusammengefasst wurden, die 2017 separat veröffentlicht wurde [8]. Damit die vorliegende Einführung in den Elektromagnetismus als ein Index sowohl in die vollständige Reihe der frei zugänglichen Arbeiten als auch in die zugehörige Monographie dienen kann, werden alle Verweise auf die einzelnen Arbeiten und auch auf die spezifischen Kapitel verweisen, die sie in die Monographie integrieren, für Leser, die die integrierte Monographie bevorzugen.

Eine sehr positive Entwicklung in Bezug auf den letztgenannten Artikel ist, dass er als eines der Kapitel des eBooks mit dem Titel "*Prime Archives in Space Research*" ausgewählt wurde, das vom *Vide Leaf Prime Archives* neue herausgegeben werden soll, dessen Ziel es ist, die wissenschaftliche Forschung in der Welt zu fördern, indem Forschungsergebnisse, die als Stand der Technik gelten, jungen Forschern zur Verfügung gestellt werden, um ihre Anwendung in ihrer Forschungspraxis zu erleichtern. Diese Wahl kann die Wiederaneignung der Gemeinschaft an Maxwells erste Interpretation und ein besseres Verständnis der physikalischen Realität, das sie zu begünstigen scheint, nur beschleunigen. Diese Neuveröffentlichung wird als Referenz [12] zitiert.

Ein gewisses Maß an Überlappungen der Beschreibungen wird zwischen allen drei Kapiteln beobachtet, aber da jedes Kapitel den tatsächlichen Inhalt eines separat veröffentlichten Papiers wiedergibt, wurde beschlossen, diese Überschneidungen nicht zu reduzieren, um die Nummerierungssequenzen der Gleichungen nicht zu stören und vor allem, um die spezifischen Argumentationslinien, die jedes Papier hervorheben wollte, nicht zu stören. Auf diese Weise bleiben alle drei Kapitel unabhängig voneinander, so dass sie ohne Vorurteile in beliebiger Reihenfolge gelesen werden können.

1. Elektromagnetismus nach der ursprünglichen Maxwellschen Interpretation

1.1 Einführung

Es ist allgemein bekannt, dass die klassische Elektrodynamik, die Quantenelektrodynamik (QED) sowie die Quantenfeldtheorie (QFT) sich auf die Maxwellsche Wellentheorie und seinen Gleichungen basieren, aber es ist viel weniger bekannt, dass sie nicht auf seiner ersten Interpretation der Beziehung zwischen dem E- und dem B-Feld beruhen, aber sondern auf die Ludvig Lorenz Interpretation dieser Beziehung basiert sind, mit der Maxwell nicht einverstanden war.

Maxwell vertrat die Ansicht, dass sich beide Felder gegenseitig zyklisch induzieren mussten, damit die Lichtgeschwindigkeit beibehalten werden konnte, während Lorenz vertrat, dass beide Felder gleichzeitig synchron maximal den Höhepunkt erreichen mussten, um diese Geschwindigkeit beibehalten zu können, wobei beide Interpretationen gleichermaßen mit den Gleichungen übereinstimmten. Zwei nicht weit zurückliegenden Durchbrüche erlauben es jedoch nun zu bestätigen, dass die Maxwell Interpretation richtig war, zumindest in Bezug auf die subatomare Ebene, denn im Gegensatz zur Lorenz-Interpretation erlaubt sie es, die auf unserer makroskopischen Ebene so erfolgreich angewandte elektromagnetische Wellentheorie von Maxwell nahtlos mit den elektromagnetischen Eigenschaften, die auf subatomarer Ebene für lokalisierte elektromagnetische Photonen und für die lokalisierten geladenen und massiven elementaren elektromagnetischen Teilchen, aus denen alle Atome bestehen, in Einklang zu bringen, und ermöglicht schließlich die Etablierung einer klaren Mechanik der elektromagnetischen Photonenemission und -absorption bei Elektronen während ihrer Wechselwirkungen auf der atomarer Ebene.

1845 beobachtete Michael Faraday, dass sich das Magnetfeld durch die Platzierung einer Glasplatte zwischen den Polen eines Elektromagnets die Polarisationsebene des durch die Platte fließenden Lichts in Drehung versetzte. Er informierte sofort seinen Freund James Clerk Maxwell über diese große Entdeckung, die zum ersten Mal demonstrierte, die direkte Beziehung, die zwischen dem Magnetfeld und dem Licht besteht [13].

Es ist daher dieses spezifische Experiment von Faraday, das den Ursprung der gesamten damals von Maxwell entwickelten integrierten elektromagnetischen Theorie bildet, denn nachdem er bereits beobachtet hatte, dass die zweiten Ableitungen der zuvor festgelegten Gleichungen für das elektrische Feld und das Magnetfeld gezeigt hatten, dass elektrische Energie und magnetische Energie getrennt mit der Lichtgeschwindigkeit verbunden waren ([14], [8] Kapitel 13), kam Maxwell zu dem Schluss, dass Licht elektromagnetischer Natur sein musste, und machte dann die grundlegende Entdeckung, dass elektromagnetische Energie eine dreifache orthogonale Beziehung zwischen seine drei grundlegenden Aspekten impliziert, d.h. seine elektrischen und magnetischen Aspekte, die als senkrecht zueinander wahrgenommen werden und sich gleichzeitig in einer zyklischen transversalen stationären Oszillationsbewegung induzieren, in Bezug auf die Bewegungsrichtung dieser Energie im Raum (siehe **Abbildung 1.1**), d.h. eine dreifache orthogonale Beziehung, die dem bekannten Vektorprodukt der Felder E und B entspricht (siehe **Abbildung 1.3-a**), was zu einem dritten Bewegungsvektor führt, der strukturell senkrecht zu den ersten beiden steht ([15], [8] Kapitel 6).

Die folgende Tatsache mag für viele überraschend sein, aber diese Lösung, die von Maxwell entdeckt wurde, der auch dafür bekannt ist, um die Lichtgeschwindigkeit aus der Beziehung abgeleitet zu haben, die er zwischen den beiden Grundkonstanten des Vakuums ε_o und μ_o hergestellt hat ([14], [8] Kapitel 13), ist nicht die einzige funktionierende Lösung, die entdeckt wurde, um sowohl E- als auch B-Felder auf die Lichtgeschwindigkeit zu beziehen.

Kurz zusammengefasst, der Mathematiker Ludvig Lorenz etablierte unabhängig von Maxwell, dass, wenn sowohl die E- als auch die B-Feld-Darstellungen der frei sich bewegenden elektromagnetischen Energie mathematisch so gemacht werden, dass sie gleichzeitig synchron zum Maximum auflaufen, dies erlaubt es auch, die Lichtgeschwindigkeit im Vakuum elektromagnetischer Wellen genauso gut zu erklären, wie wenn beide Felder $180°$ phasenverschoben wie in der Maxwell-Lösung sind.

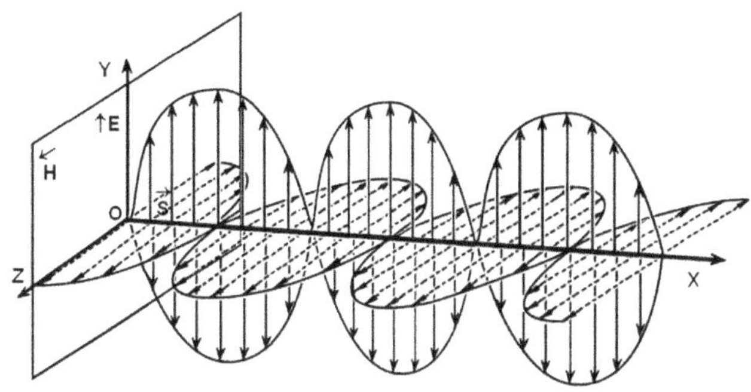

Abbildung 1.1: Gegenseitig induzierende 180° phasenverschobene bipolare Darstellung von *E*- und *B*-Feldern der Maxwellschen Interpretation.

Aber das *Lorenz-Eichung* ist ein verallgemeinerndes Konzept, das die *E*- und *B*-Aspekte der Grundenergie zu einem "einzigen" elektromagnetischen Feld zusammenfasst, das die unmittelbare Aufmerksamkeit von den verschiedenen Vektorausrichtungen der beiden Aspekte ablenkt, insbesondere die Tatsache, dass der durch *E* dargestellte Energiedipol raumweise ausgerichtet und verteilt wird, während der durch **B** dargestellte Energiedipol zeitweise orientiert und verteilt wird, als sie sich gegenseitig zyklisch quer zur vektoriellen Bewegungsrichtung der oszillierenden Energie im Vakuum induzieren, wie man aus Maxwells Interpretation schließen kann.

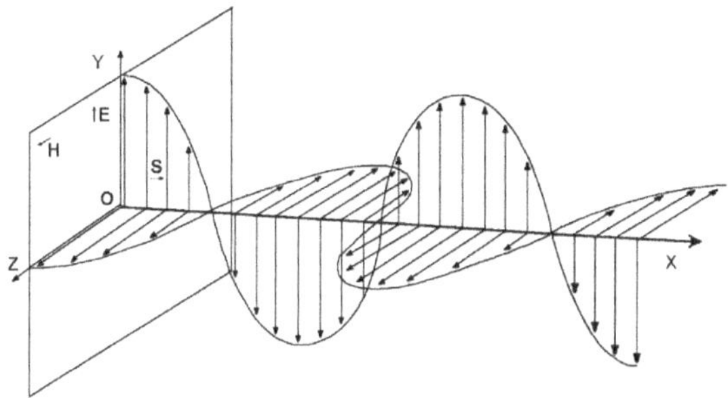

Abbildung 1.2: Simultane Höchststand auf Maximum der *E*- und *B*-Felder in der monopolaren Darstellung der Lorenz-Interpretation..

Die Darstellung der **Abbildung 1.2**, die in allen Lehrbüchern über Elektromagnetismus zu finden ist, obwohl sie mit der Maxwellschen Wellentheorie einverstanden wird, das elektromagnetische Energie als einen Impuls beschreibt, die sich in einem zugrunde liegenden Äther ausbreitet, und mit seinen Gleichungen übereinstimmt ist, wird aber auch im Allgemeinen fälschlicherweise angenommen, dass sie Maxwells Schlussfolgerung darstellt.

Tatsächlich war Maxwell mit diesem Ansatz nicht einverstanden, weil das von Lorenz entwickelte *Eichmaßes*-Konzept zur Folge hatte, sowohl das *E*- als auch das *B*-Feld auf der allgemeinen Ebene als *ein einziges elektromagnetisches Feld* zu betrachten, was auf den ersten Blick keine offensichtliche innere Struktur suggeriert, was leicht die Tatsache verdunkelt, dass beide Felder in Maxwells Theorie voneinander getrennt und von gleicher Bedeutung sind, mit unterschiedlichen und unvereinbaren Eigenschaften, zusätzlich dazu, dass sie sich gegenseitig induzieren, im Gegensatz zur Lorenz-Lösung, wie es in Referenz ([15], [8] Kapitel 6) relativiert wird.

Die Tatsache dass diese zweite Lösung von Lorenz entwickelt wurde, ist in der wissenschaftlichen Gemeinschaft nicht gut bekannt, weil es spezifisch nur mit dem sogenannten *Lorenz-Eichung* von ihm definierte verbunden ist, und dies, nur in hochrangigen Nachschlagewerken zum Elektromagnetismus [16], weil sie sich leichter als die Darstellung von Maxwell für verschiedene mathematische Verallgemeinerungsprozesse anbietet, wie sie auf unserer makroskopischen Ebene anwendbar sind. Aber der wahre Ursprung dieser in **Abbildung 1.2** dargestellten Lösung wird in einführenden Lehrbüchern und allgemeinen Nachschlagewerken zur Physik nicht klar erläutert [17] [18].

Folglich, wenn sie sich nicht auf Elektromagnetismus spezialisieren, die meisten Physiker sind nicht direkt darüber informiert, dass es nicht Maxwell war, der diesen zweiten Ansatz entwickelte, und dass die klassische Elektrodynamik und die Quantenfeldtheorie (QFT), aus der die Quantenelektrodynamik (QED) hervorging [19] [20], wirklich sich auf die Interpretation von Lorenz stützen, da diese Tatsache in den Nachschlagewerken zu Elektrodynamik und QFT, die natürlich von Fachleuten für Elektromagnetismus entwickelt wurden, für die diese Tatsache offensichtlich war, nirgends deutlich hervorgehoben wird. Folglich, das Ergebnis ist ein allgemeiner Eindruck in der Gemeinschaft, entgegen den festgestellten Tatsachen, dass Maxwell der wahre Autor dieser zweiten Lösung ist und dass Elektrodynamik und QFT auf Maxwellsche Theorie streng beruhen sind.

Die Unterscheidung zwischen den beiden Ansätzen ist jedoch wichtig, da die Hypothese von de Broglie über das lokalisierte Doppelteilchenphoton wie auf der subatomaren Ebene anwendbar, und die direkt aus Maxwellsche Lösung hervorgeht, damit im direkten Widerspruch zur klassischen Elektrodynamik und QED steht, weil der Lorenz-Ansatz die Tatsache verschleiert, dass sowohl *E*- als auch **B**-Felder von gleicher und einzeln Bedeutung sind. Zum Beispiel, die vorherrschende Rolle, die den elektrischen Ladungen in der QED zugeführt wird, scheint für den magnetischen Aspekt der elektromagnetischen Energie keine genaue Funktion in einer möglichen gegenseitigen Induktionsmechanik zu hinterlassen, die die beiden getrennten Felder beinhalten würde, entgegen der Maxwellschen Interpretation. Selbst die Tatsache, dass die QED, wie formuliert, die gegenseitige Induktion beider Felder in LRC-Systemen nicht erklären kann, scheint die Aufmerksamkeit auf dieses Thema nicht zu lenken.

1.2. Einrichtung der Perspektive nach relativen Größenordnungen

Um die Energie in die richtige Perspektive zu beschreiben, die die eigentliche Substanz ist, aus der alle lokalisierten Elementarteilchen bestehen, wie elektromagnetische Photonen, Elektronen und Positronen, die auf der subatomaren Ebene existieren, in einer Weise die nicht im Widerspruch zur etablierten elektromagnetischen Maxwell-Theorie für kontinuierliche Wellen steht, die auf unserer makroskopischen Ebene aus der Perspektive von Lorenz so erfolgreich angewendet wird, es muss zuerst realisiert werden dass alle Objekte und Prozesse, die wir in der objektiven Realität erkennen und messen können, in eine der folgenden vier Größenordnungen eingeordnet werden können. In abnehmender Reihenfolge können diese Größenordnungen sehr allgemein wie folgt definiert werden:

1- *Astronomische Ebene*: Größenordnung, die die Dimensionen des Planeten Erde überschreitet.

2- *Makroskopische Ebene*: Größenordnung, in der jedes Objekt oder jeder Prozess direkt an der Erdoberfläche und seiner Umgebung gemessen werden kann.

3- *Submikroskopische* oder *atomare Ebene*: Größenordnung von Molekülen und Atomen.

4- *Subatomare Ebene*: Größenordnung der Elementarteilchen, aus denen alle Atome bestehen, sowie der elektromagnetischen Energie, aus der ihre Substanz besteht, die ihre Bewegung unterstützt, ihre Trägheit bestimmt, und die kann auch in quantisierter Form mit Lichtgeschwindigkeit frei zirkulieren wenn sie nicht direkt mit einem dieser Elementarteilchen assoziiert ist.

Die ersten drei Ebenen sind im Allgemeinen allen vertraut, die subatomare Ebene jedoch nicht. Wir können Objekte und Prozesse in unserer Umgebung auf der makroskopischen Ebene direkt wahrnehmen und messen, und wir können indirekt die Objekte und Prozesse, die zu den beiden benachbarten Größenordnungen gehören, mit zunehmender Genauigkeit wahrnehmen und messen, während unsere Instrumente immer ausgefeilter werden, aber wir haben keine Beobachtungsmöglichkeiten für die vierte Ebene.

Es mag paradox erscheinen so fest zu behaupten dass elektromagnetische Energie direkt definiert werden kann als quantisierte lokalisierte elektromagnetische Photonen auf der subatomaren Ebene in voller Übereinstimmung mit der Maxwellsche Gleichungen und in völliger Übereinstimmung mit seiner Theorie der kontinuierlichen elektromagnetischen Wellen, die auf unserer makroskopischen Ebene so erfolgreich angewendet wurde, was ein Thema ist, das in den letzten hundert Jahren immer wieder diskutiert wurde.

Es muss hier relativiert werden dass wir aber überhaupt kein paradox mit der Tatsache wahrnehmen, dass *wir direkt beobachten*, dass das Bild einem Fernsehbildschirm aus einigen Metern Entfernung gleichmäßig kontinuierlich erscheint, während wir uns auch bewusst sind, dass *wir auch direkt beobachten*, wenn wir nah genug direkt auf unserer makroskopischen Ebene dran sind, dass in der physischen Realität das Bild durch Tausende von klar getrennten Reihen von klar getrennten sehr kleinen Pixeln erzeugt wird.

Interessanterweise finden wir auch kein Paradox in der Behandlung von Wasser als einer Flüssigkeit ohne innere Struktur auf unserer makroskopischen Ebene, obwohl wir uns klar bewusst sind, dass es auf der submikroskopischer Ebene nur aus lokalisierten Molekülen besteht, die selbst aus lokalisierten Atomen bestehen, von denen wir wissen, dass sie selbst auf der subatomaren Ebene von lokalisierten elementaren elektrisch geladenen Elektronen hergestellt werden, plus Nukleonen, die selbst aus lokalisierten elektrisch geladenen Elementarteilchen hergestellt sind, dass alle einzeln massiv und quantisiert sind, auch wenn wir diese Moleküle auf unserer makroskopischen Ebene nicht direkt wie im Fall der Fernsehbildschirmspixels sehen können.

Der Grund, warum wir kein Problem darin sehen, Wasser als eine Flüssigkeit auf der makroskopischer Ebene wahrzunehmen und zu behandeln, auch mathematisch, selbst wenn wir die lokalisierten Moleküle, aus denen seine Substanz besteht, nicht direkt beobachten können, wie wir es direkt mit den einzelnen Pixeln des Fernsehbildschirms tun können, ist, dass wir verstehen, dass das, was wir als *Fluidität* des Wassers auf unserer makroskopischen Ebene wahrnehmen, in Wirklichkeit ein *Mengeneffekt* ist, der auf unzähligen lokalisierten Wassermolekülen beruht, die auf der submikroskopischen Ebene glatt gegeneinander gleiten. Außerdem, unsere leistungsstarken modernen Instrumente der elektronischen Mikroskopie ermöglichen es uns, diese einzelnen Moleküle und die Atome, aus denen sie auf submikroskopischer Ebene bestehen, indirekt zu erfassen.

Im Fall von elektromagnetischer Energie jedoch seine Granularität auf der subatomarer Ebene ist weit davon entfernt, so offensichtlich wahrgenommen zu werden, wie im Fall des Fernsehbildschirms, in der um sich dem Bild um nur wenige Meter zu nähern, ausreichend ist, um von der Größenordnung, die es uns erlaubt, es als ein scheinbar gleichmäßig fließendes Bild wahrzunehmen, zur etwas niedrigeren Größenordnung überzugehen, die sich noch auf makroskopischer Ebene befindet und es ermöglicht, die Realität seiner Granulatstruktur wahrzunehmen, wenn man sie direkt in größerer Nähe betrachtet; oder im Fall von Wasser, dessen Granularität auf der atomarer Ebene indirekt mit unseren Elektronenmikroskopen beobachtet werden kann.

Der Fall von Wasser erfordert offensichtlich einen noch größeren Sprung in Größenordnungen in Richtung des unendlich kleinen Maßstabs zwischen der Wahrnehmung seiner Fließfähigkeit auf makroskopischer Ebene und der Wahrnehmung seiner submikroskopischen Granularität. Um den Unterschied zwischen diesen beiden Größenordnungen wirklich zu erkennen, genügt die Annahme, dass die Atome, aus denen sich Wassermoleküle zusammensetzen sind, so weit entfernt, in Richtung der extrem kleinen submikroskopischen Ebene liegen, wie die Galaxien in Richtung der unendlich großen astronomischen Ebene liegen, in Bezug auf unsere eigene terrestrische makroskopische Ebene. Aber um die subatomare Granularität der elektromagnetischen Energie wahrzunehmen, ist der Sprung von unserer makroskopischen Größenordnung noch größer; das heißt, soweit weiter unten in Richtung der unendlich kleinen Größenordnung von der atomaren Skala, als diese atomare Skala bereits von unserer eigenen makroskopischen Ebene entfernt ist.

Um wirklich zu konzipieren wie weit unten im Bezug der atomaren Skala entfernt die Granularität der elektromagnetischen Energie liegt, überlegen wir mal, dass, wenn das Proton eines Wasserstoffatoms, von dem zwei Teil eines Wassermoleküls sind, vergrößert wurde, um so groß wie die Sonne zu werden, das Elektron, das in seiner Orbitalentfernung der stationären Wirkung vom

Proton stabilisiert ist, wäre dann so weit von diesem vergrößerten Proton entfernt wie die Umlaufbahn von Neptun von der Sonne im Sonnensystem entfernt ist, was bedeutet, dass das Wasserstoffatom so groß wie das gesamte Sonnensystem werden würde, und dass die elektromagnetischen Photonen, die das *Granularniveau* der elektromagnetischen Energie ausmachen, in der gleichen Größenordnung liegen wie die Energie, die die Ruhemasse des Elektrons und von der anderen massiven elektrisch geladenen elektromagnetischen Elementarteilchen ausmacht, die innerhalb der Struktur des Protons und des Neutrons existieren.

Das Hauptproblem, mit dem wir konfrontiert sind hinsichtlich dieses subatomaren Granularitätsniveaus der elektromagnetischen Energie und der Energie, aus der die Ruhemassen der Elementarteilchen bestehen, aus denen Atome bestehen, ist, dass es kein Instrument gibt, das mächtig genug ist, um auch nur indirekt diese subatomare Ebene beobachten zu können, im Gegensatz zu der tiefsten Ebene, in der es physikalisch möglich bleibt, welches die atomare Größenordnung ist, in der indirekt die Granularität von Wasser und allen anderen materiellen Substanzen unserer Umwelt überprüft werden kann; kurz gesagt, eine indirekt überprüfbare Granularität aller Atome des Periodensystems, die für die subatomare Granularitätsebene der elektromagnetischen Energie nicht verfügbar ist.

Die einzigen physikalisch überprüfbaren Hinweise, die wir über die permanente Lokalisierung von elementar geladenen Teilchen wie dem Elektron und von elektromagnetischen Energiequanten haben, sind die folgenden:

1- Wir haben leicht reproduzierbare experimentelle Beweise dafür, dass sich Elektronen und elektromagnetische Photonen bei allen Streuexperimenten systematisch fast punktähnlich verhalten (Siehe Abschnitt 1.23 weiter unten und Referenz [21]).

2- Wir haben leicht reproduzierbare experimentelle Beweise dafür, dass Photonen eine Längsträgheit haben, wie durch das fotoelektrische Einstein-Experiment gezeigt, und dass sie eine Querträgheit haben, die der Hälfte ihrer Längsträgheit entspricht, wie durch den Ablenkungswinkel des Lichts von die Sonne während zahlreicher Experimente während Sonnenfinsternisse gezeigt wurde ([15], [8] Kapitel 6) [22].

3- Wir haben auch experimentelle Beweise seit 1933 das elektromagnetische Photonen von Energie 1.022 MeV oder mehr in

Elektron-Positron-Paare umgewandelt werden wenn sie massive Partikel abweiden [23], und dass solche Paare wieder zu elektromagnetische Photonen umgewandelt werden, wenn sie sich wieder treffen. Dies bedeutet, dass wir den experimentellen Beweis haben dass die unveränderliche Masse von Elektronen und Positronen aus der gleichen *elektromagnetischen Energiesubstanz* besteht als die, aus der elektromagnetische Photonen bestehen. Wir auch haben seit 1997 experimentelle Beweise dafür, dass elektromagnetische Photonen die den Grenzwert von 1.022 MeV überschreiten, auch in Elektron-Positron-Paare umgewandelt werden können, ohne dass massive Atomkerne in der Nähe waren, als sie gegen andere elektromagnetische Photonen bürsten [24].

4- Wir haben leicht reproduzierbare experimentelle Beweise dafür, dass frei sich bewegenden Elektronen eine unveränderliche Ruhemasse von 9.10938188E-31 kg und eine unveränderliche elektrische Ladung von 1.602176462E-19 C haben.

5- Wir haben schlüssige experimentelle Beweise dafür, dass Elektronen Elementarteilchen sind und dass Protonen und Neutronen, die die Kerne aller Atome bilden, keine Elementarteilchen sind, aber eher Systeme von Elementarteilchen sind (siehe **Abbildungen 1.5, 1.6** und **1.7**, und Referenz [21]).

Da die subatomare Ebene weder direkt noch indirekt beobachtet werden kann, sind wir daher bei unserer Erkundung dieses Niveaus notwendigerweise reduziert durch Reverse Engineering fortzufahren ([10], Siehe auch Abschnitt 2.19 daraufhin), was bedeutet, dass wir die Eigenschaften der elektromagnetischen Elementarteilchen ableiten müssen, die die grundlegende Ebene der objektiven Realität bilden, von dem, was wir indirekt aus dem Verhalten von Atomen und aus dem Verhalten dieser Elementarteilchen, die von ihnen getrennt werden können, erkennen und verstehen können; d.h. Elektronen, deren Stabilisierung weit entfernt von den Kernen das Raumvolumen bestimmt, das von Atomen eingenommen wird, und vom Verhalten von Protonen und Neutronen, die ihre Kerne bilden, indem sie kleinere Volumina einnehmen; sowie aus dem Verhalten der elektromagnetischen Energie die von diesen Elementarteilchen emittiert oder absorbiert wird während ihrer Bewegungsabläufe zwischen den verschiedenen Gleichgewichtszuständen der stationären Wirkung, in denen sich Atome auf atomarer Ebene stabilisieren.

Endlich, das Mittel, das wir zur Beobachtung des Verhaltens von Atomen und ihrer trennbaren Elemente zur Verfügung haben, ist genau die elektromagnetische Energie, die während dieser Schwankungen dieser Gleichgewichtszustände der stationären Wirkung emittiert oder absorbiert wird, und deren *infinitesimale Körnchen*, d. h. diese lokalisierten elektromagnetischen Photonen, die von allen Objekten in unserer Umgebung stammen, entweder direkt von diesen Objekten oder durch unsere leistungsstarken Mikroskope und andere Messgeräte erfassen, die die Elektronen der Atome anregen, die in unseren Augen die lichtempfindlichen Zellen bilden, dass ist, eine Erregung, die dann schrittweise entlang unserer Sehnerven zu unserem Gehirn übertragen wird, das kontinuierlich die Bilder aus unserer Umgebung aktualisiert, die wir wahrnehmen und analysieren, um sie zu verstehen [25].

Diese lokalisierten elektromagnetischen Photonen, die Elektronen in den Zellen unserer Augen so weit anregen können, dass sie entlang des gesamten Sehnervs progressiv signalisiert werden, können von sehr unterschiedlicher Intensität sein und ab einem bestimmten Intensitätsniveau die Elektronen von den Atomen trennen in unserer Umwelt, und das ist es, was es uns ermöglicht, ihr getrenntes Verhalten sowie das der Bestandteile von Atomkernen, nämlich Protonen und Neutronen, zu untersuchen, die vollständig von ihren elektronischen Begleitern getrennt werden können und im Fall von einfachen Atomen wie Wasserstoff- oder Heliumatomen getrennt untersucht werden können.

Was uns bisher daran gehindert hat, um genauso komfortabel im Umgang mit elektromagnetischer Energie zu werden, als granulare auf der subatomaren Ebene zu sein, d.h. quantisiert, wie wir komfortabel sind, sie als kontinuierlichen elektromagnetischen Wellen auf unserer makroskopischen Ebene behandeln, ist die Tatsache, dass seit etwa hundert Jahren, die quantisierte Aspekte der subatomaren Ebene wurden als die ausschließliche Domäne der Quantenmechanik (QM) angesehen, aber dass QM ist jedoch noch nicht vollständig mit den elektromagnetischen Gleichungen von Maxwell harmonisiert, die die elektromagnetische Energie auf unserer makroskopischen Ebene erfolgreich als kontinuierlichen Wellen handhaben, d.h. als eine Flüssigkeit behandeln, was eine unvollständige Harmonisierung ist, wie Feynman deutlich herausgestellt, der der letzter Forscher war, der Mitte des 20. Jahrhunderts diese Harmonisierung versuchte, wie dieses Zitat aus seinen "*Lectures on Physics*" demonstriert [26]:

"There are difficulties associated with the ideas of Maxwell's theory which are not solved by and not directly associated with quantum mechanics...when electromagnetism is joined to quantum mechanics, the difficulties remain".

Übersetzung:

"Mit den Ideen von Maxwellschen Theorie sind Schwierigkeiten verbunden die nicht durch die Quantenmechanik gelöst werden und nicht direkt mit ihr zusammenhängen ... Wenn Elektromagnetismus und Quantenmechanik verbunden werden, bleiben die Schwierigkeiten bestehen."

Wie in einem kürzlich erschienenen Artikel relativiert ([11], Siehe auch Abschnitte 3.9 bis 3.12), alle gegenwärtigen Theorien behandeln makroskopische Massen mathematisch so, als ob sie keine innere körnige Struktur hätten, das heißt, als sie aus einer kontinuierlichen Substanz bestünden, die über ihr gesamtes Volumen gleichmäßig verteilt ist. Selbst die Quantenmechanik behandelt die Elektronenergie derzeit so, als ob sie gleichmäßig in gleicher Weise innerhalb des durch die Schrödinger-Gleichung definierten Volumens verteilt wäre. Der Grund dafür ist dass die innere elektromagnetische Struktur der Energie, die die Masse der einzelnen Elementarteilchen ausmacht, und aus denen alle makroskopischen Massen bestehen, wie das Elektron, sowie die innere elektromagnetische Struktur derjenigen, aus denen die inneren Strukturen der Protonen und Neutronen bestehen, die die Kerne aller Atome im Universum bilden, noch nicht klar festgelegt worden sind, und dass die Impulsenergie sowie die Energie, die den Anstieg des transversalen Magnetfelds beschleunigender Teilchen verursacht, noch nicht mathematisch getrennt aus der Energie wurden, aus der ihre Ruhemassen bestehen.

Vor kurzem jedoch, neue Entwicklungen haben es ermöglicht, eine kohärente innere subatomare elektromagnetische Struktur für lokalisierte elektromagnetische Photonen und für alle elektromagnetischen Elementarteilchen gemäß Maxwells Gleichungen zu etablieren, die es schließlich ermöglicht, die Wahrnehmung normal zu finden, dass alle Atome der subatomaren Ebene von getrennten und lokalisierten Elementarteilchen gemacht werden, die in verschiedenen elektromagnetischen Resonanzzustände der stationären Wirkung stabilisiert sind, und dass der frei sich bewegenden elektromagnetische Energie der subatomarer Ebene quantisiert wird, auch wenn wir sie als kontinuierlichen Wellen auf unserer makroskopischen Ebene behandel.

1.3. Zwei wichtige Durchbrüche der letzten Zeit

Bereits in den 1930er Jahren schlug Louis de Broglie die Hypothese einer möglichen quantisierten inneren Struktur für lokalisierte elektromagnetische Photonen der subatomaren Ebene vor, die den Maxwellschen Gleichungen entsprechen würde, aber deren Ausarbeitung, durch sein eigenes Eingeständnis, schien jedoch nicht möglich im eingeschränkten Rahmen der 4-dimensionalen Geometrie von Minkowskis Raumzeit zu sein:

> *"... la non-individualité des particules, le principe d'exclusion et l'énergie d'échange sont trois mystères intimement reliés : ils se rattachent tous trois à l'impossibilité de représenter exactement les entités physiques élémentaires dans le cadre de l'espace continu à trois dimensions (ou plus généralement de l'espace-temps continu à quatre dimensions). Peut-être un jour, en nous évadant hors de ce cadre, parviendrons-nous à mieux pénétrer le sens, encore bien obscur aujourd'hui, de ces grands principes directeurs de la nouvelle physique." ([27], S. 273).*

Übersetzung:

> *"... die Nichtindividualität von Partikeln, das paulische Ausschließungsprinzip und die Austauschenergie sind drei eng miteinander verbundene Rätsel: alle drei werden an die Unmöglichkeit festgebunden, physische Elementarteilchen innerhalb des Rahmens des kontinuierlichen dreidimensionalen Raumes genau darzustellen (oder mehr generell gesagt, innerhalb des Rahmens der kontinuierliche vier dimensional Raum-Zeit). Eines Tages vielleicht, als wir diesem Rahmen entkommen, werden wir besser die Bedeutung dieser Leitprinzipien der neuen Physik ergreifen, die heute noch ziemlich rätselhaft sind."*

Zwei neue Entdeckungen, jedoch, ermöglichte es, diese interne elektromagnetische Struktur des von de Broglie vorgeschlagenen lokalisierten Photons in voller Übereinstimmung mit den Maxwellschen Gleichungen zu entwickeln, und schließlich zu beobachten, dass alle stabilen massiven und elektrisch geladenen Elementarteilchen, aus denen alle Atome auf subatomarer Ebene bestehen, ebenfalls in der gleichen Maxwell-konformen Weise beschrieben können werden.

Das neue Licht, das durch diese jüngsten Entwicklungen über die Natur der grundlegenden elektromagnetischen Energie geworfen wurde dann es ermöglichte, nach dieser neuen Perspektive der Großteil der Schlussfolgerungen in der Vergangenheit gezogen aus allen der bisher gesammelten experimentellen Daten zur subatomaren Ebene neu zu fokussieren. Diese neu fokussierten Schlussfolgerungen wurden dann in etwa zwanzig separaten Artikeln erläutert, jeder von denen einen bestimmten Aspekt des Themas analysiert, von denen die meisten hier als Referenz erwähnt werden.

1.4. Der erste große Durchbruch

Der erste dieser beiden Durchbrüche war die Ausarbeitung einer umfassenderen Geometrie des Raums auf der Grundlage der orthogonalen Drei-Wege-Beziehung, die Maxwell mit den drei grundlegenden Aspekten der elektromagnetischen Energie in Verbindung brachte, aus denen Licht auf der subatomaren Ebene gemacht wird, nämlich seine elektrischen und magnetischen Aspekte, die als senkrecht zueinander wahrgenommen werden und sich gegenseitig in einen stehenden zyklischen transversalen Schwingungsmodus der Energie induzieren, dass diese Felder messen, in Bezug auf ihre Bewegungsrichtung im Vakuum, d.h. eine Bewegungsrichtung dieser Energie, die senkrecht zu der Richtung der stationären transversalen Schwingung der Energie ist, die durch die beiden Felder dargestellt wird (siehe **Abbildung 1.1**).

Die dreiräumliche Geometrie (siehe **Abbildung 1.3**), die für die Entwicklung der LC-Gleichung aus der de Broglie-Hypothese gemäß Maxwells Interpretation (**Abbildung 1.1**) erforderlich ist ([15], [8] Kapitel 6) wurde auf der CONGRESS-2000 Ereignis im Juli 2000 an der Staatlichen Universität St. Petersburg offiziell vorgestellt [28].

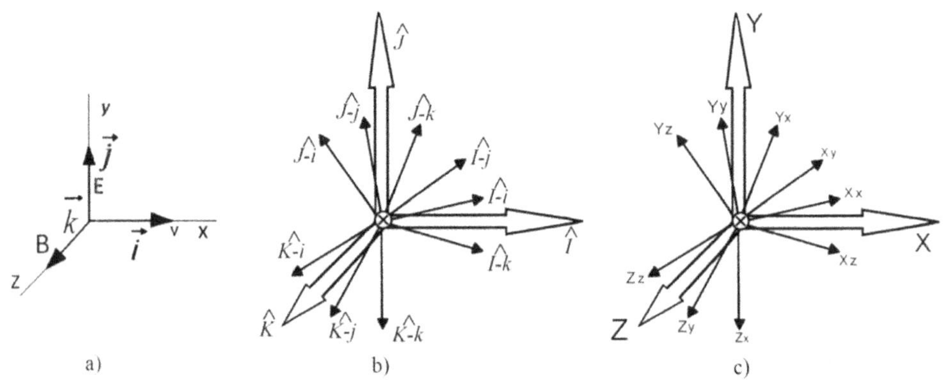

Abbildung 1.3: Haupt- und Nebenvektorsätze, die auf die Dreiräumlichegeometrie anwendbar sind.

Diese erweiterte Raumgeometrie, die auf der subatomaren Ebene anwendbar ist vollständig in Referenz ([10], Siehe auch Kapitel 2) beschrieben, aber wie folgt kurz zusammengefasst werden kann. Die Methode besteht darin, jeden der drei linearen elektromagnetischen Standardvektoren i, j und k anwendbar auf normalen Raum geometrisch zu erweitern (**Abbildung 1.3-a**). Sie werden als drei eigenständige 3D-Vektorräume erweitert (**Abbildung 1.3-b**), jeder von denen jetzt als Räume X, Y und Z identifiziert (**Abbildung 1.3-c**), als jeder senkrecht zu den anderen beiden bleibt und alle drei durch ihren gemeinsamen pünktähnlichen Ursprung verbunden bleiben.

Dieses gemeinsame Zentrum kann nun so verstanden werden, dass es als ein *Durchgangspunkt* dient, der sich im Zentrum jedes lokalisierten elektromagnetischen Quants auf subatomarer Ebene befindet und durch den die *Energiesubstanz* des Teilchens frei zwischen den drei Räumen wie zwischen kommunizierenden Gefäßen zirkulieren kann, so dass eine stationäre transversale Oszillation der Hälfte der Teilchenenergie zwischen ihren E- und B-Aspekten entsteht, d.h., zwischen den beiden YZ-Räumen, sowie eine gleichmäßige Aufteilung der Gesamtenergie des Teilchens zwischen dem transversal oszillierenden Energie-Halbquant der E- und B-Felder innerhalb des YZ-Transversal-Dual-Raum-Komplexes und dem unidirektionalen Impulsenergie-Halbquant, das sich im X-Raum befindet.

Um die Energiebewegung in diesem dreistufigen geometrischen Komplex von 9 zueinander orthogonalen Dimensionen mental zu visualisieren, genügt es, sich jeden der drei Sätze von Nebenvektoren i, j und k in **Abbildung 1.3-b** so vorzustellen, als wären sie die gefalteten Rippen von 3 metaphorischen Regenschirme. Dadurch kann jeder von ihnen nach Belieben bis zur vollständigen orthogonalen Ausdehnung mental geöffnet werden, um das Verhalten der Energie in diesem vollständig entfalteten 3D-Raum während jeder Phase seiner oszillierenden Bewegung zu beobachten und mathematisch zu beschreiben. Die **Abbildung 1.3-b** und **1.3-c** zeigen die Abmessungen der drei Räume, die nur zur Hälfte entfaltet sind, um eine eindeutige Identifizierung jeder der 9 resultierenden internen orthogonalen Achsen zu ermöglichen.

1.5. Der zweite große Durchbruch

Die zweite wichtige Entwicklung erfolgte einige Jahre später, 2003, als Paul Marmet einen wichtigen Artikel über eine neu wahrgenommene Beziehung zwischen der fortschreitenden Zunahme der Intensität des transversalen Magnetfelds eines beschleunigenden Elektrons und der gleichzeitigen Erhöhung seiner quer messbaren Masse [29], die dann eine eindeutige Unterscheidung zwischen der variablen Energie des Elektronimpulses die während seiner Beschleunigung auch zunimmt, und der ebenfalls variablen Energie seines transversalen Magnetfeldes erlaubte, und auch diese zwei variablen Energiemengen klar von der unveränderlichen Energiemenge zu trennen, die die Elektronruhemasse bildet, wie in einem Artikel beschrieben, der 2007 in demselben *"International IFNA-ANS Journal"* an der Kazan State University veröffentlicht wurde ([30], [8] Kapitel 4).

Diese Entdeckung ermöglichte dann die Beobachtung, dass alle geladenen Elementarteilchen, die Atome bilden, in dieser erweiterten Raumgeometrie die exakt gleiche interne elektromagnetische LC-Struktur aufweisen, wobei jede von einer Menge von Trägerenergie begleitet wird, die aus Impulsenergie und transversaler Magnetfelderergie besteht, welches auf eine Weise strukturiert ist, die mit der internen elektromagnetischen Struktur identisch ist, die durch die LC-Gleichung beschrieben wird, die zuvor entwickelt wurde, um die lokalisierten Doppelpartikelphotonen zu berücksichtigen, wie von de Broglie hypothetisiert ([15], [8] Kapitel 6) ([31], [8] Kapitel 11) ([32], [8] Kapitel 14) ([33], [8] Kapitel 12), die es dann ermöglichten, ihre jeweiligen dreiräumlichen LC-Gleichungen zu erstellen, wie in Referenz ([10], Siehe auch Kapitel 2) zusammengefasst, wie wir weiter unten sehen werden.

Lassen Sie uns hier vermerken dass diese interne elektromagnetische LC-Struktur auch auf alle elektrisch geladenen elektromagnetischen Elementarteilchen anwendbar ist, die die komplexen instabilen Teilchen bilden, seien sie elektrisch neutral oder nicht, wie Pionen, Kaonen und andere kurzlebige komplexe Partikel, die durch zerstörerische Streuung zwischen Elementarteilchen entstehen ([34], [8] Kapitel 19).

Wir werden hier jedoch nur die stabilen Teilchen untersuchen, die die streubare Struktur der im Periodensystem vorkommenden Atommenge und ihrer Kerne sowie der Positronen und frei sich bewegenden elektromagnetischen Photonen ausmachen, denn alle durch destruktive Streuung erzeugten instabilen Partonen spielen für die Errichtung und Stabilität des Universums keine Rolle, da sie alle fast augenblicklich zerfallen durch Freisetzung ihrer überschüssigen Energie in bekannten Abfolgen von Stufen [35], bis alles, was von ihnen übrig bleibt, das eine oder andere ist, oder viele von der sehr begrenzte Satz von stabilen elektrisch geladenen und massiven Elementarteilchen, aus denen alle Atome bestehen ([34], [8] Kapitel 19).

Doch muss zunächst ein typographischer Fehler in Gleichung (M-7) von Marmets Artikel beachtet werden, der die Nahtlosigkeit seiner Ableitung schwer wahrnehmbar macht. Um seine ununterbrochene Argumentationsfolge zu verdeutlichen, wird seine Ableitung bis hinunter zu Gleichung (M-7) aus der Biot-Savart-Gleichung hier ausführlich beschrieben. Der Rest seiner Ableitung bis hinunter zu Gleichung (M-23) bleibt in seinem Artikel [29] direkt leicht nachvollziehbar und wird auch in einem anderen kürzlich veröffentlichten Artikel klar erläutert und analysiert ([10], siehe auch Kapitel 2).

Obwohl der zweite Teil seines Artikels, der mit Abschnitt 7 beginnt, eine persönliche Hypothese über eine mögliche innere Struktur des Elektrons ausgibt, die natürlich zur Diskussion steht, ist der erste Teil seines Artikels keineswegs hypothetisch, aber sondern erarbeitet eine mathematisch nahtlose Ableitung aus der Biot-Savart-Gleichung, die sich direkt aus experimentellen Daten ergibt, die leicht nach Belieben wiederhergestellt werden können, und die zur Aufstellung einer neuen Gleichung führt (seine Gleichung M-23), das scheint tatsächlich keinen Zweifel zu lassen, um Marmet selbst zu zitieren dass *"Die Zunahme der sogenannten relativistischen Masse* [eines beschleunigenden Elektrons] *ist in der Tat nichts anderes als die Masse des Magnetfeldes, das aufgrund des Elektrons Geschwindigkeit erzeugt wird"* [29]:

$$\frac{\mu_0 \left(e^-\right)^2}{8\pi} \frac{1}{r_e} \frac{v^2}{c^2} = \frac{M_e}{2} \frac{v^2}{c^2} \tag{M-23}$$

Um Verwechslungen bei der Nummerierung der Gleichungen in diesem Artikel zu vermeiden, wird den Gleichungen, die direkt aus dem Artikel von Marmet stammen, das Präfix "M-" gefolgt von der Nummer dieser Gleichung im Originalartikel vorangestellt [29], damit der Leser sie direkt in seinem Originalartikel finden kann.

Gleichung (M-23) schlägt zahlreiche Möglichkeiten vor, die noch nie in Betracht gezogen wurden. Die wichtigste davon ist, dass sie eine Inkonsistenz zwischen der Speziellen Relativitätstheorie (SR) und dem Elektromagnetismus aufzeigt, die sonst nicht bemerkt werden konnte, weil die bloße Vorstellung, dass die Energie, die das transversale Magnetfeld eines beschleunigenden Elektrons progressiv erhöht, wie mit den Gleichungen des Elektromagnetismus berechnet, könnte die gleiche Energie sein die als seine Quermasse messbar ist, die mit der Geschwindigkeit progressiv zunimmt, als berechenbar mit den Gleichungen der relativistischen Mechanik, fehlt in der SR-Theorie aus einem Grund der später hervorgehoben wird.

Der erste Hinweis der Möglichkeit dass ein einziges Energiequant gleichzeitig für die Zunahme des transversalen Magnetfelds des Elektrons und für die Zunahme seiner transversal messbaren relativistischen Masse verantwortlich sein könnte, wird durch die bekannte Tatsache begründet, dass das Magnetfeld das um ein Draht gemessen wird, in der einen stabilen elektrischen Strom im Umlauf ist, der natürlich aus Elektronen besteht, die alle mit der gleichen Geschwindigkeit und in der gleichen Richtung im Draht zirkulieren, senkrecht ausgerichtet ist, d.h. quer zur Bewegungsrichtung der Elektronen, nach dem Biot-Savart-Gesetz, wie es von Marmet am Anfang seines Artikels in die richtige Perspektive gerückt wurde [29].

Ein wichtiger Punkt muss bereits hervorgehoben werden in Bezug auf die Gewohnheit die seit Maxwell erworben wird, an die vertraute orthogonale Drei-Wege-Beziehung der elektromagnetischen Energie zu denken, als zueinander senkrechte elektrische und magnetische *Felder* zu sein, das wäre gleichzeitig senkrecht zur Bewegungsrichtung der Energie.

Es ist eine in Nachschlagewerken selten erwähnte Tatsache, dass das von Gauß eingeführte Konzept des elektrischen Feldes nur dazu gedacht war, die Coulomb-Wechselwirkung *konzepuell darzustellen,* in einer *idealisierten geometrischen und mathematischen Weise,* die omnidirektional gegen Null nach dem umgekehrten Quadrat der Abstandsregel abnimmt, von einem Maximalwert an dem Punkt im Raum, an dem sich die in der Coulomb-Gleichung verbleibende einzelne Testladung befindet, wenn die zweite Ladung aus der

Gleichung entfernt wird, wie in einem kürzlich erschienenen Artikel hervorgehoben [25]. Dieses idealisierte Konzept wurde dann auch geometrisch und mathematisch wiederverwendet, um auch den magnetischen Aspekt der elektromagnetischen Energie in Form eines *Magnetfelds* darzustellen.

Es wird daher für den Rest dieser Analyse wichtig sein um Gauß ursprüngliche Absicht im Gedächtnis zu behalten dass diese *Felder* nur als *idealisierte geometrische und mathematische Werkzeuge* betrachtet werden sollten, die nur beabsichtigt waren, die reale Energie *darzustellen*, welches als physisch existierend erachtet wird, und dass es ist die elektromagnetische Energie selbst das existiert physisch das würde sich sozusagen physisch selbst gemäß diesem dualen senkrechten Muster strukturieren, das aus seiner transversalen elektromagnetischen Schwingung resultiert, das heißt, eine Schwingung, die in Bezug auf die unidirektionale Impulsenergie, die seine Bewegung im Raum aufrechterhält, quer ausgerichtet ist.

Daraus folgt, dass die Querenergie selbst, die nach Marmet gleichzeitig für die transversale Magnetfeldzunahme und die transversale messbare relativistische Massezunahme [36] des beschleunigenden Elektrons verantwortlich ist, nur senkrecht zur Bewegungsrichtung der Elektronen ausgerichtet werden kann deren Zirkulation den über die Biot-Savart-Gleichung messbaren stabilen Strom erzeugt.

Dies bedeutet natürlich, dass die Energie, die den zunehmenden Impuls eines beschleunigenden Elektrons unterstützt, das kann mit der relativistischen mechanischen Gleichung $\Delta K=\gamma m_o v^2/2$ berechnet werden, kann keineswegs dieselbe sein, als die Energie, die sein zunehmendes transversales Magnetfeld senkrecht stützt, die mit Hilfe der Biot-Savart-Gleichung berechnet werden kann, das letztere, entsprechend der Energie des transversalen relativistischen Masseinkrements, berechenbar mit der relativistischen Mechanikgleichung $\Delta E=\Delta mc^2= (\gamma m_o c^2 - m_o c^2)$, weil es physikalisch und vektoriell unmöglich ist, dass sich ein einziges Energiequant gleichzeitig in diese beiden senkrechten Richtungen bewegt, und auch, weil die Gesamtmenge von nur einer dieser beiden Energiehalbquanten nicht im Alleingang ausreicht ist, für den gleichzeitigen Energiezuwachs sowohl für seines Längsimpuls als auch für seines transversalen Magnetfeldes, bei irgendeinem gegebene Geschwindigkeit, verantwortlich zu sein

Auf der anderen Seite, die erste Gleichung von Maxwell (Anhang B), die tatsächlich die zuvor für das elektrische Feld erwähnte Gauß-Gleichung ist und die sich in die einfache Coulomb-Gleichung umwandelt, wenn eine zweite

Ladung in das *idealisierte Feld* der Testladung eingeführt wird, enthüllt, dass die Gesamtenergiemenge, die in jeder beschleunigende Ladung induziert wird, das Doppelte der Energie des Längsimpuls $\Delta K=\gamma m_o v^2/2$ beträgt, oder das Doppelte der Energie des transversalen Inkrements des Relativistischemasse/Magnetfelds $\Delta E=\Delta m_m c^2$ beträgt. Mehr auf den Punkt gebracht, zeigt dies, dass beide Beträge durch Struktur immer gleich sind und dass diese Summe nur aus ihrer gleichzeitigen Induktion gebildet werden kann, worin ΔE_{gesamt} das Inkrement des transversalen Magnetfeldes der beschleunigenden Elektronen ist, beide Größen dann somit die Gesamtenergiemenge, die erforderlich ist, um den gleichzeitigen Anstieg der Geschwindigkeit und des zugehörigen transversalen Magnetfelds erklären, d.h. $\Delta E_{gesamt}= \Delta K + \Delta m_m c^2 =\gamma m_o v^2/2 + (\gamma m_o c^2 - m_o c^2)$, wie gezeigt in Referenz ([10], Siehe auch Kapitel 2)

Wir sollten daher in Wirklichkeit eher von zwei Energie-*Halbquanten* sprechen, die ein einziges Quant induzierter Energie bilden. Die Tatsache, dass dieses mit der Coulomb-Gleichung berechnete Gesamtenergiequant in einer infinitesimal progressiver Weise als Funktion der Inversen der Entfernung zwischen zwei geladenen Teilchen variiert, zeigt auch, dass diese Energie adiabatisch variiert, und das, einzigartig in Abhängigkeit von der Umkehrung der Abstände, die alle geladenen Teilchen aufgrund der Coulomb-Wechselwirkung voneinander trennen, ob sie sich bewegen oder nicht.

Ein zusätzlicher Hinweis, der die Schlussfolgerung stützt, dass diese beiden Energiehalbquanten gleichzeitig existieren müssen, ist das, um überhaupt in der Lage zu sein, um das ΔB-Magnetfeldinkrement zu berechnen, die zu jede Geschwindigkeit eines beschleunigenden Elektrons mittels der verallgemeinerten Form der Marmetschen Gleichung (M-7) bezogen kann, wie in Referenz ([30], [8] Kapitel 4), festgelegt, ist dass, es ist die Wellenlänge dieser doppelten Energiemenge, die durch die Coulomb-Gleichung gegeben ist, die verwendet werden muss, um diesen korrekten ΔB-Wert des transversalen Magnetfeldinkrements des sich bewegenden Elektrons zu erhalten, was weiter unten mit Gleichung (1.9) gezeigt wird.

1.6. Historischer Kontext der Entwicklung der Speziellen Relativitätstheorie (SR)

Aber die Tatsache dass diese beiden Energiehalbquanten immer gleich groß sind, anfänglich verursachte Verwirrung in der Gemeinschaft in Abwesenheit dieser neuen Information erst seit Marmet's jüngster Ableitung verfügbar. Diese Verwirrung führte zu der Schlussfolgerung, dass eine Gesamtenergiemenge, die nur einer dieser zwei Halbquanten entspricht, wurde während des Elektrons-Relativistischenbeschleunigungsprozesses induziert, was zu einer berühmten Meinungsverschiedenheit zwischen den Theoretikern des Beginns des 20. Jahrhunderts führte.

So bezogen beispielsweise Minkowski [2], Lorentz [37] und Einstein [38] dieses Energie-Halbquant strikt auf den Impuls, eine Schlussfolgerung, die ein wesentlicher Bestandteil der Speziellen Relativitätstheorie ist, während Abraham [39], Poincaré [40] und Planck [41] bezogen das gemessenen Halbquant der Bewegungsenergie streng auf eine Zunahme der quer messbaren Masse.

1.7. Die Schlussfolgerung von Minkowski, Lorentz und Einstein

In einem berühmten Artikel von Max Planck aus dem Jahr 1906 [41], ist es anzumerken, dass er die Energie, die die Masse eines sich bewegenden Elektrons $E=\gamma m_o c^2$ bildet, mit dem Begriff *"lebendige Kraft"* bezeichnet (siehe seinen Kommentar nach Gleichung 8, Seite 140 seines Textes, die er durch den Begriff "L" identifizierte), was in Perspektive stellt, dass zu Beginn des 20. Jahrhunderts, die Beziehung zwischen dem Begriff *"Kraft"*, wie die Kraft, die mit der Coulomb-Gleichung oder mit der fundamentalen Massebeschleunigungsgleichung $F=ma$ berechnet werden kann, die die Dimensionen *Joules pro Meter* hat ([14], [8] Kapitel 13), und das Konzept der durch die *Coulomb-Kraft induzierten Energie*, die durch Multiplikation der Coulomb-Kraft mit dem Abstand zwischen zwei elektrischen Ladungen erhalten wird, und das wir nur als *Joules* auffassen ([14], [8] Kapitel 13), noch nicht eindeutig festgestellt wurde; in der Erwägung, dass diese beiden Konzepte offenbar noch nicht klar voneinander unterschieden wurden. Der einzige Hinweis auf das Konzept des Impulses in seinem Text ist *Impulskoordinaten*, das er, im Kontext seiner Zeit, nicht mit der Energie assoziiert schien, die den Impuls unterstützt, und dies, zur gleichen historischen Moment, als diese Debatte über die Einführung der SR-Theorie tobte.

Im Vergleich, in der heutigen deutschen Grundlagenphysik-Gemeinschaft wird der *"Impuls"* sofort als eine Menge *"kinetischer Energie"* aufgefasst, die sich in eine bestimmte vektorielle Richtung bewegt. Wenige in der wissenschaftlichen Gemeinschaft auf der internationalen Ebene sind heute sich bewusst, dass zu Beginn des 20. Jahrhunderts, die größten Fortschritte in der Grundlagenphysik wurden in Europa erzielt, und dass die ursprünglichen Artikel wurden hauptsächlich in deutscher, aber auch in französischer und italienischer Sprache verfasst. Entgegen der landläufigen Meinung, einige dieser Gründungsartikel wurden noch nicht ins Englische übersetzt, um verfügbar in der weltweit wissenschaftlichen Gemeinschaft zu werden, und einige sehr verspätet. So wurde beispielsweise der Text einer wegweisenden Präsentation von Herman Minkowski aus dem Jahr 1907 "*Das Relativitätsprinzip*" erst 2012 von Fritz Lewertoff ins Englische übersetzt [2]. Praktisch alle Schriften von Louis de Broglie, deren Gesamtwerk gerade ins Russische übersetzt wurde, sind noch nicht ins Englische übersetzt. Es ist dann wichtig, Gründungsartikel in ihren Originalsprache zu lesen, um sicherzustellen, dass die übersetzten Versionen korrekt sind, und noch wichtiger, um das geringere Ausmaß des zum Zeitpunkt ihrer Erstellung eingerichteten Wissenspools richtig in die richtige Perspektive zu rücken und worauf sie gegründet waren.

Bei der Analyse den Lorentz-Artikel von 1904 [37], der das Relativitätskonzept führte ein, indem der γ-Faktor in die Gleichungen der klassischen Mechanik einbezogen wurde, was Planck veranlasste, seine zuvor zitiert Arbeit von 1906 zu schreiben [41], es kann gesehen werden, dass der Begriff der Coulomb-Kraft klar definiert ist, aber dass die Energie des relativistischen Impulses des Elektrons auf die Weise berechnet wird, die uns anfangs intuitiv in den Sinn kommt, das heißt, indem einfach der γ-Faktor zu Newtons anfänglicher nicht-relativistischer klassische kinetischer Energiegleichung $K=m_o v^2/2$ addiert wird; aber dass er diese Gleichung nicht modifiziert, um die Hälfte der Querenergie aufzunehmen, die das entsprechende Inkrement seines Magnetfeldes unterstützt, wie in Referenz ([42], [8] Kapitel 5), beschrieben, oder alternativ, dass er die mittels der Coulomb-Gleichung erhaltene Kraft nicht mit dem Abstand multipliziert, der die beiden Ladungen trennt, um die Gesamtmenge der Energie zu erhalten, die adiabatisch in jeder Ladung durch die Coulomb-Wechselwirkung in dieser Entfernung induziert wird, wie in Referenz ([10], Siehe auch Kapitel 2).beschrieben.

Wir sollten uns daher voll bewusst werden, dass, wenn zwei der größten Entdecker der Zeit, Planck und Lorentz, die ontologische Beziehung nicht bemerkt hätten, jetzt offensichtlich für uns, zwischen der Coulomb-Wechselwirkung und der Induktion kinetischer Energie in geladenen Teilchen, und von der Beziehung zwischen dieser elektromagnetisch induzierten Energie und der kinetischen Energie, die bewirkt, dass sich massive Körper aus der Perspektive der klassischen/relativistischen Mechanik bewegen, makroskopische Körper, deren Massen nur ausschließlich aus der Summe der Massen dieser elektrisch geladenen Elementarteilchen gebildet werden können, es bedeutet notwendigerweise im weiteren Sinne, dass diese Beziehung in der gesamten wissenschaftlichen Gemeinschaft der Zeit noch nicht eindeutig geklärt war, so unerwartet dies heute erscheinen mag.

Es bleibt jedoch erstaunlich, dass die großen Entdecker jener Zeit die Gleichungen der klassischen/relativistischen Mechanik so genau aufstellen konnten, ohne von der Rückschau profitiert zu haben, die uns jetzt durch ein weiteres Jahrhundert des Experimentierens zur Verfügung gestellt wurde, das es nun ermöglicht, diesen Zusammenhang klar zu erkennen zwischen der sogenannten *Coulomb-Kraft*, erhalten durch die Multiplikation der Einheitsladung der durch Gauß ermittelten elektrischen Feldgleichung $E=e/4\pi\varepsilon_o d^2$ [17] mit einer zweiten Ladung e, die nach der Regel des umgekehrten Quadrats des Abstands zwischen elektrischen Ladungen $1/d^2$ wirkt, das heißt $F=e{\cdot}E=e^2/4\pi\varepsilon_o d^2$, und die Beträge der *adiabatischen kinetischen Energie* ([43], [8] Kapitel 2) die diese Kraft in diese elektrischen Ladungen als Funktion der einfachen Umkehrung des Abstands zwischen ihnen $1/d$ induziert, d.h. $E=d{\cdot}F=e^2/4\pi\varepsilon_o d$ ([25] Gleichung (4)), welches sind Konzepte das schien schwer klar zu korrelieren, durch den Nebel der Unsicherheit das immer noch die Beziehungen zwischen diesen elektromagnetischen Konzepten durchdrang, die dann nicht im Prozess der methodischen Auseinandersetzung waren, und heute noch nicht werden (siehe folgenden Abschnitt), und der klassische Begriff der *Masse*, der zum Bereich der klassischen Mechanik gehörte, und das immer noch als nicht mit dem Elektromagnetismus verwandt galt, außer von Einstein selbst, aber ohne sie zu diesem Zeitpunkt mit der Gravitation in Verbindung zu bringen, wie wir bald in den kommenden Abschnitten 1.7.1 und 1.7.3 sehen werden.

Das erklärt konkret warum das Konzept der *Kraft* nicht in die SR-Theorie aufgenommen wurde, um die Erhöhung der Energie einer sich bewegenden oder beschleunigenden Masse zu rechtfertigen, und auch, warum der Begriff *Kraft* in der Allgemeinen Relativitätstheorie einfach fehlt, in dem es ersetzt wird, als die ontologische Ursache der Existenz von Energie, durch eine Trägheitsbewegung von massiven Körpern verursacht durch eine angenommene *Krümmung* der *Raum-Zeit*, die die Coulomb-Gleichung verhindert, welches auf dem Konzept einer *Kraft* basiert, die mit der Beschleunigung elektrisch geladener Teilchen verbunden ist, von konzeptuell aus dieser Perspektive mit der Beschleunigung der Elektron-*Masse* assoziiert zu werden, weil in dieser Theorie keine Verbindung hergestellt wird zwischen dem Konzept der *klassischen Masse* und der Tatsache, dass alle makroskopischen massiven Körper nur aus elektrisch geladenen massiven Elementarteilchen bestehen können ([11], Siehe auch Kapitel 3), wie weiter in Perspektive gesetzt.

So seltsam das auch scheinen mag, mehr als ein Jahrhundert nach Kaufmans bestimmenden Experimenten mit Elektronen die zu relativistischen Geschwindigkeiten beschleunigt wurden [36], gibt es in die SRT kein Konzept das eine Erhöhung des Magnetfelds der beschleunigenden Elektronmasse existieren könnte, was es nach dieser Theorie normal erscheinen lässt dass nur die Impulsenergie-Halbquant mit der Geschwindigkeit zunehmen würde, das heißt, ein Geschwindigkeit, die anscheinend auf eine theoretische *Trägheitsbeschleunigung* zurückzuführen ist.

1.7.1 Der interessante Fall der Behauptung von Albert Einstein in Bezug auf den Elektromagnetismus

Es mag als paradox erscheinen, wie gerade behauptet wurde, dass der Begriff der Kraft nicht in die SR aufgenommen worden zu sein schien, weil der klassische Begriff der Masse damals als nicht mit dem Elektromagnetismus verwandt angesehen wurde, da wir gerade aus der Referenz [5] gelernt haben, dass Einstein offenbar indirekt aber korrekt die Beziehung zwischen der Kraft der Beschleunigung, die auf die unveränderliche Ladung des Elektrons wirkt, und der Kraft der Beschleunigung, die auf seine unveränderliche Ruhemasse wirkt, richtig verstanden hat, wie seine Gleichung (2) zeigt, die bereits im einleitenden Vorwort erwähnt wurde:

$$(2) \qquad m\,\frac{\mathrm{d}^2 x}{\mathrm{d}t^2} = e\mathbf{E}_x \qquad\qquad ([5], \text{S. }143)$$

In der Tat ist $\mathrm{F} = m\dfrac{\mathrm{d}^2 x}{\mathrm{d}t^2}$ zufällig eine der zahlreichen mathematischen Darstellungen der fundamentalen Beschleunigungsgleichung *F=ma*, wie in der Referenz ([25] Abschnitt 27) hervorgehoben, und $\mathrm{F} = e\mathbf{E}_x$ ist eine der zahlreichen mathematischen Darstellungen der Coulomb-Gleichung, wie in

Abschnitt 1.7 relativiert. Siehe auch Referenz ([25] Gleichung (4), hier der Einfachheit halber wiedergegeben:

$$\mathrm{F} = e\mathrm{E} = \frac{e^2}{4\pi\varepsilon_0 r^2}$$ ([25] Gleichung (4))

aufgrund der Tatsache, dass das Symbol für das elektrische Feld (E) von Gauß definiert wurde, indem eine der Ladungen aus der Coulomb-Gleichung entfernt wurde, die der folgenden Definition entspricht:

$$\mathrm{E} = \frac{e}{4\pi\varepsilon_0 r^2}$$ ([25] Gleichung (3))

Offensichtlich wird, wenn die fehlende Ladung wieder eingeführt wird, wie es Einstein in Referenz ([5] Gleichung (2)) tat, die vollständige Coulomb-Kraftgleichung wiederhergestellt..

Nun, Einstein stellt nicht klar wie er anfänglich diese Gleichheit zwischen diesen beiden bewiesenen Kräftegleichungen ableitete, so dass sie am Ende *de facto* axiomatisch als eine *Einzelkraft* etabliert werden, die gleichzeitig auf die Ruhemasse eines Elektrons und auf seine invariante Ladung anwendbar ist. Es scheint also, dass er diese Gleichheit 1910 tatsächlich als ein Axiom aufgestellt hat, was eine Gewohnheit von ihm war, um Grundlagen für seine Argumentationen zu schaffen, wie zum Beispiel die Erdungsaxiome seiner zuvor aufgestellten Speziellen Relativitätstheorie. Siehe Abschnitte 3.4 und 3.5 weiter unten zu diesem Thema.

Aber es kommt vor, dass eine mathematische Ableitung, die zeigt, dass alle klassischen Kräftegleichungen nur alternative Darstellungen der Newtonschen F=ma-Beschleunigungsgleichung in Reference ([44], [8] Kapitel 7) sind, was deutlich zeigt, dass Einsteins Annahme bei der Aufstellung von Gleichung (2) vollkommen gerechtfertigt war.

Nun, aus Einsteins einleitendem Kommentar zu seiner im Vorwort zitierten Gleichung (2) geht hervor, dass er zwar die Elektronladung mit dem E-Feld in Beziehung setzt, dass er aber keineswegs klarer als seine Kollegen das E-Feld-Symbol mit der detaillierten Unterdefinition in Verbindung bringt, die Gauß damit darstellen wollte, d.h. die Coulomb-Gleichung minus eine Ladung.

Im Vergleich dazu, sehen Sie mit Gleichung (3.3), wie dieselbe Newton-Beschleunigungsgleichung in einführenden Standard Physik Lehrbüchern direkt mit der Coulomb-Gleichung gleichgesetzt wird, diesmal ohne Bezug zur Gauß-E-Feldgleichung, wie sie in der Lorentz-Gleichung mit der Ladung kombiniert ist, die fehlt, um die Coulomb-Gleichung wieder zu erhalten, ein Zustand, der die meisten Studenten daran hindert, den direkten Zusammenhang zwischen der Gauß-Gleichung und der Standard-Coulomb-Gleichung zu erkennen.

Tatsächlich habe ich in jahrzehntelangen Diskussionen mit Hunderten von Physikern beobachtet, dass nur sehr wenige von ihnen das E-Feld in der Regel so direkt mit der Coulomb-Gleichung in Verbindung bringen, selbst wenn es sich um eine zweite Ladung handelt, wie z.B. bei der Lorentz-Kraft-Gleichung ($F = q(E + v \ x \ B)$), und es scheint, dass dies bereits zu Beginn des 20. Jahrhunderts der Fall war, da die Physiker es im Allgemeinen vorzuziehen scheinen, den Elektromagnetismus aus der Perspektive der potenziellen Felder zu konzeptualisieren.

Dies wird im Übrigen durch den Text von Einsteins Artikel [5] selbst bestätigt, wenn er feststellt:

> *"...on s'habitua à considérer les champs électrique et magnétique comme des entités dont l'interprétation mécanique était superflue. On en vint ainsi à regarder ces champs dans le vide comme des états particuliers de l'éther, n'exigeant pas une analyse plus approfondie."*

Übersetzung:

> *"...die elektrischen und magnetischen Felder wurden schließlich als Entitäten betrachtet, deren mechanische Interpretation überflüssig war. Dies führte dazu, dass diese Felder im Vakuum als besondere Zustände des Äthers betrachtet wurden, die keiner weiteren Analyse bedurften."*

Nirgendwo in seinem Artikel wird das Coulombsche Gesetz erwähnt oder mit dem elektrischen Feld oder elektrisch geladenen Teilchen in Verbindung gebracht. Die Bewegung von elektrischen Ladungen wird in Übereinstimmung mit H.A. Lorentz als Folge ihrer Wechselwirkung streng mit dem elektrischen Feld erwähnt:

> *"Une particule chargée en mouvement par rapport à l'éther est assimilable à un élément de courant; les actions du champ électromagnétique sur la particule et les réactions de cette dernière sur le champ sont les seuls liens qui lient la matière à l'éther. Dans celui-ci, là où l'espace n'est pas déjà occupé par une particule, les intensités du champ électrique et magnétique sont exprimées par les équations de Maxwell pour l'éther libre, si l'on suppose que les*

équations sont rapportés à un système d'axes immobile par rapport à l'éther."

Vorläufige Rückübersetzung ins Deutsche, in Ermangelung des verlorenen Originals:

"Ein geladenes Teilchen, das sich relativ zum Äther bewegt, ist wie ein Stromelement; die Wirkungen des elektromagnetischen Feldes auf das Teilchen und die Reaktionen des letzteren auf das Feld sind die einzigen Bindungen, die Materie an den Äther binden. In letzterem, wo der Raum nicht bereits von einem Teilchen besetzt ist, werden die Intensitäten des elektrischen und magnetischen Feldes durch die Maxwell-Gleichungen für den freien Äther ausgedrückt, wobei angenommen wird, dass die Gleichungen auf ein relativ zum Äther sich unbewegenden Achsensystem bezogen sind."

Alles in allem lässt sich daraus schließen, dass die direkte Identität, die Einstein wahrgenommen hat zwischen der auf die Ruhemasse eines Elektrons angewandten Newtonschen Grundbeschleunigungsgleichung und die Beschleunigungsgleichung der Einheitsladung des Elektrons, das einem elektrischen Feld ausgesetzt wird, ist wahrscheinlich was ihn schließlich überzeugte dass die Gravitation dem Muster des Elektromagnetismus folgen muss.

1.7.2. Der überraschend inkohärente Einwand von Archibald Wheeler

Schauen wir uns nun die im Vorwort zitierte Begründung an, die Wheeler für seine Weigerung, Einsteins Schlussfolgerung als einen möglicherweise gültigen Weg der Forschung zu betrachten, lieferte, wobei er sich offenbar auch selbst als Sprecher für die gesamte Gemeinschaft bezeichnete, ohne dass jemand einen Protest erhob: " *Diese These können wir nicht akzeptieren, und die Gemeinschaft der Physik akzeptiert sie zu Recht nicht."* ([7], S. 391).

Leider hat er keinen Hinweis auf den spezifischen Text von Einstein gegeben, in dem dieser *"behauptet"* hätte, dass die Gravitation dem Muster des Elektromagnetismus folgt. Diese Suche ist also zum Zeitpunkt der Veröffentlichung dieses Buches noch im Gange.

Völlig unerwartet, kurz bevor er seine Ablehnung der Möglichkeit formuliert, dass die Gravitation dem Muster des Elektromagnetismus folgen könnte, Wheeler widersetzt eine völlig ungültige Version der Coulomb-Gleichung ab:

$$\mathrm{F}_{electr} = e_1 e_2 / r^2 \qquad \text{([7] Gleichung (7.1.2))}$$

zur gültigen Gravitationsgleichung:

$$\mathbf{F}_{grav} = -\mathbf{G}\boldsymbol{m}_1\boldsymbol{m}_2 / \boldsymbol{r}^2 \qquad \text{([7] Gleichung (7.1.2))}$$

und kam dann zu dem Schluss, dass dieser offensichtlich fehlerhafte Vergleich den Elektromagnetismus als einen potenziell vielversprechenden Weg der Untersuchung auf der Suche nach einem möglichen Muster, das ihn mit der Gravitation in Verbindung bringen könnte, völlig disqualifiziert.

Diese Version der Coulomb-Gleichung ist aus dem einfachen Grund ungültig, weil Wheeler vergessen hat, oder ist es überhaupt denkbar, <u>wusste es nicht</u>, dass, um dimensional gültig zu sein, diese Gleichung die Coulomb-Proportionalitätskonstante beinhalten muss (siehe Gleichung (2.18) und den zugehörigen Kommentar in Kapitel 2):

$$k_e = \frac{1}{4\pi\varepsilon_0} \text{ (Elektrostatische Coulomb Konstante)} \qquad (2.18)$$

Selbst bei Nennwert sind die Dimensionen der Kraft, die aus der fehlerhaften Wheeler-Version der Coulomb-Gleichung gewonnen werden können, offensichtlich inkonsistent, da sie sich in *Coulombs zum Quadrat pro Meter zum Quadrat* (C^2/m^2) auflösen, während es gut etabliert ist, dass eine Kraft nur in Newton (N) ausgedrückt werden kann, die sich in ihre elementaren Dimensionen *Joule pro Meter* (j/m) auflösen, die Dimensionen sind, die aus der Coulomb-Gleichung nur dann gewonnen werden können, wenn die Coulomb-Konstante involviert ist: $\mathrm{F}_{electr} = k_e\, e_1 e_2 / r^2$, und die mit den Dimensionen der Kraft identisch sind, die aus der korrekt aufgestellten Gravitationsgleichung erhalten werden.

Es ist daher ziemlich bemerkenswert und unerwartet, dass ein solch eklatanter Fehler in einem so populären Nachschlagewerk [7], der als Rechtfertigung dafür benutzt wurde, die Erforschung eines so grundlegend wichtigen Feldes wie des Elektromagnetismus für eine mögliche Beziehung zur Gravitation abzulehnen, in der Physikgemeinde offenbar keine Aufmerksamkeit erregt hat, insbesondere im Lichte und im Gegensatz zu der spezifischen Empfehlung des berühmtesten Physikers des 20. Jahrhunderts, und auch, dass diese Art von Fehler in einer so einfachen Gleichung wahrscheinlich die unmittelbare Aufmerksamkeit von jedem mit minimalen mathematischen Fähigkeiten auf sich ziehen wird.

1.7.3. Die Lösung, nach der Einstein möglicherweise gesucht hat

Ein hochinteressanter Punkt in Bezug auf Einsteins Suche, die Gravitation mit dem Elektromagnetismus in Verbindung zu bringen, ergibt sich im Hinblick auf die korrekt formulierte Gravitationsgleichung, auf die sich Wheeler bezieht, d.h. ([7] Gleichung (7.1.2)), die bereits erwähnt wurde.

Nachdem er sowohl die elektrostatische Kraftgleichung nach Lorentz als auch die fundamentale Beschleunigungsgleichung nach Newton mit Hilfe von Gleichung (2) ([5], S. 143) direkt in Beziehung gesetzt hatte, war Einstein zweifellos bestrebt, auch die Gravitationsgleichung direkt mit diesen ersten beiden Kraftgleichungen in Beziehung zu setzen.

Zufällig wurde diese direkte Gleichheit zwischen diesen drei Gleichungen mathematisch in Referenz ([44], [8] Kapitel 7, Gleichung (7.48)) in Bezug auf die unveränderliche Ruhemasse und die unveränderliche Ladung des Elektrons festgestellt, in Übereinstimmung mit Einsteins Gleichheit, die zwischen den ersten beiden klassischen Kraftgleichungen in seiner Gleichung (2) festgestellt wurde. Darüber hinaus wurde in derselben Referenz gezeigt, dass alle 5 klassischen Kraftgleichungen mittels der verallgemeinerten Form der Coulomb-Gleichung, die in der Referenz ([30], [8] Kapitel 4, Gleichung (4.11)) entwickelt wurde, voneinander abgeleitet werden können:

$$F = G_p \frac{M_p \bullet m_e}{r_0^2} = k \frac{e^2}{r_0^2} = e\mathbf{vB} = e\alpha\mathbf{E} = m_e a = 8.238721807\text{E} - 08\,\text{N} \qquad \text{([44] Gleichung}$$

$$(48))$$

Dieser gemeinsame Nenner, den die Coulomb-Gleichung zufälligerweise erlaubt, alle klassischen Kräftegleichungen zu verknüpfen, *ist das, was erlaubt die in allen geladenen Elementarteilchen durch die Coulomb-Kraft permanent induzierte adiabatische Energie mathematisch mit allen klassischen Kräftegleichungen und folglich mit der Gravitation in den Abschnitten 1.26 und 1.27 unten zu verknüpfen,* wie in der Referenz ([43], [8] Kapitel 2) festgelegt.

1.8. Die Schlussfolgerung von Planck, Poincaré und Abraham

Wie bereits erwähnt, haben Abraham [39], Poincaré [40] und Planck [41] das Halbquant der gemessenen Bewegungsenergie streng mit einer Zunahme der transversal messbaren Masse in Verbindung gebracht, ohne es jedoch in irgendeiner Weise auf die gleichzeitige Erhöhung des damit verbundenen transversalen Magnetfeldes zu beziehen. Aus dieser Perspektive hat der Impuls einer sich bewegenden Masse keine physische Existenz, sondern wird als ein Impuls angesehen, der sich in einem zugrunde liegenden Äther ausbreitet, der die Masse antreibt, was es aus dieser zweiten Perspektive auch normal erscheinen lässt, dass nur das Energie-Halbquant der transversal messbare Masse nimmt mit der Geschwindigkeit zu.

Diese Meinungsverschiedenheit zwischen der Position von Einstein, Minkowski und Lorentz einerseits und der von Poincaré, Abraham und Planck andererseits ist immer noch Gegenstand endloser Diskussionen in der Gemeinschaft. In beiden Fällen besteht keine Beziehung zu der doppelten Energiemenge, die sich aus der Coulomb-Gleichung ergibt und gleichzeitig durch die Coulomb-Wechselwirkung im beschleunigenden Elektronen ontologisch induziert wird, und keine dieser Lösungen lässt auch nur den Verdacht zu, dass diese beiden Halbquanten gleichzeitig zunehmen könnten.

Daher ist es für eine vollständige Harmonisierung der klassischen/relativistischen Mechanik und des Elektromagnetismus erforderlich, ein klares Bewusstsein für die obligatorische Gleichzeitigkeit der Existenz der beiden Energiehalbquanten zu gewinnen, die senkrecht zueinander ausgerichtet sind, im Lichte der Entdeckung von Marmet und in Bezug auf die Coulomb-Gleichung.

1. 9. Die absoluten Axiomatischen Prinzipien

Kehren wir für einen Moment zu dem bereits erwähnten *"Nebel der Unsicherheit"* zurück, der die Konzepte der Coulomb-Kraft und die von dieser Kraft induzierte Energie umgab, als die Spezielle Relativitätstheorie zu Beginn des 20. Jahrhunderts entwickelt wurde.

Im Laufe der Geschichte, bevor es das Ausmaß der gegenwärtigen Anhäufung von Wissen über die Natur ermöglichte, absolute Konstanten in der Natur zu identifizieren, auf denen Theorien beruhen konnten, um die identifizierbaren Prozesse zu erklären, die in der objektiven Realität beobachtbar sind, bestand die Methode, um dieser Theorien zu beruhen, in absolute axiomatische *Prinzipien* festzulegen, als stabile Referenzen um rationale Erklärungen über die Art von Energie, Masse, elektrischen Ladungen usw. zu beruhen. Diese Prinzipien wurden schließlich zu *idealisierten Dogmen*, die von der wissenschaftlichen Gemeinschaft als zuverlässige Referenzen zur Begründung der im Entstehen begriffenen Theorien angenommen wurden, wie z.B. das Prinzip der Energieerhaltung, das Paulische Ausschließungsprinzip, die Prinzipien der stationären Wirkung und der kleinsten Wirkung, usw.

Einige dieser Prinzipien sind *positive* idealisierte Prinzipien, wie das Prinzip der Energieerhaltung, die alle möglichen Ausnahmen ausschließen, aber die die Forschung nicht aktiv davon abhält, mögliche Einschränkungen ihrer Reichweite oder sogar der Gültigkeit dieses Prinzips in Bezug auf seine Anwendbarkeit auf die physische Realität zu erforschen, die vielleicht weniger gut verstanden wurden, wie es ursprünglich formuliert wurde.

Tatsächlich, im Falle dieses letzten Prinzips, zum Beispiel, der gegenwärtige Wissensstand erlaubt es nun, seine Reichweite in Bezug auf die physische Realität besser zu definieren, weil wir beobachten können, dass das Prinzip der Energieerhaltung für ein System gültig bleibt, solange dieses System, das bereits in einem Gleichgewichtszustand der stationären Wirkung stabilisiert ist, kehrt in diesen Zustand zurück, nachdem er gestört wurde, aber, dass, wenn es dazu geführt wird, so zu variieren, dass es sich axial in einem Zustand der stationären Wirkung stabilisiert, in dem es weniger energetisch oder mehr energetisch ist als im Ausgangszustand, diese Änderung kann nur von adiabatischer Natur sein ([43], [8] Kapitel 2).

Zum Beispiel, das ist genau der Fall bei den Raumsonden, die von der Erde weggenommen wurden, um auf Fluchttrajektorien der kleinsten Wirkung aus dem Sonnensystems gestartet zu sein, wie wir später sehen werden ([45], [8] Kapitel 16) [46] [47] [48]. Nachdem sich solche Systeme in einem neuen axial Gleichgewicht-Zustand der stationären Wirkung stabilisiert haben, gilt wieder das Prinzip der Energieerhaltung, aber gilt es mit Bezug auf diesen neuen Zustand der stationären Wirkung des axialen Gleichgewichts. Tatsächlich sind die Massen, aus denen diese Sonden bestehen, nie wieder in den Zustand des axialen Gleichgewichts der stationären Wirkung zurückkehren werden, die sie vor dem Start hatten.

In Wirklichkeit sind alle in der objektiven Realität zulässigen stationären Wirkungszustände Teil einer Hierarchie von axial verteilten stationären elektromagnetischen Gleichgewichtszuständen der stationären Wirkung, die von den stationären Zuständen der subatomaren Größenordnung bis hin zu denen der astronomischen Größenordnung reichen, deren detaillierte hierarchische Korrelation noch nicht vollständig hergestellt ist, und die einzige Möglichkeit für ein Elementarteilchen oder eine größere Masse, sich axial von einem dieser stationären Gleichgewichtszustand in einen anderen zu bewegen, ist mittels eine Bewegungsbahn der kleinsten Wirkung, die eine adiabatische Änderung seiner Trägerenergie beinhaltet. Diese Hierarchie der stationäre Zustände wird später diskutiert, aber lassen Sie uns vorerst auf das Hauptthema dieses Abschnitts, die historisch etablierten absoluten axiomatischen Prinzipien, zurückkommen.

Unter den historisch etablierten *positiven* axiomatischen Dogmen ist jedoch eines, d.h. das *de facto* abgelehnten Konzept der *Fernwirkung*, auch abwertend als der *spukhafte Fernwirkung* (*spooky-action-at-a-distance*) bezeichnet, das universell und ungerechtfertigt mit der sogenannten Coulomb-*Kraft* verbunden ist, die ein *negatives* und *absolutes* Dogma ist, in dem Sinne, dass es jede Forschung in der Gemeinschaft aktiv davon abhielt, um die Art der Coulomb-Wechselwirkung zu studieren und zu verstehen, obwohl sie direkt der ersten Maxwell-Gleichung zugrunde liegt, d.h. der Gauß-Gleichung für das elektrische Feld, wie zuvor beschrieben, die allgemein als gültig anerkannt ist

Das Missverständnis, das scheinbar zur Idee einer so genannten *Fernwirkung* in Bezug auf die Coulomb *Kraft* geführt hat, scheint darin bestanden zu haben, dass diese so genannte *Kraft* mit dem Konzept einer *Attraktion* assoziiert war, wie sie in Newtons makroskopischer Gravitationstheorie definiert ist, anstatt mit einem *Prozess der Energieinduktion* verbunden zu sein, von dem die Hälfte des unidirektionales Impuls in elektrisch geladenen Teilchen auf subatomarer Ebene liefert, und dass die angenommene *Attraktion* zwischen geladenen Teilchen zu Unrecht als Folge einer *attraktiven Kraft* betrachtet wurde, anstatt als die Bewegung *angetrieben durch eine unidirektionale Impulsenergie* eines elektrisch geladenen Teilchens verstanden zu werden, in Richtung einem anderen elektrisch geladenen Teilchen mit entgegengesetztem elektrischen Zeichen; und dass eine angenommene *Abstoßung* fälschlicherweise als Folge einer *Abstoßungskraft* zwischen elektrisch geladenen Teilchen gleichen elektrischen Zeichens interpretiert wird, die stellt sich in Wirklichkeit als eine Bewegung eines elektrisch geladenen Teilchens weg von einem anderen elektrisch geladenen Teilchen desselben Zeichens heraus, das *von einer unidirektionalen Impulsenergie angetrieben wird*, wobei *keinerlei Kraft* in den Prozess einbezogen wird, wie in Referenz ([11], Siehe auch Abschnitt 3.17) analysiert.

Das Konzept der Coulomb-Wechselwirkung, das nun zusammenfassend realitätsnäher formuliert wurde, um uns selbst von dem Konzept der Newtonsche-*Kraft* zu distanzieren, die auf der makroskopischer Ebene nützlich ist, aber die im Bezug von massiven und geladenen Elementarteilchen auf subatomarer Ebene trügerisch ist, der Ausdruck *Coulomb-Wechselwirkung* wird im Allgemeinen für den Rest dieses Artikels anstelle des irreführenden Ausdrucks *Coulomb-Kraft* verwendet.

Hundert Jahre nun nach Lorentz, Planck, Einstein, de Broglie und Schrödinger, um nur einige der außerordentlich engagierten Wissenschaftler jener Zeit zu nennen, die zu Beginn des 20. Jahrhunderts die Grundlagenphysik revolutionierten, scheint es, dass wir heute genug über die subatomare Ebene wissen, um solche absoluten axiomatischen Prinzipien und Dogmen abzuschaffen, indem wir entweder die physikalischen Grenzen ihrer Anwendbarkeit wie im Falle des Prinzips der Energieerhaltung klar benennen, oder einfach diejenigen beseitigen, die wie das Konzept der *Fernwirkung* sich letztendlich als irreführende Hindernisse für die Forschung erweisen, weil unzureichende Informationen über die mögliche Art der Coulomb-Wechselwirkung am Anfang vorlagen war, und dass wir heute wissen, dass die eigentliche Ursache für die gleichzeitige adiabatische Induktion beider senkrechter Energiehalbquanten in allen vorhandenen geladenen Elementarteilchen zu sein, die Coulomb-Wechselwirkung ist, deren Natur noch nicht klar verstanden ist.

1.10. Unangemessene Namensvergabe für einige Prozesse und Zustände

Die Namen, die in der Vergangenheit einigen stabil beobachteten Eigenschaften und Prozessen von Elementarteilchen gegeben wurden, bevor die elektromagnetische Natur der Energie, aus der ihre unveränderlichen Ruhemassen hergestellt werden, verstanden wurde, ebenfalls zur anhaltenden Verwirrung in der Gemeinschaft über die wirkliche Natur dieser Eigenschaften und Prozesse stark trugen bei.

So wurde beispielsweise die untere Grenze der Integration der Energie der Ruhemasse des Elektrons mit Hilfe der mathematischen Mittel der sphärischen

Integration ganz unangemessen *der klassische Elektronradius* genannt, symbolisiert durch r_e, was dazu führt, dass viele Forscher dazu neigen, um *zu denken*, dass diesen Wert einen wahren physikalischen Radius der Elektronmasse im Sinne der klassischen Mechanik sein könnte ([30], [8] Kapitel 4).

Ein weiterer viel heimtückischerer Fehlname ist der Begriff "*Spin*", der sich auf die relative magnetische Polarität der sich gegenseitig wechselwirkenden Elektronen und ihrer Wechselwirkung mit den elektromagnetischen Subkomponenten von Nukleonen bezieht, was zu dem recht ungenauen Glauben führt, dass dieser Wechselwirkungszustände eine Querrotation der Elektronmasse beteiligt sein muss ([49], [8] Kapitel 9).

Die Verwendung dieser Begriffe ist jedoch so verallgemeinert, dass sie zu ändern wahrscheinlich noch mehr Verwirrung stiften würde, aber die reale Natur der angesprochenen Zustände und Prozesse sollte in formalen Referenzrepositorien wie z.B. *NIST* [50] und dem *CRC Handbook of Chemistry and Physics* [51] klar dokumentiert sein.

1.11. Die gleichzeitige Induktion beider Energiehalbquanten

Dieses neue Bewusstsein der gleichzeitigen Existenz dieser beiden Energiehalbquanten, die zueinander senkrecht stehen und in allen geladenen Elementarteilchen permanent induziert werden, unabhängig davon, ob sie in Bewegung oder nicht sind, und deren Menge sich entsprechend in Bezug auf der Umkehrung der Abstände zwischen jedem geladenen Teilchen und allen anderen progressiv ändert, ermöglicht es nun, auf subatomarer Ebene, eine interne elektromagnetische Struktur alle Trägerenergie-Quanten zu bestimmen, die sowohl die longitudinale Impulserhöhung als auch die Erhöhung des transversalen Magnetfeldes aller beschleunigenden geladenen Elementarteilchen aufrechterhält, die mit die von Louis de Broglie in den 1930er Jahren vorgeschlagenen interne Struktur identisch ist, die er für lokalisierte elektromagnetische Photonen hypothetisiert ([15], [8] Kapitel 6), und was in völliger Übereinstimmung mit den Maxwell-Gleichungen steht, aber die nicht im Widerspruch zu der Art und Weise steht, wie frei bewegende elektromagnetische Energie mathematisch erfolgreich auf der makroskopischer Ebene aus der Perspektive der Maxwellschen Theorie der kontinuierlichen Wellen behandelt wurde.

1.12. Beschreibung der Marmet-Ableitung von Gleichung (M-1) bis zu Gleichung (M-6)

Im Elektromagnetismus ist die Biot-Savart-Gleichung möglicherweise die am einfachsten experimentell zu bestätigen, da sie nur das gleichmäßige und invariante zylindrische Quermagnetfeld beschreibt, das durch einen stabilen elektrischen Dauerstrom erzeugt wird, der in einem geraden elektrischen Draht fließt [19].

Indem er seine Argumentation auf der Tatsache gründete, dass das Magnetfeld eines beschleunigenden Elektrons trotz der ebenfalls beobachteten Tatsache, dass seine Einheitsladung unabhängig von seiner Geschwindigkeit konstant bleibt, zunimmt, gelang es Marmet, durch eine theoretische Reduktion des im Draht fließenden Stroms auf ein einzelnes Elektron, um Gleichung (M-23) aus der Biot-Savart-Gleichung abzuleiten, die es zu zeigen erlaubt, dass der quer messbare relativistische Masseanstieg eines beschleunigenden Elektrons nur direkt mit seiner transversalen Magnetfelderhöhung in Verbindung gebracht werden kann.

Schließlich stellt die Gleichung (M-24), die direkt aus der Gleichung (M-23) hervorgeht, direkt fest, dass genau die Hälfte der Energie, aus der die unveränderliche Ruhemasse des Elektrons besteht, auch durch Analogie als ein Magnetfeld darstellbar ist, das vermutlich auch quer ist, und wäre in Wirklichkeit auch eine unveränderliche Energiemenge, die auch physikalisch quer orientiert wäre:

$$\frac{\mu_0 \left(e^-\right)^2}{8\pi} \frac{1}{r_e} = \frac{M_e}{2} \tag{M-24}$$

Diese beobachtete Eigenschaft des intrinsischen Magnetfeldes der Ruhemasse des Elektrons, neben vielen anderen Eigenschaften, die Marmets Entdeckung endlich erlaubt, in einer neuen, gegenseitig selbstkonsistenten Perspektive zu korrelieren, wird weiter analysiert, ebenso wie der *Geschwindigkeitsabhängigkeit* Aspekt der Erhöhung des Transversalmagnetfeldes des beschleunigenden Elektrons, und weitere Entwicklungen, zu denen die Gleichung (M-23) führt. Aber lassen Sie uns zunächst auf die Hürde eingehen, die sich aus der Gleichung (M-7) ergibt..

Er begann seine Ableitung mit der Einführung der folgenden Form der Biot-Savart-Gleichung (M-1), in der ein zylindrische Magnetfeld herum einen stromtragenden geradlinigen Metalldraht sich entwickelt, wenn ein stabiler elektrischer Strom zirkuliert, das senkrecht zur Stromrichtung im Draht dargestellt wird, wie in **Abbildung 1.1** seines Papiers [29] dargestellt, d.h. senkrecht zu der Achse, entlang der der Strom I grafisch als fließend dargestellt wird:

$$d\vec{B} = \frac{\mu_0 I}{4\pi} \frac{d\vec{s} \times d\vec{u}}{r^2} \qquad \text{(M-1)}$$

Er definierte dann den Strom I neu, indem er die Elektronladung auf ihren invarianten Einheitswert (e=1.602176462E-19 C) quantisierte, was es ermöglichte, das allgemeine variable Ladungssymbol Q in der Standarddefinition I durch die diskrete Anzahl von Elektronen in einem Ampere zu ersetzen:

$$I = \frac{dQ}{dt} = \frac{d(Ne^-)}{dt} \qquad \text{(M-2)}$$

Da die Geschwindigkeit des Elektrons in einem Leiter konstant bleibt, wenn der Strom I konstant bleibt, kann das Zeitelement dt auch durch seine traditionelle Definition dx/v ersetzt werden:

$$\text{da } v = \frac{dx}{dt} \text{ , dann } dt = \frac{dx}{v} \qquad \text{(M-3)}$$

jetzt dt in der Definition von I der Gleichung (M-2) ersetzend, mit der Definition die er mit Gleichung (M-3) festgelegt, erhaltet er:

$$I = \frac{d(Ne)}{dt} = \frac{d(Ne^-)v}{dx} \qquad \text{(M-4)}$$

Er führte dann die skalare Version der Biot-Savart-Gleichung ein:

$$dB = \frac{\mu_0 I}{4\pi r^2} \sin(\theta)\, dx \qquad \text{(M-5)}$$

Das Ersetzen von I in der Gleichung (M-5) durch seine neue Definition, die mit der Gleichung (M-4) festgelegt wurde, eliminiert auch den impliziten Zeitfaktor aus der Biot-Savart-Gleichung, was im Kontext erfolgen kann, ohne den Wert des betrachteten Magnetfeldes zu beeinflussen, da es per Definition konstant bleibt, da der Strom konstant bleibt:

$$dB = \frac{\mu_0 I}{4\pi r^2} \sin(\theta)\, dx = \frac{\mu_0}{4\pi r^2} \frac{d(Ne^-)v}{dx} \sin(\theta)\, dx = \frac{\mu_0 v}{4\pi r^2} \sin(\theta)\, d(Ne^-) \qquad \text{(M-5a)}$$

Zusammenfassend lässt sich sagen, dass die Marmet-Gleichung (M-6) nun wie folgt dargestellt wird, die jetzt eine Summe von quantisierten Einheitsladungen beinhaltet, dargestellt durch den Faktor Ne^-, zusätzlich zur

Trennung vom Zeitfaktor, da die Magnetfeldstärke stabil bleibt, solange der Strom stabil bleibt, unabhängig von der abgelaufenen Zeit:

$$dB = \frac{\mu_0 v}{4\pi r^2}\sin(\theta)\, d(Ne^-) \qquad\qquad (M-6)$$

1.13. Die irrtümliche Gleichung (M-7), die versehentlich veröffentlicht wurde

Wir kommen nun zu der Gleichung, die nicht logisch aus der nahtlosen Sequenz hervorzugehen scheint, die zu der obigen Gleichung (M-6) geführt hat, die wahrscheinlich zu einem ungerechtfertigten Verlust des Interesses potenziell interessierter Forscher am Weiterlesen geführt hat, was erklären könnte, warum dieser Artikel bisher nicht mehr Aufmerksamkeit erregt hat:

$$\text{Ungültige Gleichung (M-7): } dB_i = \frac{N\mu_0\, e^-\, v}{4\pi r^2}\, d(Ne^-) \qquad\qquad (M-7)$$

Es scheint auch, dass Paul Marmet während der zwei Jahre, die die Veröffentlichung des Artikels im Jahr 2003 von seinem Tod im Jahr 2005 trennten, nicht auf diesen typografischen Fehler aufmerksam geworden ist, was erklären würde, warum er keine *Erratum*-Notiz zur Behebung dieses Druckfehlers vorgelegt hat, denn es ist absolut sicher, dass er die richtige folgende Form der Gleichung (M-7) abgeleitet hat, die wir nun korrekt wiederherstellen werden, da er diese korrekte Form für den Rest seiner Ableitung verwendet hat:

$$\text{Korrigierte Gleichung (M-7): } B_i = \frac{\mu_0\, e^-\, v}{4\pi r^2} \qquad\qquad (M-7)$$

1.14. Wiederherstellung der korrekten Form der Gleichung (M-7)

Wie von Marmet in seinem erklärenden Text zwischen den Gleichungen (M-6) und (M-7) analysiert, werden nun zwei Variablen der Gleichung (M-6) strukturell zu den konstanten Wert 1 reduziert, da die Anzahl der Elektronen in Gleichung (M-7) auf ein einziges reduziert wird, wobei in diesem Fall die Ladungsverteilung und die Magnetfeldverteilung strukturellisotrop und -kugelförmig auf den Standort dieses einzelnen Elektrons zentriert werden, anstatt konzeptionell linear für die Ladung und transversal zylindrisch senkrecht zur Stromrichtung für das Magnetfeld verteilt, wie in der anfänglichen Biot-Savart-Gleichung zu sein. Hier ist dann, wie die richtige Gleichung (M-7) aus der Gleichung (M-6) abgeleitet werden kann.

Erstens wird der N-Term in Gleichung (M-6) gleich 1 in Gleichung (M-7), da nur ein Elektron in der letztgenannten Gleichung berücksichtigt wird, so dass zuerst der Begriff $d(Ne^-)$ zu $d(e^-)$ wird, was der erste Schritt beim Übergang von Gleichung (M-6) zur richtigen Form der Gleichung (M-7) ist:

$$dB_i = \frac{\mu_0 v}{4\pi r^2} \sin(\theta)\, \mathrm{d}(e^-) \tag{M-6a}$$

Da ein einzelnes Elektron betrachtet wird, ist es unmöglich, eine Richtung der kontinuierlichen Verteilung der elektrischen Ladung konzeptionell zu bestimmen, da nun keine Verteilungsachse mehr definiert werden kann. Somit verschwindet auch der *sin (θ)*-Faktor, der mit dieser nun nicht mehr existierenden linearen Verteilung zusammenhing, aus der Gleichung. So haben wir jetzt:

$$dB_i = \frac{\mu_0\, v}{4\pi r^2}\, \mathrm{d}(e^-) \tag{M-6b}$$

Da die Ladung e des Elektrons invariant ist und somit zu einer numerischen Konstante wird, wird die Berechnung einer Ableitung für die Gleichung (M-6b) bedeutungslos. Folglich werden die beiden Vorkommen des derivativen Operators d in Gleichung (M-6b) vereinfacht, und erhalten wir am Ende die reale Gleichung, dass Marmet offensichtlich als Gleichung (M-7) veröffentlicht werden wollte:

$$B_i = \frac{\mu_0 v}{4\pi r^2}\, e^- \tag{M-6c}$$

und dann in folgender Form neu angeordnet, die er benutzt hat, als er mit seiner Herleitung fortfuhr, die zu Gleichung (M-23) führt:

$$\text{Korrekte Gleichung (M-7):}\quad B_i = \frac{\mu_0\, e^-\, v}{4\pi r^2} \tag{M-7}$$

Auf diese Weise gelang es Marmet, die Biot-Savart-Gleichung zu modifizieren, die das gleichmäßige makroskopische zylindrische statische Magnetfeld darstellt, das durch einen stabilen elektrischen Strom erzeugt wurde, der in einem geradlinigen Metalldraht zirkuliert, um das geschwindigkeitsbezogene gleichmäßige subatomare theoretisch sphärische transversale Magnetfeldinkrement darzustellen, die auf die Geschwindigkeit eines einzelnen Elektrons bezieht ist, und auf seine punktförmige Position zentriert ist, während es sich mit konstanter Geschwindigkeit bewegt, was durch die Gleichung (M-7) dargestellt ist.

Nach der Bewegungsmechanik der elektromagnetischen Energie in der erweiterten dreiräumlichen Geometrie, welche wird später geklärt, diese konstante Geschwindigkeit von Elektronenflüsse in Metalldrähte, wird verursacht, indem jedes Elektron einzeln *angetrieben* wird, sozusagen, durch eine Menge der physikalisch vorhandenen längsgerichteten Impulsenergie ΔK, die durch Struktur gleich ist, zur quer ausgerichteten Energie die das zugehörige magnetische Querfeldinkrement ΔB bildet, beide Mengen, die physikalisch unabhängig von der Energie vorhanden sind, aus die die unveränderliche Ruhemasse des Elektrons bildet.

Aus dieser Perspektive stellt sich heraus, dass das stabile transversale und scheinbar stationäre und gleichförmige Magnetfeld *dB* der Biot-Savart-Gleichung (M-1), die um einem Metalldraht messbar ist, einfach die Summe der einzelnen sich bewegenden transversalen Magnetfelder der sich bewegenden Elektronen ist, wobei jedes Elektron sein lokales Magnetfeld mitschleppt. Da sich alle Elektronen in der Strömung in die gleiche Richtung und in die gleiche Nähe bewegen, werden ihre einzelnen Magnetfelder aufgrund der unflexiblen dreifachen orthogonalen *elektrischen/magnetischen/Bewegungsrichtung-im-Raum* Beziehung der elektromagnetischen Energie, der die Energie jedes elementaren elektromagnetischen Teilchens unterworfen ist, *de facto* in eine gegenseitige parallele magnetische Spinausrichtung gezwungen; was erklärt, warum alle einzelnen Magnetfelder der im Draht zirkulierenden Elektronen in der gleichen Querrichtung um den Draht herum ausgerichtet sind, was zur Bildung dieses zylindrischen makroskopischen transversalen Magnetfeldes führt, das an jedem Punkt entlang der Länge eines Metalldrahtes, in dem ein konstanter Strom zirkuliert, als stabil messbar ist. Das ist es, was die Biot-Savart-Gleichung misst. Und das ist der Grund, durch Reduzierung des Stroms, um ein einzelnes Elektron zu involvieren, der die Definition der Gleichung (M-7) ermöglicht, die das geschwindigkeitsbezogene subatomare Magnetfeldinkrement eines einzelnen Elektrons berücksichtigen kann

Hier ist zu erwähnen, dass die gleiche erzwungene parallele magnetische Spinausrichtung von ungepaarten Elektronen in ferromagnetischen Materialien auch dazu führt, dass sich ihre einzelnen Magnetfelder auf unserer makroskopischen Ebene als ein einziges messbar makroskopisches Magnetfeld addieren, wie in Referenzen ([49], [8] Kapitel 9) ([52], [8] Kapitel 10), analysiert und in Referenz [51] formal beschrieben. Dies bestätigt, dass der Aufbau aller makroskopisch messbaren Magnetfelder, ob dynamisch oder statisch, nur auf den gleichen subatomaren Prozess zurückzuführen ist, nämlich die forcierte parallele Ausrichtung der Magnetspins der Energie der beteiligten elementaren elektromagnetischen Quanten.

Wir werden weiter sehen, wie die Marmet-Gleichung (M-7) verallgemeinert wurde, um das Magnetfeldinkrement von jedem lokalisierten elektromagnetischen Quant zu berechnen, was dann zu verallgemeinerten Formen führte, die es erlauben, die Geschwindigkeit eines geladenen elementaren massiven elektromagnetischen Teilchens zu berechnen, indem sie das intrinsische invariante Magnetfeld B seiner Ruhemasse mit dem variierenden Magnetfeld ΔB dieser Bewegungsenergie kombinieren, die in elektrisch geladenen massiven Teilchen durch die Coulomb-Wechselwirkung induziert wird.

Der Rest von Marmets Ableitung bis zu seiner bestimmenden Schlussfolgerung, die durch Äquivalenz (M-26) dargestellt wird, ist in seinem Papier [29] verfügbar und wird auch zu Beginn der Referenz ([10], Siehe auch Kapitel 2) ausführlich analysiert:

$$\textbf{Relativistische Masse} \equiv \textbf{Magnetische Masse} \qquad\qquad \text{(M-26)}$$

1.15. Die Implikationen von Marmets Entdeckung

Die erste bedeutende Konsequenz der Erstellung der Gleichung (M-23) ist die Erstellung elektromagnetischer Gleichungen, die die Berechnung der relativistischen Geschwindigkeiten von geladenen und massiven Elementarteilchen ohne Notwendigkeit den Lorentz-Faktor "γ" zu verwenden.

1.16. Berechnung relativistischer Geschwindigkeiten ohne den Lorentz γ Faktor

Wiederum Berücksichtigung der Gleichung (M-23), da c *eine asymptotische Geschwindigkeitsbegrenzung* darstellt, die das Elektron physikalisch nicht erreichen kann, dann, als v zu c neigt, $M_e/2$ scheint zu einer asymptotischen transversalen 4.55469094E-31 kg Masseinkrementgrenze zu neigen, entsprechend sein transversalen Magnetfeldinkrement, was auf den ersten Blick scheint, unmöglich weiter zu wachsen, aber wir werden weiter unten sehen, dass dies nicht der Fall ist:

$$\frac{\mu_0 \left(e^-\right)^2}{8\pi}\frac{1}{r_e}\frac{v^2}{c^2} = \frac{M_e}{2}\frac{v^2}{c^2} \qquad \text{(M-23)}$$

In diesem Stadium der Analyse kann die Gleichung (M-23) daher wie folgt formuliert werden, um die elektronquerverlaufende *relativistische-Masse/Magnetfeldinkrement* darzustellen:

$$\Delta m_{m(v \to c)} = \frac{\mu_0 e^2}{8\pi r_e}\frac{v^2}{c^2} = \frac{m_e}{2}\frac{v^2}{c^2} \qquad \text{(1.1)}$$

Andererseits, wenn v in der Gleichung (M-23) gegen Null tendiert, neigt sein transversales Magnetfeldinkrement auch gegen Null. Und wenn sich diese Geschwindigkeit dem Nullpunkt nähert, zeigt das Verhältnis v^2/c^2, dass die Energiemenge des transversalen Magnetfeldsinkrements vernachlässigbar wird und dass dieses Verhältnis dann aus der Gleichung entfernt werden kann, was einen Teil der unveränderlichen Ruhemasse des Elektrons wie eine scheinbare Magnetfelddarstellung hinterlässt, scheinbar endlich enthüllen dass genau die Hälfte der Energie die der unveränderliche Ruhemasse des Elektrons ausmacht, auch die Quelle seines intrinsischen invarianten Magnetfeldes wäre, wie durch die Gleichung (M-24) dargestellt, was eine Schlussfolgerung ist, die im weiteren Verlauf bestätigt wird, durch die Festlegung der Maxwell-Gleichungskonformen LC-Gleichung (1.30), die die tatsächliche innere elektromagnetische Struktur der Elektronruhemassenenergie offenbart, die zuvor in der Dreiräumlichegeometrie im Zusammenhang mit der Hypothese von de Broglie etabliert wurde (**Abbildung 1.3**):

$$M_{e\_magnesch\,(v \to 0)} = \frac{\mu_0 \left(e^-\right)^2}{8\pi}\frac{1}{r_e}\frac{v^2}{c^2} = \frac{\mu_0 \left(e^-\right)^2}{8\pi}\frac{1}{r_e} = \frac{M_e}{2} \qquad \text{(M-24)}$$

Gleichung (M-7), auf der anderen Seite, kann wie folgt formuliert werden um das Inkrement des entsprechenden magnetischen Querfeldes darzustellen, die dazu bestimmt ist, die gleiche Menge an steigender Energie zu repräsentieren, die als ein Quermasseinkrement messbar ist, die durch Gleichung (1.1) dargestellt wird, und die zu dem des invarianten Magnetfeldes der Ruhemasse des Elektrons hinzukommen wird, die mit der Gleichung (M-24) berechnet werden kann:

$$\Delta B_{(v \to c)} = \frac{\mu_0\, e\, v}{4\pi\, r^2} \tag{1.2}$$

Als ersten Schritt zur Bestätigung, dass die Gleichungen (1.1) und (1.2), beide sind Darstellungen der gleichen Menge an transversal orientierter Energie in Bezug auf die Bewegungsrichtung des beschleunigenden Elektrons, lassen Sie uns zuerst die Gleichung (1.1) für eine bekannte relativistische Geschwindigkeit auflösen, d.h. die Geschwindigkeit 2187647.561 m/s, bezogen auf die Bohr-Umlaufbahnimpulsenergie in seiner Theorie über das Wasserstoffatom (2.179784832E-18 j), was auch zufällig die reale mittlere Impulsenergie ist, die durch die Wellenfunktion der Quantenmechanik für das Grundzustandsorbital des Elektrons im Wasserstoffatom gegeben ist. Diese Geschwindigkeit wird sofort bestätigen, dass Gleichung (1.1) das korrekt zugehörige relativistische Masseinkrement liefert:

$$\Delta m_m = \frac{\mu_0 e^2 v^2}{8\pi\, r_e c^2} = \frac{\mu_0 e^2 \left(2187647.561\right)^2}{8\pi\, r_e c^2} = 2.425337715E - 35\,\mathrm{kg} \tag{1.3}$$

Mit Hilfe der Gleichung (1.2), die, wie wir uns erinnern sollten, die Marmet-Gleichung (M-7) ist, müssen wir nun die Zunahme des transversalen Magnetfeldes berechnen, das mit dieser gleichen relativistischen Geschwindigkeit des Elektrons verbunden ist. Zu diesem Zweck, müssen wir den Wert der zweiten Variablen in Gleichung (1.2) definieren, d.h. den Wert von r; aber es kann nicht davon ausgegangen werden, dass sie den gleichen Wert wie r_e der Gleichung (1.1) haben wird, die eine Konstante ist, die als den *klassischen Elektronradius* bekannt ist und die in dieser Gleichung in Bezug auf die Elektronruhemasse verwendet wird.

Im Fall von Gleichung (1.1), d.h. der Marmetschen Gleichung (M-23), die eine elektromagnetische Definition der Elektronmasse mit ihrer Definition der klassischen/relativistischen Mechanik kombiniert, eine nähere Untersuchung zeigt, dass die Zunahme der relativistischen Masse/Magnetfeld nur synchron mit dem Geschwindigkeitsverhältnis v^2/c^2 zunehmen kann, wobei c invariant ist und v von Null bis asymptotisch nahe bei c liegt, was, wie bereits erwähnt, zu zeigen scheint, dass die theoretisch maximal mögliche Zunahme der transversalen relativistischen Masse/Magnetfeld eines sich frei bewegenden Elektrons nicht wirklich gegen Unendlichkeit zu tendieren scheint, wie traditionell angenommen, sondern eher dazu tendieren würde, asymptotisch nahe an einen Wert heranzugehen, der der Hälfte der invarianten Ruhemasse des Elektrons entspricht ($\Delta m_m=m_e/2=4.55469094E-31$ kg, was der Halbmenge der induzierten Transversalenergie von 4,09355207E-14 j entspricht).

Erinnern wir uns an dieser Stelle daran, dass die Marmet-Gleichung (M-23) die Relativistischemasse/Magnetfeldinkrement definiert, indem sie strikt vom Wert der invarianten Hälfte der Ruhemassenenergie des Elektrons abhängig ist, die sein intrinsisches invariantes Magnetfeld definiert. Aber eine Umwandlung der klassischen kinetischen Newton-Energiegleichung $K=mv^2/2$ zu einer elektromagnetischen Form, die durch ihre Korrektur zur Einbeziehung der von Marmet identifizierten magnetischen Querenergie vervollständigt wurde und die in Newtons Gleichung fehlte ([42], [8] Kapitel 5), zeigt letztlich, dass mit dem zunehmenden Quermagnetfeld jede weitere Erhöhung dieser relativistischen Quermasse/Magnetfeldinkrement nicht allein von der Hälfte der Energie der Elektron-Ruhemasse abhängig ist, wie es die nicht-relativistische Gleichung (M-23) nahelegt, hängt aber in Wirklichkeit von der Summe der Energie, aus der sich die Masse des intrinsischen Magnetfeldes des Elektrons $m_ec^2/2$ plus der Energie des momentan akkumulierten Transversalen Masseinkrements Δm_mc^2 zusammensetzt.

Das bedeutet, dass die quer messbare relativistische Masse eines beschleunigenden Elektrons $m_{relativistisch}$ immer gleich $m_o+\Delta m_m$ ist, wodurch festgestellt werden konnte, dass diese Summe immer gleich der unveränderlichen Ruhemasse des Elektrons multipliziert mit dem bekannten Gammafaktor γm_o ist, der vor mehr als einem Jahrhundert etabliert wurde ([42], [8] Kapitel 5). Dies ermöglicht es, den gesamten Bereich der relativistischen Geschwindigkeiten des Elektrons ohne Verwendung des Gammafaktors (bekannt als den Lorentzfaktor) zu berechnen.

So kann beispielsweise jede relativistische Geschwindigkeit eines Elektrons mit der folgenden in Referenz ([42], [8] Kapitel 5) abgeleiteten Gleichung berechnet werden, indem man E auf "8.18710414E-14 j" setzt, d.h. die Energie der unveränderlichen Ruhemasse des Elektrons, und K auf die Summe der Energie der transversalen Relativistischenmasse/Magnetfeldinkrement Δm_mc^2 plus der zugehörigen Impulsenergie ΔK setzt, von der wir heute wissen, dass sie durch Struktur immer gleich Δm_mc^2 ist, das heißt $K= \Delta K+ \Delta m_mc^2$:

$$v = c\frac{\sqrt{4E\cdot K+K^2}}{2E+K} \tag{1.4}$$

Diese Gleichung kann auch in eine Form umgewandelt werden, die die Wellenlängen der beteiligten Energien nutzt ([42], [8] Kapitel 5), wodurch die gleiche Berechnung des gesamten Bereichs der relativistischen Geschwindigkeiten des Elektrons ausschließlich aus den Wellenlängen der beteiligten Energien möglich ist:

$$v = c \frac{\sqrt{4\lambda \cdot \lambda_C + \lambda_C{}^2}}{2\lambda + \lambda_C} \tag{1.5}$$

Aus dieser Gleichung wurde der Gammafaktor direkt wie in Referenz ([42], [8] Kapitel 5) analysiert abgeleitet und damit der Beweis für die Gültigkeit der Marmet-Ableitung erbracht, die die Ausarbeitung dieser Gleichungen ermöglichte.

1.17. Eine Ursache, die grundlegender als die Geschwindigkeit für die Induktion von Impuls und transversaler Magnetfeldenergie ist

Kommen wir nun zurück zu den Zusammenhängen, die zwischen den Gleichungen (1.1) und (1.2) hergestellt werden müssen. Wir beobachten in der elektromagnetischen Definition der Masse der Gleichung (1.1), dass sie durch den *klassischen Radius* des Elektrons r_e mit dem Konzept der Masse verbunden ist. Bei der Gleichung (1.2), die ausschließlich aus dem Elektromagnetismus hervorgeht, ist auch klar, dass sich das Transversalmagnetfeld nur nach dem gleichen Geschwindigkeitsverhältnis v^2/c^2 erhöhen kann, denn die Demonstration von Marmet zeigt deutlich, dass das durch das Masseinkrement Δm_m in Gleichung (1.1) dargestellte Energie-Halbquant das gleiche quer ausgerichtete Energie-Halbquant ist, das auch durch das Transversalmagnetfeldinkrement ΔB beschrieben wird; aber der Wert, den r in Gleichung (1.2) haben muss, damit die Energie, die der Erhöhung von ΔB entspricht, von Null bis zu dieser asymptotischen Grenze, die sich aus der Summe der Energie des klassischen Halbquants der Ruhemasse des Elektrons von 4.09355207E-14 j plus der momentan akkumulierten Energie von ΔB zusammensetzt, kohärent variiert, ist nicht eindeutig festgelegt. Um zu verstehen, was dieser Wert sein sollte, müssen wir nun die Beziehung zwischen r_e, die in Gleichung (1.1) verwendet wird, und der Masse des Elektrons verstehen, oder genauer gesagt seine Beziehung zu der Energie, die die unveränderliche Ruhemasse des Elektrons bildet.

In einem 2007 in der gleichen Staatliche Universität Kasan internationalen IFNA-ANS Fachzeitschrift veröffentlichten Papier ([30], [8] Kapitel 4), das eine erste Welle von Schlussfolgerungen aus Marmets Entdeckung beschreibt, wurde abschließend festgestellt, dass r_e in Wirklichkeit die untere Grenze der kugelförmigen Integration der Energie ist, die die unveränderliche Ruhemasse des Elektrons bildet ($E=m_e c^2$=8.18710414E-14 j), und dass r_e stellt sich in Wirklichkeit zu sein heraus, *die transversale Amplitude der elektromagnetischen Schwingung* der Energie, die die messbare Ruhemasse des Elektrons ausmacht, die durch Multiplikation der Compton-Wellenlänge des Elektrons mit der Feinstrukturkonstante α erhalten wird, und durch Division durch 2π, wie in Referenz ([31], [8] Kapitel 11) festgelegt:

$$r_e = \frac{\lambda_C\,\alpha}{2\pi} = 2.8179402855\mathrm{E}-15\,\mathrm{m} \tag{1.6}$$

Folglich und durch Ähnlichkeit sollte der Wert von r, der in Gleichung (1.2) verwendet werden muss, auch der Wert *der transversalen Amplitude der elektromagnetischen Schwingung* der am Bohr-Radius (4.359743805E-18 j) induzierten Energie sein, deren *elektromagnetische Längswellenlänge* (λ=4.556335256E-8 m) betragen würde, wenn sie sich mit der Geschwindigkeit c bewegte, die aber bereits mit α multipliziert werden muss, um den Wert der *de-Broglie-Längswellenlänge* zu erreichen, die für diese Energie der Länge der Bohr-Umlaufbahn entspricht, deren Radius ist (r_B=5.291772083E-11 m), wobei zu berücksichtigen ist, dass dieser Radius in der Quantenmechanik gültig bleibt, da sie genau gleich dem mittleren axialen Resonanzabstand des Elektrons innerhalb des durch die Schrödinger-Wellengleichung definierten Volumens ist, für das Elektron, das im Wasserstoffgrund-Zustand Orbital gefangen ist ([10], Siehe auch Kapitel 2):

$$r_B = \alpha\,r = \frac{\alpha\,\lambda}{2\pi} = \frac{\lambda_B}{2\pi} = 5.291772083\,\mathrm{E}-11\,\mathrm{m} \tag{1.7}$$

Durch Ähnlichkeit mit der Methode, die bei Gleichung (1.6) verwendet wird, um die *Transversalamplitude der elektromagnetischen Schwingung* der Elektronruhemassenenergie durch Multiplikation der *elektromagnetischen Längswellenlänge* λ_C ihrer Energie mit α zu definieren, ist es daher notwendig, auch die in Gleichung (1.7) definierte *longitudinale de-Broglie-Wellenlänge* λ_B für die am Bohrradius r_B induzierte Energie durch α wieder zu multiplizieren, um endlich den *Quer*-Wert αr_B der *Queramplitude der Schwingung* der am Bohr-Radius induzierten elektromagnetischen Energie zu erreichen (αr_B = 3.861592641E-13 m), der es nun ermöglicht, die Intensität des Quer-Magnetfeldinkrements *ΔB* zu bestimmen, das durch Hinzufügen, es für die betrachtete Geschwindigkeit, zum unveränderlichen transversalen Magnetfeld der Ruhemasse des Elektrons messbar wird. Berechnen wir nun das Magnetfeld entsprechend der Relativgeschwindigkeit 2187647.561 m/s und diesem Wert von $r=\alpha r_B$ mit Gleichung (1.2):

$$\Delta\mathbf{B} = \frac{\mu_0\, e\, v}{4\pi\left(\alpha\, r_B\right)^2} = \frac{\mu_0\, e\left(2187647.561\right)}{4\pi\left(\alpha\times 5.291772083E-11\right)^2} = 235047.0405\,\text{T} \tag{1.8}$$

Dabei ist es interessant festzustellen, dass r_e, wie mit Gleichung (1.6) berechnet, nur von einer zusätzlichen Multiplikation mit α vom Wert von αr_B, wie in Referenz [53] festgelegt, entfernt ist, was auf eine mögliche axiale Resonanzsequenz hindeutet, die eine Sequenz von stabilen elektromagnetischen Zuständen der stationären Wirkung etabliert, deren Einheit der axialen Progression die Feinstrukturkonstante α zu sein scheint, wie in derselben Referenz in Perspektive gesetzt.

Um die Gültigkeit des mit Gleichung (1.6) erhaltenen Wertes zu bestätigen, der auch als transversales magnetisches Masseinkrement Δm_m mit Gleichung (1.3) messbar ist, berechnen wir ihn mit Gleichung (1.9), d.h. die verallgemeinerte Version der Marmet-Gleichung (M-7), die im Artikel 2007 ([30], [8] Kapitel 4) festgelegt wurde. Im Gegensatz zur Gleichung (M-7) kann beobachtet werden, dass diese verallgemeinerte Form nicht erfordert, die Geschwindigkeit des Teilchens zu verwenden, um die Intensität seines transversalen Magnetfeldinkrements zu erhalten.

In diesem Fall, nur *die elektromagnetische Längswellenlänge* der gesamten Trägerenergie des Elektrons benötigt, d.h. die Energie seines Impulses plus die Querenergie, die entweder als magnetisches Masseinkrement Δm_m oder als Magnetfeldinkrement ΔB darstellbar ist. Da die auf der Bohr-Umlaufbahn induzierte Gesamtenergie ($E=4.359743805E-18$ j) ist, beträgt ihre *elektromagnetische Längswellenlänge* also ($\lambda=hc/E=4.556335256E-8$ m), und erhalten wir mit dieser verallgemeinerten Gleichung den gleichen Wert wie mit Gleichung (1.8):

$$\Delta\mathbf{B} = \frac{\mu_0\,\pi\, e\, c}{\alpha^3 \lambda^2} = \frac{\mu_0\,\pi\, e\, c}{\alpha^3\left(4.556335256\ E-8\right)^2} = 235051.7346\ \text{T} \tag{1.9}$$

Wir stellen also fest, dass die verallgemeinerte Gleichung (1.9), ohne jegliche Notwendigkeit eine Geschwindigkeit anzudeuten, genau die gleiche Energiedichte des transversalen Magnetfeldinkrements in Tesla liefert wie die ursprüngliche Marmet-Gleichung (M-7), die ursprünglich von der Biot-Savart-Gleichung abgeleitet wurde, in der die Intensität des transversalen Magnetfeldinkrements *von der Geschwindigkeit des Partikels zu abhängen scheint*, da in der Biot-Savart-Gleichung, aus der es abgeleitet wurde, die

Intensität des Inkrements des Magnetfeldes streng nach der Geschwindigkeit der im Draht zirkulierenden Elektronen variiert.

Die grundlegende Frage, die sich jetzt stellt, ist die folgende, wenn man die Gleichung (1.9) betrachtet: *"Wie kommt es, dass es möglich ist, um die richtige Intensität des 'angeblich' geschwindigkeitsabhängigen variablen transversalen Magnetfeldinkrements eines sich bewegenden Elektrons zu berechnen, ohne dass diese Geschwindigkeit zur Berechnung herangezogen wird?"*

1.18. Impuls- und Quermagnetfeldenergiezunahme ohne Geschwindigkeitssteigerung

Dieser Unterschied zwischen der Gleichung (M-7), die die Verwendung einer Geschwindigkeit erfordert, um die zugehörige Intensität des transversalen Magnetfeldinkrements des sich bewegenden Elektrons zu berechnen, und seiner verallgemeinerten Version, die zur Lösung der Gleichung (1.9) verwendet wird, die diese Geschwindigkeit nicht erfordert, lenkt die Aufmerksamkeit auf eine Ursache, die grundlegender als Bewegung ist, um die Induktion von Energie im Elektron zu erklären, selbst wenn keine Geschwindigkeit beteiligt ist.

Es ist eine längst etablierte Tatsache in der klassischen Mechanik, aus direkter Beobachtung, dass die kinetische Energie, die traditionell als *Energieimpuls* einer sich bewegenden makroskopischen Masse bezeichnet wird, streng von ihrer Geschwindigkeit abhängt und dass diese Energie als die einzige bewegungsbezogene Energie angesehen wird, die über die Energie hinausgeht, die die Ruhemasse eines massiven Körpers ausmacht. Die Energiemenge dieses Impulses einer makroskopischen Masse unter Beschleunigung ist daher in der klassischen Mechanik so definiert, dass sie geradlinig und unbegrenzt zunehmen kann, abhängig nur von der geradlinearen Erhöhung ihrer Geschwindigkeit, die selbst betrachtet wird, als wie in der Lage zu sein, ohne Limit zu erhöhen.

Diese Definition des zunehmenden kinetischen Impulses einer sich beschleunigenden makroskopischen Masse wird auch in der Speziellen Relativitätstheorie zugelassen, mit diesem Unterschied, dass die Impulsenergie definiert ist als steigend nach einer nicht geradlinigen Kurve, von der wir wissen, dass sie korrekt ist, auch theoretisch ohne Begrenzung, wenn die Geschwindigkeit zunimmt, aber dass dieser potenziell unendliche Wert erreicht würde, bevor die Lichtgeschwindigkeit erreicht wird, wobei diese Geschwindigkeit definiert ist als eine unerreichbare asymptotische

Geschwindigkeitsgrenze, die von massiven Körpern als unmöglich angesehen wird, erreicht zu werden. Die Bestätigung der Genauigkeit der Gleichung $K=m_oc^2(\gamma-1)$ aus der Speziellen Relativitätstheorie wurde jedoch nie durch die Verwendung makroskopischer Massen in Bewegung erreicht, da wir nicht über die erforderliche Technologie verfügen, um makroskopische Massen auf relativistische Geschwindigkeiten zu beschleunigen, sondern durch die subatomare Masse des Elektrons, mit der die Genauigkeit dieser Gleichung durch Kaufmans erste Experimente bestätigt wurde [36].

Wie bereits weiter oben in diesem Kapitel relativiert, muss man verstehen, dass, wenn die Theorie der Speziellen Relativität entwickelt wurde, die Tatsache, dass die invariante Ruhemasse des Elektrons m_o=9.10938188E-31 kg auch der Sitz seiner invarianten elektrischen Ladung e=1.602176462E-19 C ist, war noch nicht verstanden als Bedeutung dass die Coulomb-Wechselwirkung, die die Energie des Impulses und des transversalen Magnetfeldinkrements in allen elektrisch geladenen Elementarteilchen, wie beispielsweise Elektronen, sie strikt induziert, in Abhängigkeit von der Umkehrung des Abstands der sie trennt, und dies, auch wenn dieser Abstand nicht variiert, sie *de facto* gleichzeitig in Bezug auf die Ruhemasse dieser geladenen und massiven Teilchen induziert, da die Ladung und die Masse des Elektrons zwei Eigenschaften desselben Elementarteilchens sind.

Wenn man bedenkt, dass die Masse aller makroskopischen Körper nur die Summe der subatomaren Massen der massiven Elementarteilchen sein kann, aus denen sie besteht, wie kann dies dann mit der Tatsache in Einklang gebracht werden, dass keine Erhöhung des Magnetfeldes aller sich bewegenden makroskopischen Massen jemals gemessen worden zu sein scheint, wenn diese Erhöhung für ein beschleunigendes Elektron leicht messbar ist, wie dies seit Kaufmans ersten Experimenten experimentell reichlich nachgewiesen wurde [36], die auch eine experimentelle Bestätigung des nichtgeradelinearen Wachstums der Impulsenergie eines beschleunigenden Elektrons in Richtung dieser theoretisch unendlichen Menge liefert, dass der asymptotische Geschwindigkeitsbegrenzung des Lichts ergibt?

Tatsächlich, solche Inkremente der Relativistischenmasse/Magnetfeld von makroskopischen Massen kann in der Realität durchaus beobachtet worden sein, für viel niedrigere Geschwindigkeiten als diese die für Elektronen typischen sind, aber als "Anomalien" angesehen oder anderweitig rationalisiert wurden, anstatt als solche erkannt worden zu sein, da die Spezielle Relativitätstheorie auf der alle Analysen relativistischer Effekte basieren sind, erkennt seine Existenz nicht an, wie Bereits in Perspektive festgelegt, und wie wir nun anhand von experimentellen Daten beobachten werden.

1.19. Die "abnormalen" Flugbahnen der Raumsonden Pioneer 10 und 11

Wie bereits erwähnt, muss hier festgestellt werden, dass es nie möglich war, makroskopische Massen auf Geschwindigkeiten zu beschleunigen, die mit denen vergleichbar sind, auf die Elektronen typischerweise auf subatomarer Ebene beschleunigt werden, die ausreichend waren, um die nichtgeradlinige Zunahme ihrer Impulsenergie nach SR zu bestätigen, und die auch ausreichend sind, um die gleichzeitige Zunahme der transversalen Magnetfeldenergie zu bestätigen, die nicht durch die SR berücksichtigt wird.

Die höchsten Geschwindigkeiten, die von makroskopischen Projektilen erreicht werden, die in den Weltraum gestartet werden, wurden derzeit von den Raumsonden Pioneer 10 und Pioneer 11 erreicht, mit den von der NASA zur Verfügung ungefähren Massen von 258 kg und 258,5 kg gestellten, vor dem Start gemessen. Ihre Geschwindigkeiten variierten stark über ihre Flugbahnen hinweg, mit Spitzen von 132.000 km/h (36667 m/s) für Pioneer 10, was seine Spitzengeschwindigkeit während seiner Endbeschleunigung durch Schwerkraftumlenkung mit Jupiter war, und 175.000 km/h (48611 m/s) für Pioneer 11, was seine Spitzengeschwindigkeit während seiner Endbeschleunigung durch Schwerkraftumlenkung mit Saturn war.

Wir werden hier insbesondere die Fluchtgeschwindigkeiten aus dem Sonnensystem der beiden Sonden analysieren. Der Leser kann die Berechnungen für die oben genannten Spitzengeschwindigkeiten durchführen, die den Massenanstieg aufzeigen würden, der die sogenannten *abnormalen* Geschwindigkeits-Spitzen erklären kann [48], die während dieser Beschleunigungsphasen der beiden Sonden sowie während der ähnlichen Phasen aller anderen Raumsonden beobachtet wurden, die einer der Gravitations-Slingshot ausgesetzt sind, und das die gesamte astrophysikalische Gemeinschaft ratlos und ohne Erklärung zurücklässt, weil die SR-Theorie, die derzeit als Grundlage für jede Analyse dieser Flugbahnen dient, aber sie nicht berücksichtigen kann.

Diese beiden Raumsonden erreichten jeweils Fluchtgeschwindigkeiten von 51682 km/h (14356 m/s) und 51800 km/h (14389 m/s) erreicht haben, die 150-mal niedriger als die theoretische Geschwindigkeit von 2187647.561 m/s des

Elektrons im theoretischen Bohr-Grundzustandorbit sind, für die die Zunahme seines transversalen Magnetfeldes gerade erst beginnt, experimentell messbar zu sein (siehe Gleichung (1.3)).

Was Bemerkenswerte an den Flugbahnen dieser Raumsonden aber auch an denen aller anderen Raumsonden ist, die im gesamten Sonnensystem gestartet wurden, ist, dass eine ungeklärte systematische Anomalie festgestellt wurde. Ausnahmslos verhalten sie sich, als wären sie etwas massiver als ihre vor dem Start gemessenen Massen als sie alle eine systematische negative Beschleunigung von etwa 8E-6 m/s in Richtung der Sonne zeigen [46] [47] [48].

Aber wie Rainer W. Kühne in einer 1998 veröffentlichten Notiz erwähnt, die umfassende Publizität dieser beiden Fälle, hinterlässt den allgemeinen Eindruck, dass dieses Problem nur Raumsonden betrifft, die vom Menschen gestartet wurden [54], aber es ist in der Astrophysik bekannt, dass die Flugbahnen der Planeten Uranus, Neptun und Pluto auch ähnliche systematische Anomalien aufweisen, sowie viele bereits 1998 untersuchte Kometen wie Halley, Encke, Giacobini-Zinner und Borelli, deren Trajektorien eine systematische Abweichung unbekannter Herkunft erfahren.

Nach dem Verständnis das Marmets Entdeckung jetzt liefert, wird es selbst bei den relativ niedrigen Geschwindigkeiten der Raumsonden Pioneer 10 und 11 in Bezug auf die typisch relativistischen Geschwindigkeiten des Elektrons einfach, dieses Transversalenergie-Inkrement der Relativistischenmasse/Magnetfeld zu berechnen, die die Transversalen Trägheit dieser beiden Raumsonden erhöht, weil wir jetzt mit Sicherheit durch Struktur wissen, dass die Menge der Querenergie, die gleichzeitig mit ihrem Impuls induziert wird, immer gleich der letzteren ist. Da die Eigenschaften der beiden Sonden nahezu identisch sind, werden wir die Parameter von Pioneer 10 verwenden, um diese Situation zu analysieren.

Mit m=258 kg und v=14356 m/s erhalten wir also zunächst die Impulsenergie von Pioneer 10 für diese Fluchtgeschwindigkeit:

$$\Delta K = mc^2 \left(\frac{c}{\sqrt{c^2 \text{-} v^2}} - 1 \right) = 2.658722735\text{E}10\,\text{j} \tag{1.10}$$

Da die Energie von Δm_m strukturell gleich ΔK ist, erhalten wir für Pionier 10 dann eine transversale Erhöhung der Relativistischenmasse/Magnetfeld von:

$$\Delta m_m = \frac{\Delta K}{c^2} = 2.958228\text{E} - 7\,\text{kg} \tag{1.11}$$

Solche eine leichte transversale Trägheitssteigerung scheint auf den ersten Blick nicht ausreichend, um die systematische negative Beschleunigung von etwa 8E-6 m/s zur Sonne dieser Raumsonden zu erklären, die auf Fluchtbahnen aus dem Sonnensystem gestartet wurden, aber der Vorschlag wird viel wahrscheinlicher, wenn wir dazu die adiabatische Erhöhung der Ruhemasse jeder Sonde aufgrund der Anfangsphase ihrer Flugbahn weg von der unvergleichlich größeren Masse der Erde hinzufügen, d.h. eine adiabatische Ruhemassezunahme, die leicht während des berühmten Hafele- und Keating-Experiments [55] beobachtet wurde, als Atomuhren nur 10 km von der Erdoberfläche entfernt angehoben wurden, aber falsch interpretiert wurde, als Bestätigung für eine Variation des Zeitflusses ([45], [8] Kapitel 16), auch hier wieder nur im Lichte der Allgemeinen Relativitätstheorie, die die Beteiligung der Coulomb-Wechselwirkung und die Tatsache, dass alle Ruhemassen exklusiv aus elektrisch geladenen Teilchen bestehen, nicht berücksichtigt. Diese adiabatische Ruhemassezunahme wird in die richtige elektromagnetische Perspektive in Abschnitt 1.27 gestellt.

1.20. Maximale Intensität des transversalen Magnetfeldinkrements

Kommen wir nun auf den Vergleich zwischen der verallgemeinerten Gleichung (1.9) und der Gleichung (1.8) zurück, die eigentlich die Marmet-Gleichung (M-7) ist, und beobachten, dass Gleichung (1.9) die gleiche Magnetfeldenergiedichte in Tesla liefert wie die ursprüngliche Gleichung (M-7), aber nur eine Variable, und nicht zwei wie Gleichung (M-7), benötigt, d.h. nur die *elektromagnetische Längswellenlänge* des beteiligten Energiequants, ohne dass diese Energie mit der Elektrongeschwindigkeit in Beziehung gesetzt werden muss.

Aus diesem Grund ist diese Magnetfeldgleichung allgemein und geeignet, das intrinsische Magnetfeld eines elementaren elektromagnetischen Teilchens zu berechnen, unabhängig davon, ob es sich bewegt oder nicht. So kann beispielsweise das invariante intrinsische magnetische B_e-Feld des Elektrons, das die Hälfte seiner invarianten Ruhemassenenergiemenge ausmacht, mit Hilfe der Compton-Wellenlänge des Elektrons wie folgt berechnet werden, wobei auch die Feinstrukturkonstante einbezogen wird, die die Amplitude der transversalen elektromagnetischen Schwingung dieser Energie bestimmt:

$$\mathbf{B}_e = \frac{\mu_0 \, \pi e c}{\alpha^3 \lambda_C^2} = \frac{\mu_0 \, \pi e c}{\alpha^3 \left(2.426310215 \, E\text{-}12\right)^2} = 8.28900022 \, 1E13 \, \text{T} \tag{1.12}$$

Natürlich bleibt diese Zahl ohne eine solide Bestätigung, dass sie wirklich eine physikalisch vorhandene *Größe* darstellt, weitgehend bedeutungslos, d.h. eine Bestätigung, die erhalten werden könnte, wenn man zeigt, dass die relativistische Geschwindigkeit $v=2187647.561$ m/s bezogen auf die beispielsweise mit Gleichung (1.9) berechnete Magnetfeldenergiedichte wirklich berechnet werden kann, indem man nur die elektromagnetische Wellenlänge der zugehörigen Energie als einzige Variable in einer Gleichung bereitstellt, die ansonsten nur grundlegende physikalische Konstanten umfasst.

Eine solche Bestätigung kann in der Tat mit Hilfe der folgenden Gleichung erfolgen, die in hochenergetischen Beschleunigerkreisen bekannt ist und die es ermöglicht, die geradlinige relativistische Geschwindigkeit eines Elektrons zu berechnen, das durch äußere gleich starke elektrische und magnetische Felder beschleunigt wird:

$$v = \frac{\mathbf{E}}{\mathbf{B}} \tag{1.13}$$

Der richtige Wert für das erforderliche Komposit-*B*-Feld wird auf einfache Weise durch Addition der Gleichungen (1.9) und (1.12), wie in Referenz ([30], [8] Kapitel 4) analysiert, hier berechnet mit der Längswellenlänge der am Bohr-Grund-Zustandsradius induzierten Energie ($\lambda=4.556335256$E-8 m), um das erforderliche externe *ΔB*-Feld zu berücksichtigen, und der longitudinalen Compton-Wellenlänge des Elektrons ($\lambda_C=2.426310215$E-12 m), um das rliche interne *B$_e$*-Feld der Ruhemasse des Elektrons zu berücksichtigen:

$$\mathbf{B} = \mathbf{B}_e + \Delta\mathbf{B} = \frac{\mu_0\,\pi\,e\,c}{\alpha^3\lambda_C{}^2} + \frac{\mu_0\,\pi\,e\,c}{\alpha^3\lambda^2} = \frac{\mu_0\,\pi\,e\,c}{\alpha^3}\frac{\left(\lambda^2+\lambda_C{}^2\right)}{\lambda^2\lambda_C{}^2} = 8.289000246\text{E}13\,\text{T} \tag{1.14}$$

Die Lösung der Gleichung (1.13), erfordert natürlich auch die Festlegung der Definition des zusammengesetzten *E*-Feldes, das mit diesem zusammengesetzten *B*-Feld im Gleichgewicht gebracht werden muss. Die zugehörige allgemeine *E*-Feldgleichung wurde auch in Referenz ([30], [8] Kapitel 4), dank einer Neuformulierung der im gleichen Artikel festgelegten Coulomb-Gleichung, festgelegt, einer Neuformulierung, die in Referenz ([10], Siehe auch Kapitel 2) eingehend analysiert wurde, und die es ermöglicht, die Energie in Transversalschwingung zu berechnen, die das Inkrement des entsprechenden oszillierenden Magnetfeldes in den elektromagnetischen Elementarteilchen erzeugt und aufrechterhält, unabhängig vom Bewegungszustand der kleinsten Wirkung oder vom elektromagnetischen Gleichgewichtszustand der stationären Wirkung, in dem sie in den atomaren Strukturen gefangen sind:

$$E = \int_{a_0}^{\infty} \frac{1}{4\pi\,\varepsilon_o} \frac{e^2}{\left(\alpha\,\lambda/2\pi\right)^2} \cdot dr = 0 - \frac{1}{4\pi\,\varepsilon_o} \frac{e^2\,2\pi}{\alpha\,\lambda} = \frac{e^2}{2\,\varepsilon_o\,\alpha\lambda} \tag{1.15}$$

Diese besondere Form der Coulomb-Gleichung erlaubt es tatsächlich, die Energie eines beliebigen elektromagnetischen Quants mit seiner Wellenlänge als die einzige Variable zu berechnen, ohne dass die Planck-Konstante verwendet werden muss:

$$E = hf = \frac{e^2}{2\,\varepsilon_o\,\alpha\lambda} \tag{1.16}$$

Wie bereits in Unterabschnitt 1.7.3 erwähnt, diese Form der Coulomb-Gleichung ermöglichte es auch, alle klassischen Kraftgleichungen in Referenz ([44], [8] Kapitel 7) zu vereinheitlichen, indem sie zeigte, dass die $F=ma$ Grundbeschleunigungsgleichung von allen abgeleitet werden kann, was tatsächlich beweist, dass die Coulomb-Wechselwirkung der gemeinsame Nenner aller klassischen Kraftgleichungen ist.

Die allgemeine E-Feldgleichung entsprechend der allgemeinen B-Feldgleichung (1.9) wurde somit in Referenz ([30], [8] Kapitel 4) wie folgt ermittelt, hier mit der Längswellenlänge der im Bohr-Grund-Zustand induzierten Energie aufgelöst (λ=4.556335256E-8 m), um mit dem mit Gleichung (1.9) erhaltenen ΔB Feldwert zu harmonisieren:

$$\Delta E = \frac{\pi e}{\varepsilon_0\,\alpha^3\lambda^2} = 7.046\,673\,727\text{E}13 \ \text{N/C} \tag{1.17}$$

Folglich kann das invariante E_e-Feld bezogen auf die andere Hälfte der Energie, aus der sich die invariante Ruhemasse des Elektrons zusammensetzt, mit der Compton-Wellenlänge des Elektrons wie folgt bestimmt werden:

$$E_e = \frac{\pi e}{\varepsilon_0\,\alpha^3\lambda_C^{\,2}} = 6.029331754\,\text{E}10 \ \text{N/C} \tag{1.18}$$

Aber im Gegensatz zum zusammengesetzten magnetischen B-Feld der Gleichung (1.14), das verwendet werden muss, um die relativistische Geschwindigkeit des Elektrons mit Gleichung (1.13) zu berechnen, und das durch die einfache Addition des intrinsischen invarianten B_e-Feldes des Elektrons und des ΔB-Feldes seines geschwindigkeitsbezogenen Magnetfeldinkrements erhalten wird, das entsprechende zusammengesetzte E-Feld, das das E_e-Feld und das ΔE-Feld aus den Gleichungen (1.17) und (1.18) beinhaltet, kann nicht auf diese einfache Weise erhalten werden, da die Kombination des elektrischen Dipols, der das begleitende ΔE Feld induziert, das senkrecht im elektrostatischen Y-Raum in Bezug zum monopolaren Feld E_e der

Ruhemasse des Elektrons orientiert ist, ein Vektorprodukt beinhaltet, das mit dem E_e-Feld kombiniert werden muss, wie in Referenz ([31], [8] Chapter 11) klargestellt. Wie in Referenz ([30], [8] Chapter 4) festgelegt, dieses zusammengesetzte E-Feld, die auch hier sowohl die Wellenlänge der Bohr-Grund-Zustandsenergie (λ=4,556335256E-8 m) als auch die Compton-Wellenlänge des Elektrons (λ_C=2,426310215E-12 m) umfasst, hat den folgenden Wert:

$$\mathbf{E} = \frac{\pi e}{\varepsilon_0 \alpha^3} \frac{\left(\lambda^2 + \lambda_C{}^2\right)\sqrt{\lambda_C\left(4\lambda + \lambda_C\right)}}{\lambda^2 \lambda_C{}^2 \left(2\lambda + \lambda_C\right)} = 1.813341121\ \text{E20 N/C} \tag{1.19}$$

Mit Hilfe der Gleichung (1.13), die wohlbekannte und genaue relativistische Geschwindigkeit eines Elektrons, dessen Magnetfeld um eine Menge von ΔB erhöht ist, wird dann wie folgt dann erhalten sein, wenn sie nicht durch den lokalen elektromagnetischen Gleichgewichtszustand behindert wird, mit Hilfe der mit den Gleichungen (1.14) und 1.19) berechneten Werte:

$$v = \frac{\mathbf{E}}{\mathbf{B}} = \frac{1.81334112\ 1\text{E}20}{8.28900024\ 6\text{E}13} = 2{,}187{,}647.\ 566\ \text{m/s} \tag{1.20}$$

Berechnen mit Gleichung (1.9) für das Feld ΔB und mit Gleichung (1.17) für das Feld ΔE mit beliebiger Längswellenlänge der Elektron-Trägerenergie wird mathematisch anzeigen, dass, durch die Kombination mit den Feldern B_e und E_e, die die Energie der invarianten Ruhemasse des Elektrons ausmachen, die mit den Gleichungen (1.12) und (1.18) erhalten wird, um schließlich die Gleichung (1.13) zu lösen, dass der gesamte Bereich aller relativistischen Geschwindigkeiten bis zur asymptotischen Grenze der Lichtgeschwindigkeit bei jedem elementaren massiven Teilchen wie dem Elektron kann auf diese Weise erhalten werden, und dies, aus einem sehr mechanischen Grund, der in Referenz ([42], [8] Kapitel 5) klar erläutert wird.

1.21. Trennung der Trägerenergie des Elektrons von der Energie seiner Ruhemasse

Wie in Referenz ([30], [8] Kapitel 4) analysiert, der wichtigsten Fortschritt, der sich aus der Ableitung von Marmet ergibt, war die neue Möglichkeit, die invariante Energie, die die Ruhemasse des Elektrons bildet, klar von der variablen adiabatischen Energie zu trennen, die seine Bewegung und seiner transversalen Relativistischenmasse/Magnetfeld Inkrement unterstützt. Nach der Analyse stellte sich heraus, dass diese variable adiabatische Trägerenergie des Elektrons die gleiche innere elektromagnetische Struktur aufweist, die Louis de

Broglie für das Doppelpartikel elektromagnetische Photon in den 1930er Jahren ([15], [8] Kapitel 6) [27] [53] nach Maxwells Interpretation vorgeschlagen hatte, wie mathematisch mit Gleichung (1.21) beschrieben und mit **Abbildung 1.4** grafisch symbolisiert, wonach die elektromagnetische Komponente der Energie eines lokalisierten Photons quer zu seiner Impulsenergie ausgerichtet sein muss und in einer stehenden Schwingungsbewegung gefangen ist, die es zu einem zyklischen Übergang zwischen einem Zustand entsprechend seinem elektrischen Feld und einem Zustand entsprechend seinem Magnetfeld veranlasst.

Aus diesem Grund wurde der Begriff "*Träger-Photon*" geprägt, um die Trägerenergie des Elektrons oder eines anderen elementar geladenen Teilchens in Artikeln zu benennen, die die verschiedenen Folgen der Integration der Entdeckung von Marmet in die elektromagnetische Theorie einerseits und in die klassische/relativistische Mechanik andererseits beschreiben, mit der Folge, dass ihre Gleichungen nun voneinander abgeleitet werden können ([10], Siehe auch Kapitel 2).

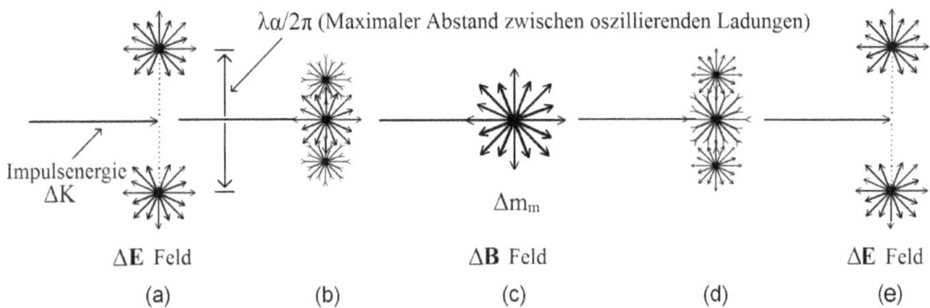

Abbildung 1.4. Darstellung des Querschwingungszyklus des elektromagnetischen-Halbquants des Elektron-Träger-Photons und seines unidirektionalen Impulsenergie-Halbquants, das dieses erstes Halbquant antreibt, zusätzlich zum Antreiben des gesamten Quants der invarianten Elektron-Ruhemassenenergie (letzteres nicht dargestellt).

Die LC-Gleichung des de Broglie-Doppelteilchen-Photons wurde dann auf die einzige Weise so festgelegt, die in der dreiräumlichen Geometrie möglich ist, die bei der Veranstaltung Congress-2000 [28] vorgeschlagen wurde, und wie formell in Referenz ([15], [8] Kapitel 6) in völliger Übereinstimmung mit den Maxwell-Gleichungen veröffentlicht, und hatte es bereits ermöglicht, aus der Wellenlänge eines elektromagnetischen Photons, die maximale intrinsische Magnetfeldenergie eines Photons strukturiert nach Maxwells ursprüngliche

Interpretation zu berechnen, wonach sich beide Felder gegenseitig induzieren, wie in Referenz ([53], [8]) festgelegt:

$$E = \frac{hc}{2\lambda} + \left[\frac{e^2}{2C_\lambda} \cos^2(\omega t) + \frac{L_\lambda\, i_\lambda^{\,2}}{2} \sin^2(\omega t) \right] \tag{1.21}$$

wobei

$$E_{\mathrm{E(max)}} = \frac{e^2}{2C_\lambda} \quad \text{and} \quad E_{\mathrm{B(max)}} = \frac{L_\lambda\, i_\lambda^{\,2}}{2} \tag{1.22}$$

und

$$C_\lambda = 2\varepsilon_0 \alpha\lambda \qquad L_\lambda = \frac{\mu_0 \alpha\lambda}{8\pi^2} \qquad i_\lambda = \frac{2\pi\, ec}{\alpha\lambda} \tag{1.23}$$

Die Ableitung von Marmet ihrerseits ermöglichte es, in Referenz ([30], [8] Kapitel 4) die zuvor genannten verallgemeinerten elektrischen und magnetischen Feldgleichungen festzulegen, die direkt mit den Darstellungen ihrer Energie in Form von Kapazität und Induktivität übereinstimmen, wie sie durch die Gleichungen (1.22) veranschaulicht werden:

$$\mathbf{E} = \frac{\pi e}{\varepsilon_0 \alpha^3 \lambda^2} \qquad \mathbf{B} = \frac{\mu_0 \pi ec}{\alpha^3 \lambda^2} \tag{1.24}$$

und auch *das theoretisch stationäre isotrope Volumen* zu bestimmen, das der maximalen Energiedichte jedes dieser beiden sich gegenseitig induzierenden Felder entspricht:

$$V = \frac{\alpha^5\, \lambda^3}{2\pi^2} \tag{1.25}$$

die es ermöglichte, in Referenz ([15], [8] Kapitel 6) die ursprünglich in Referenz ([30], [8] Kapitel 4) entwickelte LC-Gleichung in einer Form unter Verwendung der bekannteren *E*- und *B*-Felddefinitionen neu zu definieren, die bestätigte, dass das lokalisierte elektromagnetische Photon, wie de Broglie es konzipiert hatte, und die Elektronträgerenergie tatsächlich die gleiche innere elektromagnetische Struktur aufweisen, d.h. eine Hälfte in Längsrichtung, die ihren Impuls trägt, und die andere Hälfte quer, die ihre *E*- und *B*-Felder definiert, die sich gegenseitig induzieren, wobei diese quer ausgerichtete Energiehälfte wird im Raum durch die unidirektionale Energie ihres Impulses angetrieben:

$$E = \left(\frac{hc}{2\lambda} \right) + \left[2\left(\frac{\varepsilon_0 \mathbf{E}^2}{4} \right) \cos^2(\omega t) + \left(\frac{\mathbf{B}^2}{2\mu_0} \right) \sin^2(\omega t) \right] V \tag{1.26}$$

1.22. Umwandlung von elektromagnetischer Energie zu geladenen und massiven Elementarteilchen

Seit Carl David Andersons Experimenten 1933 [23] haben wir den experimentellen Beweis, dass jedes elektromagnetische Photon der Energie 1.022 MeV oder mehr, das als Nebenprodukt der kosmischen Strahlung erzeugt wird, beim Weiden eines massiven Atomkerns destabilisiert wird und sich in ein Paar massiver Elementarteilchen verwandelt, die ein Elektron und ein Positron sind, deren gleiche Ruhemassen von 0.511 MeV/c^2 jeweils aus 0.511 MeV destabilisierender Photonenergie bestehen. Jede Energie, die über diese spezifische Menge von 1.022 MeV hinausgeht, die das Photon vor der Umwandlung hatte, wird dann als Längsimpulsenergie und zugehörige elektromagnetische Querenergie ausgedrückt, die zu gleichen Teilen zwischen den beiden elementaren massiven Teilchen aufgeteilt wird, was dazu führt, dass sie sich mit einer Geschwindigkeit voneinander wegbewegen, die dieser überschüssigen Impulsenergie entspricht ([31], [8] Kapitel 11).

Die folgende Gleichung beschreibt, wie die Energie des einfallenden Photons zwischen den beiden geladenen und massiven Teilchen verteilt wird, indem die Coulomb-Gleichung mit der Ruhemassegleichung der klassischen/relativistischen Mechanik verknüpft wird ([10], Siehe auch Kapitel 2). Im Übrigen ist anzumerken, dass die entgegengesetzten Ladungen des Elektrons und des Positrons in der klassischen/relativistischen Mechanik bedeutungslos sind und dass sie nur nach ihrer Massencharakteristik betrachtet identisch sind, was es ermöglicht, die Gleichung wie folgt aufzubauen:

$$E_{\left(\frac{1}{\lambda_1} \geq \frac{1}{2\lambda_C}\right)} = \frac{e^2}{2\varepsilon_o \alpha}\frac{1}{\lambda_1} = 2\left(\Delta K + \Delta m_m c^2 + m_0 c^2\right) \tag{1.27}$$

wobei

$$\left(\Delta K + \Delta m_m c^2\right) = \frac{e^2}{2\varepsilon_o \alpha}\frac{1}{\lambda_2} \quad \text{in der} \quad \frac{1}{\lambda_2} = \frac{1}{2}\left(\frac{1}{\lambda_1} - \frac{1}{2\lambda_C}\right) \tag{1.28}$$

In Gleichung (1.27) stellt m_o die identischen individuellen Ruhemassen von Elektron und Positron dar, und λ_1 ist die elektromagnetische Wellenlänge des einfallenden Photons, das destabilisiert wird, während in Gleichung (1.28) λ_2 die Wellenlänge der Restenergie die oben der 1.022 MeV Energie ist, die gerade in die unveränderlichen Ruhemassen der beiden Teilchen umgewandelt wurde, nach Trennung dieser Restenergie zu gleichen Teilen zwischen den beiden jetzt getrennten Teilchen.

Noch interessanter ist ein Experiment, das 1997 am Stanford Linear Accelerator (SLAC) durchgeführt wurde, d.h. das Experiment #e144, das bestätigte, dass durch das Zusammenführen von zwei ausreichend konzentrierten elektromagnetischen Photonenstrahlen zu einem einzigen Punkt im Raum, von denen ein Strahl elektromagnetische Photonen beinhaltet, die die 1.022 MeV-Schwelle überschreiten, massive Elektron-Positron-Paare erzeugt wurden, ohne dass sich massive Atomkerne in der Nähe befinden [24]. Dieses letzte Experiment eröffnet eine völlig neue Perspektive auf den möglichen Ursprung des Universums, wie in Referenz ([56], [8] Kapitel 17) analysiert.

Das interessante Merkmal der dreiräumlichen Geometrie, die sich aus der Expansion in Form von 3 senkrechten Vektorräumen entwickelt war, die aus der dreifachen orthogonalen Beziehung des Vektorprodukts der fundamentalen *E*- und *B*-Vektoren des Elektromagnetismus hervorgehen (**Abbildung 1.3**), besteht darin, dass der vollständigere Vektorsatz, der jetzt für die Gleichung (1.26) gilt, wie in Referenz ([15], [8] Kapitel 6) analysiert, wie folgt ist, erlaubt, in Referenz ([31], [8] Kapitel 11) erstmals eine klare Mechanik der Umwandlung der Energie eines elektromagnetischen Photons von 1.022 MeV oder mehr, das nur teilweise senkrecht zur Energie seines Impulses orientiert ist, in die unveränderliche Energiemenge zu etablieren, die vollständig quer orientiert ist und die innere Struktur der einzelnen Ruhemassen m_o des Elektrons und Positrons bildet, die in Gleichung (1.27) dargestellt sind, i. e. die folgende Gleichung:

$$E\,\vec{I}\,\vec{i} = \left(\frac{hc}{2\lambda}\right)_X \vec{I}\,\vec{i} + \left[\begin{array}{c} 2\left(\dfrac{\varepsilon_0 \mathbf{E}^2}{4}\right)_Y (\,\vec{J}\,\vec{j},\vec{J}\,\overleftarrow{j}\,)\cos^2(\omega t) \\[2ex] +\left(\dfrac{\mathbf{B}^2}{2\mu_0}\right)_Z \overleftrightarrow{K}\,\sin^2(\omega t) \end{array}\right] V \qquad (1.29)$$

Umgewandelt in die folgenden zwei Gleichungen, um die innere elektromagnetische Struktur der Ruhemassen von Elektron und Positron darzustellen:

$$m_{e_0}\,\vec{0} = \frac{V_m}{c^2}\left\{\left[\frac{\varepsilon_0 \mathbf{E}^2}{2}\right]_Y \vec{J}\,\vec{i} + \left[\begin{array}{c} 2\left(\dfrac{\varepsilon_0 \mathbf{V}^2}{4}\right)_X (\,\vec{I}\,\vec{j},\vec{I}\,\overleftarrow{j}\,)\cos^2(\omega t) \\[2ex] +\left(\dfrac{\mathbf{B}^2}{2\mu_0}\right)_Z \overleftrightarrow{K}\sin^2(\omega t) \end{array}\right]\right\} \qquad (1.30)$$

und

$$m_{p_0}\vec{0} = \frac{V_m}{c^2}\left\{\left[\frac{\varepsilon_0 \mathbf{E}^2}{2}\right]_Y \vec{J}\overleftarrow{i} + \left[\begin{array}{l} 2\left(\dfrac{\varepsilon_0 \mathbf{V}^2}{4}\right)_X (\vec{I}\vec{j},\vec{I}\overleftarrow{j})\cos^2(\omega t) \\[2mm] + \left(\dfrac{\mathbf{B}^2}{2\mu_0}\right)_Z \overleftrightarrow{K}\sin^2(\omega t)\end{array}\right]\right\} \tag{1.31}$$

in der, (V_m=1.497393267E-47 m^3) ist *das maximale theoretisch stationäre isotrope Volumen*, das die Energie des intrinsischen Magnetfeldes des Elektrons erreicht, nachdem es den X-Raum während des gegenseitigen Energie-Induktionszyklus evakuiert hat, der es dazu veranlasst, zwischen der Bildung dieses Magnetfeldes B und dem neutrinischen Feld v zu oszillieren, die eine Schwingung ist, die in der Struktur der massiven Elementarteilchen ([31], [8] Kapitel 11) die für elektromagnetische Photonen ([15], [8] Kapitel 6) und für Träger-Photonen der massiven Elementarteilchen charakteristische Schwingung zwischen den Feldern B und E ersetzt ([31], [8] Kapitel 11) ([32], [8] Kapitel 14):

$$V_m = \frac{\alpha^5 \lambda_C^{\ 3}}{2\pi^2} = 1.49739326\ 7E-47\,\text{m}^3 \quad \text{und} \quad \mathbf{V} = \frac{\pi(e')}{\varepsilon_0 \alpha^3 \lambda_C^{\ 2}} \tag{1.32}$$

Das neutrinische Feld v, dass die dreiräumliche Geometrie erstmals eine Identifizierung ermöglicht, wird in Referenz ([31], [8] Kapitel 11) eingeführt und in Referenz ([33], [8] Kapitel 12) vollständig analysiert, das auch die Emissionsmechanik von Neutrinos in der dreiräumlichen Geometrie analysiert. Das *theoretisch stationäre isotrope Energievolumen* eines beliebigen Elementarquants wurde in Referenz ([30], [8] Kapitel 4) definiert.

Während des Entkopplungsprozesses eines elektromagnetischen Photons von 1.022 MeV oder mehr, wobei die Energie, die über die genaue Menge von 1.022 MeV hinausgeht, die in die nun unveränderliche Energiemenge umgewandelt wird, die die getrennten Ruhemassen eines Elektrons und eines Positrons bildet, die LC-Struktur des einfallenden Doppelteilchenphotons beibehält, aber trennt mechanisch in gleichen Teilen zwischen den beiden massiven Teilchen, die jetzt getrennt sind, wie in den Gleichungen (1.27) und (1.28) dargestellt, und zu ihren Träger-Photonen wird, die sie mit der Geschwindigkeit, die der Energie ihres Impulses entspricht, in entgegengesetzte Richtungen im Raum antreiben, berechenbar mit Gleichung (1.20) oder mit einer der folgenden elektromagnetischen Gleichungen, die in Referenz ([42], [8] Kapitel 5) entwickelt wurden:

$$v = c\frac{\sqrt{\lambda_C(4\lambda + \lambda_C)}}{(2\lambda + \lambda_C)} \quad \text{oder} \quad v = c\frac{\sqrt{4EK + K^2}}{2E + K} \tag{1.33}$$

Ein besonderer Punkt, der über die zweite Gleichung (1.33) von Interesse ist, dass wenn die Energie der Ruhemasse des Elektrons (E in der zweiten Gleichung) auf Null reduziert wird (Siehe Anhang A), nur die Energie seines Träger-Photons in der Gleichung verbleibt und seine Geschwindigkeit dann nur die Lichtgeschwindigkeit sein kann und damit die Identität seiner Struktur mit der des de-Broglie-Doppelteilchen-Photons bestätigt ([15], [8] Kapitel 6) ([42], [8] Kapitel 5).

Es ist sehr einfach, die Gültigkeit der LC-Gleichungen (1.30) und (1.31) des Elektrons und des Positrons zu überprüfen, da alle ihre Begriffe sehr bekannte invariante physikalische Konstanten sind. Durch Multiplikation der maximalen Energie des Magnetfeldes in Gleichung (1.30) mit dem *theoretisch stationären isotropen Volumen* dieser in Referenz ([30], [8] Kapitel 4) definierten Energiemenge erhalten wir beispielsweise effektiv die Hälfte der Energie der invarianten Ruhemasse des Elektrons, die seinem intrinsischen Magnetfeld entspricht:

$$\frac{\mathbf{B}^2}{2\mu_0}V_m = \left(\frac{\mu_0\,\pi\,e\,c}{\alpha^3\lambda_C^{\,2}}\right)^2 \frac{\alpha^5\lambda_C^{\,3}}{2\mu_0\ 2\pi^2} = 4.09355206\ 8\mathrm{E}-14\ \mathrm{j} \qquad (1.34)$$

1.23. Konstruktion von stabilen komplexen Partikeln

Es wurde längst eingerichtet, dass alle Atome nur aus drei verschiedenen Typen von stabilen Subkomponenten, Elektronen, Protonen und Neutronen, bestehen. Alle drei werden typischerweise unter dem allgemeinen Begriff "*Elementarteilchen*" in der Gemeinschaft zusammengefasst, d.h., ein Begriff, der derzeit *allgemein* ist, die eine gewisse Verwirrung hervorruft, wegen dieser drei, nur für das Elektron festgestellt wurde, dass es wirklich ein Elementarteilchen ist, d.h. dass wir den experimentellen Beweis haben, dass es nicht aus kleineren Teilkomponenten besteht, sondern nachweislich ausschließlich aus der elektromagnetischen Energie besteht, das war die *Substanz* des elektromagnetischen Photons, aus dem sie entstanden ist, wie es nur in Perspektive dargestellt wird, und wie in Referenz ([31], [8] Kapitel 11) ausführlich analysiert.

Die beiden anderen Unterkomponenten aller Atome, das Proton und das Neutron, erwiesen sich nicht als geladene und massive Elementarteilchen desselben Sinnes wie das Elektron, aber sondern sind *Systeme von Elementarteilchen*, die in einem Zustand stabilen elektromagnetischen

Gleichgewicht der stationären Wirkung gefangen sind, so wie das Sonnensystem kein Himmelskörper ist, sondern ein System von Himmelskörpern, das in einem Zustand des Gleichgewichts der stationären Wirkung stabilisiert ist. Historisch gesehen wurde der erste Verdacht, dass Protonen und Neutronen keine wirklich elementaren Teilchen sind, durch den Unterschied in ihrem Verhalten im Vergleich zu Elektronen und Positronen während der ersten zerstörungsfreien Kollisionsexperimente zwischen diesen Teilchen in den ersten Partikelbeschleunigern geweckt (**Abbildung 1.5**).

Elektronen und Positronen verhalten sich ihrerseits bei gegenseitigen Kollisionsexperimenten immer so, als hätten sie bestenfalls eine *Punkt-ähnliche* Präsenz im Raum, so dass in ihren Fällen im Gegensatz zu Protonen und Neutronen keine scheinbar unüberwindbare Grenze in einiger Entfernung von ihren Zentren durch Kollision erkennbar ist, unabhängig davon, wie nah zwei Elektronen oder zwei Positronen bei echten Frontalkollisionen in die Mitte des anderen kommen, was eine Art Rückprall ist, der selten beobachtet wird, da solche Frontalkollisionen zwischen Elektronen oder Positronen ähnlich sind, wie wenn man die stark geschärften Spitzen von Nähnadeln in eine Frontalkollision bringt (**Abbildung 1.6**).

Es ist dieses *quasi punktuelle* oder *punktähnliche* Verhalten von wirklich elementaren Teilchen während gegenseitiger Wechselwirkungs- oder Kollisionsexperimente wie Elektronen, Positronen und elektromagnetische Photonen, das sie auf subatomarer Ebene klar von komplexen Teilchen wie dem Proton und dem Neutron unterscheidet.

Was bei Wechselwirkungen zwischen wirklich elementar geladenen Teilchen geschah, war typischerweise, dass einfallende Elektronen konvergent abgelenkt wurden, wenn sie die Position von Positronen kreuzen, die sich in die entgegengesetzte Richtung bewegen, oder wenn einfallende Positronen den Weg von Elektronen kreuzen, die sich in die entgegengesetzte Richtung bewegen (**Abbildung 1.6-a**); oder dass einfallende Elektronen divergent abgelenkt wurden, nachdem sie die Positionen anderer Elektronen kreuzen, die sich in die entgegengesetzte Richtung bewegen, oder wenn einfallende Positronen die Position anderer Positronen kreuzen, die sich in die entgegengesetzte Richtung bewegen (**Abbildung 1.6-b**). Angesichts des quasi punktuellen Verhaltens der beteiligten Partikel war nur gelegentlich eines der einfallenden Partikel in einer idealen Situation, um direkt frontal aufeinander zu prallen, um sich direkt rückwärts abzuprallen (**Abbildung 1.6-b**).

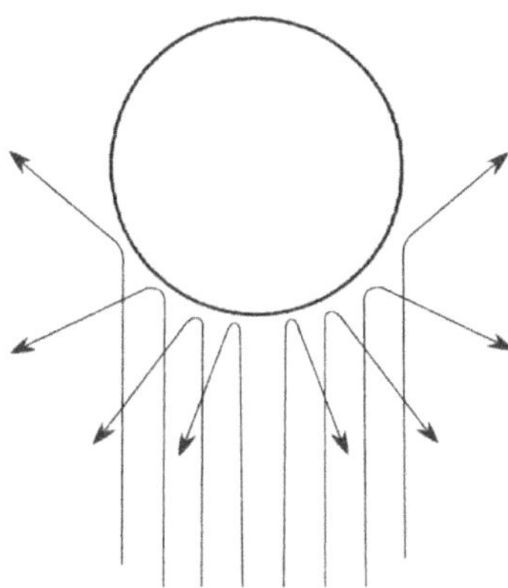

Abbildung 1.5: Perfekte elastische Streuung zwischen einfallenden Elektronen und Zielproton.

Während Elektronen- und Positronenstrahlen, die so gestartet wurden, dass sie direkt aufeinander treffen, praktisch keine Rückstöße erzeugten (**Abbildung 1.6**), ließen Protonen und Neutronen die einfallenden Partikel (Elektronen- oder Positronenstrahlen) aufgrund eines Zustandes der permanenten magnetischen Abstoßung zwischen den innen geladenen Subkomponenten von Protonen und den einfallenden Elektronen in alle Richtungen zurückprallen beschrieben (**Abbildung 1.5**), wie analysiert in Referenz ([10], Siehe auch Abschnitt 2.21), was ergab, dass sie im Gegensatz zu Elektronen und Positronen ein messbares Volumen im Raum einnehmen, d.h. vollkommen elastische Rückprallmuster, die mit denen identisch sind, die auf unserer makroskopischen Ebene zwischen zwei sich gegenseitig abstoßenden Magneten beobachtet werden können ([49], [8] Kapitel 9).

Die Untersuchung dieser Rückprallmuster in den 1940er und 1950er Jahren führte zu dem Schluss, dass der Radius dieses Volumens für Proton und Neutron in der Größenordnung von 1.2E-15 m lag [57], ein Volumen, das zu zeigen schien, dass es sich aus kleineren Teilchen zusammensetzen könnte, deren Wechselwirkungen dieses Volumen bestimmen würden, genau wie das Volumen, das durch planetarische Bahnen definiert wird, das potenzielle Volumen bestimmt, das das Sonnensystem im Raum einnehmen kann, d.h. theoretisch zu diesem Zeitpunkt, wirklich elementare elektromagnetische Teilchen mit *quasi-punktuellem* Verhalten der gleichen Art wie das Elektron und das Positron.

Der erste Teilchenbeschleuniger, der stark genug war, um den Widerstand dieses Protonenvolumens gegen die Penetration durch ausreichend energiereiche Elektronen oder Positronen zu überwinden, der Stanford Linear Accelerator (SLAC), kam 1966 in Betrieb. Von 1966 bis 1968 zeigten eine Reihe von hochenergetischen zerstörungsfreien Streuexperimenten, die von M. Breidenbach et al. [21] von Elektronen gegen Protonen durchgeführt wurden, effektiv das Vorhandensein von drei *quasi-punktuellen* verhaltenden elektrisch geladen Subkomponenten (**Abbildung 1.7**), deren Ablenkungsverlaufmuster der Trajektorien der ankommenden Elektronen und deren anschließende Analyse es erlaubten, eine elektrische Ladung von 1/3 der eines Elektrons mit einer Subkomponente und eine Ladung von 2/3 der des Positrons mit den anderen beiden Subkomponenten (uud) zu verbinden. Neutronen hingegen zeigten eine Struktur, die aus einer 2/3 positiven Ladungs-Subkomponente und zwei 1/3 negativen Ladungs-Subkomponenten (udd) bestand.

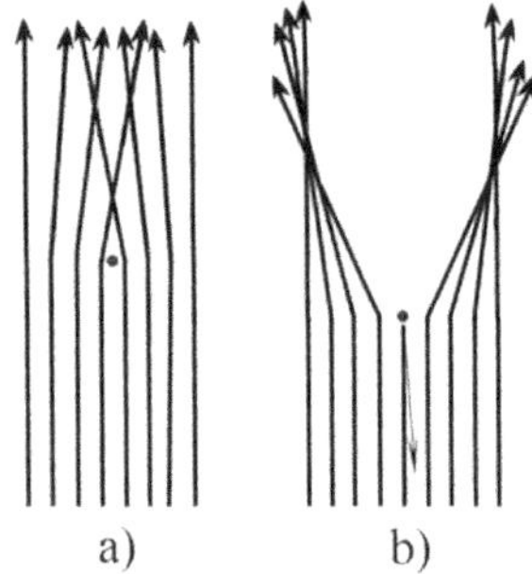

Abbildung 1.6: Zerstörungsfreie Wechselwirkung zwischen einfallenden Elektronen und dem Ziel-Positron a) sowie Wechselwirkung und direkte Streuung zwischen einfallenden Elektronen und dem Ziel-Elektron b), die ihr punktähnliches Verhalten demonstrieren.

Außerdem, die einfallenden Elektronen wurden in hochgradig unelastischer Weise rückgestreut und anschließende Experimente mit Positronen zeigte dass die 2/3 positiv geladenen Subkomponenten nur geringfügig massiver als Elektronen waren und dass die 1/3 negativ geladene Subkomponente nur geringfügig massiver als die positiv geladenen Subkomponenten waren ([32], [8] Kapitel 14) [35].

Da diese vermutlich unveränderlichen Ruhemassen schließlich als nur geringfügig höher bestätigt wurden als die von Elektronen und Positronen [51], verbunden mit der Tatsache, dass diese Teilkomponenten von Nukleonen genau das gleiche quasi-punktuelle Verhalten aufweisen, das Elektronen und Positronen charakterisiert, und der ebenfalls bestätigten Tatsache, dass Elektronen und Positronen die einzigen massiven und elektrisch geladenen Elementarteilchen sind, die aus freier elektromagnetischer Energie in gut verständlicher und vollständig bestätigter Weise erzeugt werden können [23] [24], schien es möglich, dass diese Subkomponenten von Nukleonen tatsächlich Positronen und Elektronen sein könnten, deren Massen und Ladungen auf diese Weise durch die Belastungen verändert würden, die durch jene höchstmöglichen elektromagnetischen Gleichgewichtszustände der stationären Wirkung hervorgerufen werden, in denen Elektronen und Positronen gefangen werden könnten, wenn die letztere wirklich das einzige Baumaterial sind, über das die Natur verfügt, um Nukleonen zu bauen.

Diese Schlussfolgerung erklärt sofort, warum keine dieser Nukleon-Subkomponenten jemals aus einem Nukleon ausgestoßen werden konnte, während er seine fraktionierte Ladung beibehält, denn wenn sie wirklich ursprünglich Elektronen und Positronen waren, dann natürlich, werden sie auf natürliche Weise adiabatisch sofort ihre normalen Massen- und Ladeeigenschaften wiedererlangen, sobald sie den elektromagnetischen Belastungen, denen sie ausgesetzt sind, entkommen, während sie Teil der stabilisierten Nukleonenstrukturen sind ([34], [8] Kapitel 19).

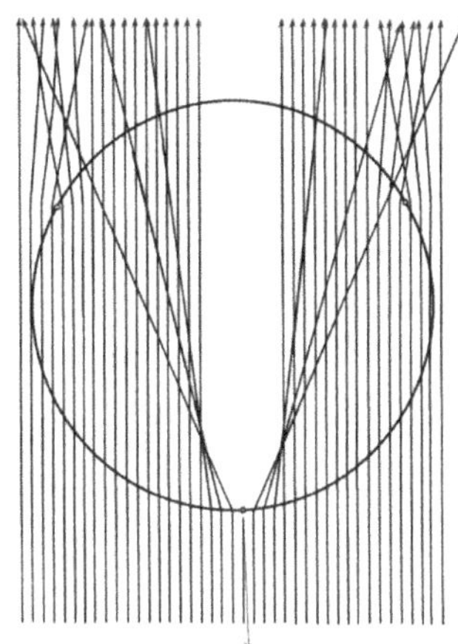

Abbildung 1.7: Nachweis der protonenstreubaren inneren Struktur durch zerstörungsfreie Streuung.

Die dreiräumliche Geometrie ermöglichte es tatsächlich, präzise mittlere Ruhemassen für diese elementaren positiven und negativen Subkomponenten von Protonen und Neutronen zu berechnen, was einer Sequenz von stabilen axialen Resonanzzuständen entspricht, die sich auf eine Sequenz von Ganzzahlen beziehen können, die diese Massen in beiden Fällen innerhalb der experimentell abgeschätzten möglichen Massenbereiche lokalisiert (siehe **Tabelle 1.1**), eine Sequenz von drei verwandten Massen, die aus einer der möglichen Gleichungen erhalten werden kann, die diese Berechnung ermöglicht, wie beispielsweise die folgende Gleichung, die in Referenz ([32], [8] Kapitel 14) festgelegt wurde, und die in einer allgemeineren Perspektive in Referenz ([34], [8] Kapitel 19) analysiert wird, d.h. eine Resonanzsequenz für die Massen stabiler Elementarteilchen, die der Resonanzsequenz der elektronischen Orbitale des Wasserstoffatoms ähnlich ist, die Louis de Broglie zu Beginn des 20. Jahrhunderts als erster wahrgenommen hat ([10], Siehe auch Kapitel 2) [58]:

$$m_{i[d,u,e]} = \frac{k}{a_0}\left(\frac{3e}{n\alpha c}\right)^2 \quad \text{(n=1, 2, 3)} \tag{1.35}$$

wobei e die Einheitsladung ist, α die Feinstrukturkonstante ist, c die Lichtgeschwindigkeit ist, a_o der Bohr-Radius ist, d.h. der mittlere axiale Abstand zwischen dem elektronischen Grundorbital des Wasserstoffatoms und dem Proton, und k die Coulomb-Konstante ist:

$$k = \frac{1}{4\pi\varepsilon_0} = 8.98755178\ 8E9 \tag{1.36}$$

Tatsächlich fallen die nach Gleichung (1.35) erhaltenen Massen direkt in die experimentell festgelegten Bereiche, in denen ihre wahre Ruhemasse liegen muss, d.h. zwischen 1 und 5 MeV/c^2 für die positive Unterkomponente und zwischen 3 und 10 MeV/c^2 für die negative Unterkomponente, entsprechend den gesammelten experimentellen Daten [51]. Diese präzisen Ruhemassen wurden in Bezug auf die Abstände zwischen den elektromagnetisch gespannten Elektronen und Positronen von der Y-z Koplanarachse, um die sich jede stabilisierte Triade in *Rotation/Resonanz* im elektrostatischen Y-Raum befindet (**Abbildung 1.3**), wie in Referenz ([32], [8] Kapitel 14) analysiert, festgelegt.

Der Begriff "*Rotation/Resonanz*" wird hier verwendet, um deutlich zu relativieren, dass die gleiche Energiemenge durch die Coulomb-Wechselwirkung in den Ruhemassen der elektromagnetisch gespannten Elektronen und Positronen adiabatisch induziert wird, ob sie sich tatsächlich auf Kreisbahnen um die koplanare Y-z-Achse und/oder um die normale X-x-Achse drehen, oder befinden sich einfach in einem Zustand *stationärer axialer*

Resonanz in diesen mittleren Abständen von diesen beiden zueinander senkrechten Y-z und X-x *Rotation / Translation / Resonanz* Achsen.

Beachten wir übrigens, dass zum Zeitpunkt der Breidenbach-Experimente [21] eine von Murray Gell-Mann und George Zweig separat entwickelte mathematische Theorie, als durch die Breidenbach-Experimente bestätigt angesehen war, was dazu führte, dass diese elektromagnetisch gespannten Positronen und Elektronen, die in den inneren Strukturen der Nukleonen gefangen sind, um "*up quark*" und "*down quark*" genannt zu werden, zu einer Zeit, als man noch nicht zu dem Schluss gekommen war, dass die Subkomponenten dieser Nukleonen einfache Positronen und Elektronen sein könnten, deren Masse- und Ladungseigenschaften durch die Intensität der elektromagnetischen Wechselwirkungen in so kurzen Abständen innerhalb dieser Strukturen auf diese Weise verändert werden könnten.

Tabelle 1.1: Reihenfolge der Massen in axialen Resonanzzustand von Elementarteilchen, erhalten durch Gleichung (1.35).

	Ruhe Masse	Energie	Ladung	Ref.
Frei sich bewegendes Elektron oder Positron	9.10938188E-31 kg	0.511 MeV	±1= 1.602176462E-19 C	([31], [8] Kapitel 11)
Elektromagnetisch gespanntes Positron 1 im Neutron 2 im Proton	2.049610923E-30 kg	1.1497473 MeV	+2/3= 1.068117641E-19 C	([32], [8] Kapitel 14)
Elektromagnetisch gespanntes Elektron 2 im Neutron 1 im Proton	8.198443693E-30 kg	4.59899 MeV	-1/3= 5.340588207E-20 C	([32], [8] Kapitel 14)

Da die Gell-Mann und Zweig-Theorie auch die Existenz anderer virtueller Partikel voraussagte, die auch "*Quarks*" genannt wurden, die aber nie durch zerstörungsfreie Kollisionen innerhalb von Nukleonen entdeckt wurden, im Gegensatz zu den beiden, die "*up*" und "*down*" genannt wurden, das Ergebnis war eine enorme und anhaltende Verwirrung in der Gemeinschaft, die durch mehrere Verweise auf die Gell-Mann und Zweig-Theorie angeheizt wurde, und das fast völlige Fehlen von Verweisen auf die von Breidenbach et al.

gesammelten und analysierten experimentellen Daten, die in den folgenden Jahrzehnten den Eindruck hinterließen, dass selbst die tatsächlich von Breidenbach et al. entdeckten Teilkomponenten nur theoretisch waren und dass ihre physische Existenz nie bestätigt worden war.

Die erbaulichste Demonstration dieser Verwirrung ist, dass in einer großen Arbeit über die Quantenfeldtheorie (QFT) im Jahr 1993 veröffentlicht, das heißt, 25 Jahre später, von einem renommierten Physiker in der Gemeinschaft, finden wir die folgende Erwähnung in Abschnitt 1.2 seines Fachbuchs [59], das zeigt dass er noch nie über die Breidenbach et al. Experimente gehört hatte, die 25 Jahre zuvor durchgeführt wurden, sonst scheint es offensichtlich, dass er sie berücksichtigt hätte:

> *"Ironically, one problem of the quark model was that it was too successful. The theory was able to make qualitative (and often quantitative) predictions far beyond the range of its applicability. <u>Yet the fractionally charged quarks themselves were never discovered in any scattering experiment.</u>"*

Übersetzung

> *"Ironischerweise, ein Problem des Quark-Modells war, dass es zu erfolgreich war. Die Theorie war in der Lage, qualitative (und oft auch quantitative) Vorhersagen zu treffen, die weit über den Bereich ihrer Anwendbarkeit hinausgehen. <u>Doch die teilweise geladenen Quarks selbst wurden in keinem Streuexperiment entdeckt.</u>"*

Um jedoch die Kontinuität mit der historisch gewachsenen Literatur zu erhalten, die zunächst die elektromagnetisch gespanntes Positronen und Elektronen *"Up Quarks"* und *"Down Quarks"* nannten, einschließlich der anderen Artikel dieser Serie, werden wir die Symbole *"u"* (für *"up"*) und *"d"* (für *"down"*) behalten, die sie historisch symbolisierten, wenn sie sich auf die von Breidenbach nachgewiesenen fraktionell streubare geladenen Subkomponenten von Nukleonen bezogen, d.h. *"uud"* für das Proton und *"udd"* für das Neutron.

Die dreiräumlichen LC-Gleichungen für die elektromagnetisch gespannten Positronen (zunächst *"up quarks"* genannt) und die elektromagnetisch gespannten Elektronen (zunächst *"down quarks"* genannt), die die zerstörungsfrei streubare Nukleonenstruktur bilden, unterscheiden sich leicht von den Gleichungen (1.30) und (1.31), die frei sich bewegenden Elektronen und Positronen beschreiben, die nicht diesen elektromagnetischen Belastungen ausgesetzt sind, weil die Querdrift der Energie, die die Intensität ihrer fraktionierten Ladungen definiert, in Richtung eines intensiveren magnetischen Zustands, der ihnen durch den sehr kurzen Gyroradius ihrer stationären Wirkungszustände auferlegt wird ([60], [8] Kapitel 8), erlaubt keine gleichmäßige Dichte ihrer elektrischen und magnetischen Zustände, im Gegensatz zum Standard gleich dem elektrischen vs. magnetischen Dichtezustände der elektromagnetischen Energie von Elektronen und Positronen, die sich auf geraden Bewegungsbahnen bewegen.

$$m_U = \frac{E_U}{c^2} = \frac{V_m}{c^2}\left\{ S_U\left[\frac{\varepsilon_0 \mathbf{E}^2}{2}\right]_Y + (2 - S_U)\left[2\left(\frac{\varepsilon_0 \mathbf{V}^2}{4}\right)_X \cos^2(\omega t) + \left(\frac{\mathbf{B}^2}{2\mu_0}\right)_Z \sin^2(\omega t) \right]\right\} \tag{1.37}$$

$$m_D = \frac{E_D}{c^2} = \frac{V_m}{c^2}\left\{ S_D\left[\frac{\varepsilon_0 \mathbf{E}^2}{2}\right]_Y + (2 - S_D)\left[2\left(\frac{\varepsilon_0 \mathbf{V}^2}{4}\right)_X \cos^2(\omega t) + \left(\frac{\mathbf{B}^2}{2\mu_0}\right)_Z \sin^2(\omega t) \right]\right\} \tag{1.38}$$

Die Ausdrücke S_U und S_D sind die magnetischen Driftkonstanten der Energie der stabilisierten Ruhemassen der elektromagnetisch gespannten Positronen und Elektronen, jeweils gleich 2/3 und 1/3, die in den Referenzen ([32], [8] Kapitel 14) und ([10], Siehe auch Kapitel 2) analysiert und erläutert werden.

Es ist wichtig zu beachten, dass die Summe der stabilisierten Ruhemassen von elektromagnetisch gespannten Elektronen und Positronen (**Tabelle 1.1**), die die streubare Struktur des Protons (uud) ausmacht, nur etwa 2% seiner gesamten gemessenen Masse ausmacht und dass diese Summe für das Neutron (udd) nur etwa 2,4% seiner gesamten gemessenen Masse ausmacht. Der Unterschied kann natürlich nur auf die Energie ihrer jeweiligen Träger-Photonen ([32], [8] Kapitel 14) zurückzuführen sein, deren Intensität direkt von der Umkehrung des Abstands zwischen geladenen Elementarteilchen und der X-x-Translationsachse des normalen X-Raums (**Abbildung 1.3**) abhängt, in Bezug auf die sich jede Triade in *Translation/Resonanz* befindet, einer Achse, die senkrecht zur koplanaren Y-z-*Rotation/Resonanz*-Achse steht, in Bezug auf die die Ruhemassen und fraktionierten Ladungen der elektromagnetisch gespannten Elektronen und Positronen bestimmt werden ([32], [8] Kapitel 14).

Wie beim zuvor erwähnten Ausdruck "*Rotation/Resonanz*" in Bezug auf die Y-Raum-Koplanarachse Y-z wird hier mit dem Ausdruck "*Translation/Resonanz*" deutlich in Relation gesetzt, dass die gleiche Energiemenge durch die Coulomb-Wechselwirkung in jedem elektromagnetisch gespannten Elektronen- und Positronen-Träger-Photon adiabatisch induziert wird, ob sie sich in der tatsächlichen Translation in einer kreisförmigen Umlaufbahn um die normale X-Raumachse X-x befinden oder einfach in einem Zustand stationärer axialer Resonanz in Bezug auf diesen mittleren Abstand von dieser Translations- Resonanzachse, d.h. einer senkrecht zu einer solchen kreisförmigen Umlaufbahn ausgerichteten Resonanzbewegung.

1.24. Die konzeptionelle "Translation/Resonanz" Transponierung

Die gleiche *Translation/Resonanz*-Beziehung gilt aus dem gleichen Grund auch für die Ruheorbital des Elektrons im Wasserstoffatom. Tatsächlich war es Louis de Broglie, der 1923 erstmals verstand, dass das Elektron nur dann in einem Zustand axialer Resonanz sein konnte, wenn es in einem mittleren Abstand des Protons im Wasserstoffatom entsprechend dem Bohr-Radius stabilisiert wurde, auch wenn es theoretisch auch als in Translation auf einer geschlossenen Umlaufbahn um das Proton wahrgenommen werden konnte.

Diese Schlussfolgerung von großer Bedeutung wurde in einer Notiz veröffentlicht, in der er diese erste vorläufige Interpretation der Bedingungen, die die Stabilität des Elektrons in atomaren Strukturen erklären könnten ([10], Siehe auch Kapitel 2), da sie im Einklang mit der Stabilitätsbedingung stand, die von Bohr und Sommerfeld für eine Flugbahn bestimmt wurde, die von einer Masse mit konstanter Geschwindigkeit zurückgelegt wurde [58]. Hier ist ein Zitat seiner wichtigsten Schlussfolgerung:

"L'onde de fréquence v et de vitesse c/β doit être en résonance sur la longueur de la trajectoire. Ceci conduit à la condition:"

Übersetzung:

"Die Welle der Frequenz v und die Geschwindigkeit c/β muss über die Länge der Flugbahn in Resonanz sein. Dies führt zu der Bedingung, dass:"

$$\frac{m_o \beta^2 c^2}{\sqrt{1-\beta^2}} T_r = nh \text{ (wobei } n \text{ eine ganze Zahl ist)} \tag{1.39}$$

Diese Schlussfolgerung brachte Schrödinger auf die Idee, das vom Elektron besuchte Resonanzvolumen im Ruheorbital des Wasserstoffatoms durch eine Wellenfunktion [18] darzustellen, wie sie in Kapitel 2 perspektivisch dargestellt wird, das wiederum die mechanische Erklärung der Stabilität des

Wasserstoffatoms aus der ursprünglich als Referenz [10] veröffentlichten dreiräumlichen Perspektive repliziert. Als de Broglie seine Entdeckung machte, war es jedoch noch nicht klar, dass die eigentliche Substanz des Elektrons wirklich von elektromagnetischer Natur war ([31], [8] Kapitel 11), ebenso wie die seines Träger-Photons, das er intuitiv als eine Pilotwelle identifizierte, die das Elektron antreiben sollte, und dessen elektromagnetische Natur zu diesem Zeitpunkt jedoch nicht erkannt werden konnte.

Wie bereits erwähnt, wurde erst nur Anfang der 1930er Jahre experimentell bestätigt, dass die Substanz der invarianten Masse des Elektrons nichts anderes war als die *elektromagnetische Energiesubstanz* eines elektromagnetischen Photons mit minimaler Energie 1.022 MeV, das sich in ein Paar massiver Teilchen gleicher Masse, nämlich ein Elektron und ein Positron, entkoppelt [23]. Vor diesem Ereignis hatte niemand die Möglichkeit gehabt, elektromagnetische Energie mit der Substanz der Masse der Elementarteilchen in Verbindung zu bringen, so dass keine der vor dieser Beobachtung entwickelten Theorien diese neue Entdeckung in ihrer Ausarbeitung berücksichtigen konnte, die natürlich Einsteins beiden Theorien der Speziellen Relativität und der Allgemeinen Relativität sowie der Quantenmechanik in ihrer traditionellen Form beinhaltet.

De Broglie verknüpfte die Energie des Impulses des Elektrons auf der Bohr-Bahn mit der Planckschen Konstante, und mit der klassischen Mechanik, aber wie die gesamte wissenschaftliche Gemeinschaft zu dieser Zeit, verknüpfte er sie nicht mit der Coulomb-Wechselwirkung, wie sie mit der Gleichung (1.16) aus Maxwells erster Gleichung dargestellt wird, und deshalb hatte er nicht die Schlussfolgerung zur Verfügung, dass die Halbquantenergie des Impulses des Elektrons, die theoretisch die Bewegung des Elektrons in Längsrichtung auf seiner theoretischen Umlaufbahn um das Proton unterstützen würde, die gleiche ist, die auch seine axiale Resonanzbewegung unterstützt und die senkrecht zu dieser Umlaufbahn ausgerichtet ist, sowie das zugehörige Halbquant seiner elektromagnetischen Energie, das quer zu dieser Impulsenergie ausgerichtet ist, und dass die unidirektionale Energie seines Impulses nur strukturell auf das Proton ausgerichtet sein kann.

Tatsächlich schließt die strukturelle axiale Ausrichtung der Impulsenergie des Elektrons auf das Proton nicht aus, dass sich das Elektron auf einer geschlossenen Umlaufbahn um das Proton herum quer bewegen kann, zusätzlich zum gleichzeitigen Schwingen im axialen Resonanzmodus, wie de Broglie schloss, aber bei einem so kurzen Abstand zwischen dem Elektron und dem Proton und bei einem so intensiven Niveau an induzierter Energie ist zu erwarten, dass der axiale Resonanzmodus deutlich dominiert. Siehe Abschnitte 1.26 und 2.20.

Es ist eine Tatsache, dass die Planck-Konstante die Emission elektromagnetischer Energie strikt mit dem Zeitfaktor verknüpft. Aber diese Verbindung der Energieinduktion mit dem Zeitfaktor ist darauf zurückzuführen, dass diese Konstante durch die Analyse der Energiefrequenzen, die bei der Entregung von Elektronen emittiert werden, die zuvor kurzzeitig zu metastabilen Orbitalen weiter weg von Atomkernen angeregt wurden, wenn sie zu ihren Ruheorbitalen der stationären Wirkung zurückkehren, ermittelt wurde, die alle Resonanzzustände sind, die direkt mit der Frequenz zusammenhängen, der mittleren Energie, die auf der Ruhebahn des Elektrons im Wasserstoffatom induziert wird, als fundamental angesehen, wie in Referenz ([34], [8] Kapitel 19) analysiert und beschrieben, und dass die Energie von Plancks Wirkungsquantum der Energie eines einzelnen Zyklus dieser ultimativen Referenzfrequenz entspricht, wie später von de Broglie festgelegt:

$$h = m_0 v_B \lambda_B = 6.62606876 \ \mathrm{E} - 34 \ \mathrm{j \cdot s} \tag{1.40}$$

wobei m_o die Ruhemasse des Elektrons ist, v_B ist die konventionelle klassische Referenzgeschwindigkeit auf der Bohr-Umlaufbahn (2187691.253 m/s) und λ_B ist die Länge der Bohr-Umlaufbahn (3.32491846E-10 m), deren Radius die Fundamentalkonstante ($a_o=r_o=5,291772083$E-11 m) ist, d.h. der mittlere Abstand von der grundlegenden Resonanzorbitalbahn des Wasserstoffatoms zu seinem Kern, die die in diesem Abstand vom Proton induzierte Energie definiert, das heißt "E_B=4.359743808E-18 j" (27.21138346 eV), wie sie leicht mit der Coulomb-Gleichung berechnet werden kann ([34], [8] Kapitel 19). Seine Frequenz ist daher "f_B=6.579683921E15 Hz".

Eine einfache Berechnung zeigt, dass bei der Geschwindigkeit v_B die Dauer eines einzelnen Zyklus dieser Frequenz genau der Länge der Bohr-Umlaufbahn λ_B entspricht, und das ist der Grund, warum es durch Multiplikation der Länge dieser absoluten Referenzumlaufbahn mit der Planck-Konstante möglich ist, die auf der Bohr-Umlaufbahn induzierte Energie so genau wie mit der Coulomb-Gleichung zu erhalten.

Aus diesem Grund scheint auch die dieser Referenzfrequenz entsprechende Energie der Anzahl der Bahnen zu entsprechen, die in einer Sekunde betrieben werden müssen, um angeblich die gesamte auf der Bohr-Umlaufbahn induzierte Energie zu *akkumulieren,* was längst die Wahrnehmung geschaffen hat, dass diese induzierte Energie über all diese Zyklen *verteilt zu sein scheint* und dass es eine Sekunde dauert, bis die gesamte Energie des Quants akkumuliert ist:

$$E_B = h \cdot f_B = \frac{e^2}{4\pi\,\varepsilon_o r_B} = 4.35974380\ 8\text{E}-18\ \text{j} \tag{1.41}$$

wobei r_B der Bohrradius ist, d. h. 5.291772083E-11 m (siehe Gleichung (1.7)).

So wie die Marmet-Gleichung (M-7) verallgemeinert werden kann, um *die elektromagnetische Längswellenlänge* einer beliebigen Menge elektromagnetischer Energie zu nutzen, wurde die gleiche Verallgemeinerung auch für die Coulomb-Gleichung in Referenz ([30], [8] Kapitel 4) vorgenommen, wie sie bei Referenz ([10], Siehe auch Kapitel 2) analysiert und ausführlich beschrieben wurde:

$$E = hv = \frac{e^2}{2\,\varepsilon_o \alpha\lambda} \tag{1.42}$$

wobei α die Feinstrukturkonstante (7.29735252533E-3) ist. Die Längswellenlänge einer Menge an elektromagnetischer Energie wird ebenfalls mit der folgenden bekannten Gleichung erhalten. Also die elektromagnetische Längswellenlänge der Energie E_B, die mit der Gleichung (1.41) erhalten wird, ist:

$$\lambda = \frac{hc}{E_B} = 4.55633525\ 2\text{E}-8\,\text{m} \tag{1.43}$$

was es ermöglicht, die gleiche Energiemenge mit der generalisierten Gleichung (1.42) zurückzugewinnen, die bereits mit der Standardgleichung (1.41) erhalten wurde:

$$E = hv_B = \frac{e^2}{2\,\varepsilon_o \alpha\lambda} = 4.35974380\ 8\text{E}-18\,\text{j} \tag{1.44}$$

Tatsächlich ist es die mit der Gleichung (1.42) zwischen der Standardgleichung zur Berechnung der elektromagnetischen Photonenergie und der generalisierten Coulomb-Gleichung hergestellte Beziehung, die es ermöglicht, die konzeptionelle *Translation/Resonanz*-Transposition durchzuführen, die erforderlich ist, um zwischen der Analyse der stabilen quantisierten Energiezustände wechseln zu können, die allen elektronischen und nukleonischen stationären Wirkungsorbitalen in Atomen entsprechen, die die Planck-Konstante mit der Anzahl der theoretischen Zyklen in Beziehung setzt, die das Elektron theoretisch auf der Bohr-Orbitbahn laufen muss; und das ermöglicht auch die Analyse der unendlich fortschreitenden adiabatischen

Energieinduktion, die eine konstant aktive Funktion der Umkehrung des Abstands zwischen den geladenen Elementarteilchen, die alle Atome bilden, ist, und die durch Struktur *senkrecht* zu jeder theoretischen oder effektiven Orbitalbewegung induziert wird.

Diese Transposition schmälert in keiner Weise den Nutzwert der Planck-Konstante für Berechnungen, die die Untersuchung der stabilen und metastabilen stationären Wirkungszustände der verschiedenen Orbitale und die quantisierte Emission von Bremsstrahlungsphotonen zum Gegenstand haben, bei der Entregung von Elektronen von einem metastabilen Orbital zu einem stabilen Resonanzorbital, deren Emissionsmechanik wir später analysieren werden, aber es macht es möglich, den Bestand an mathematischen Werkzeugen zu erweitern, mit die Konstanten die erforderlich sind, um mit den unendlich fortschreitenden Schwankungen in der Energiemenge angemessen umzugehen, die durch die Coulomb-Wechselwirkung adiabatisch in den Träger-Photonen der Elektronen induziert wird, während der axialen Resonanz-Bewegungsabläufe in die sie gefangen sind, als sie in den verschiedenen stationären Wirkungsorbitalen in Atomen stabilisiert sind, wie in Referenz ([10], Siehe auch Kapitel 2) analysiert, sowie als sie sich in der freien Bewegung der kleinsten Wirkung befinden, als sie sich in Richtung dieser stabilisierten Resonanz-Zustände der stationären Wirking bewegen, wie bei Referenz ([43], [8] Kapitel 2) analysiert.

1.25. *Elektromagnetische Energie adiabatische Induktionskonstanten*

1.25.1. Die elektromagnetische Intensitätskonstante

Wie in Referenz ([30], [8] Kapitel 4) analysiert und beschrieben, da die Lichtgeschwindigkeit im Vakuum konstant ist, kann daher festgestellt werden, dass die Energiemenge, aus der ein elektromagnetisches Photon hergestellt wird, umgekehrt proportional zu der Entfernung ist, die es im Vakuum durchlaufen muss, um für einen Zyklus seiner Wellenlänge transversal vollendet zu sein, der durch $E=1/\lambda$ dargestellt werden kann. Das bedeutet, dass durch die Isolierung des Produkts $E\cdot\lambda$ auf der linken Seite dieser Beziehung der erhaltene Wert konstant ist.

Eine schnelle Analyse der Gleichung (1.44) zeigt, dass diese Konstante alternativ aus dem bekannten Satz elektromagnetischer Konstanten definiert werden kann, der auch die generalisierte Coulomb-Gleichung und *die elektromagnetische Längswellenlänge* jeder Menge elektromagnetischer Energie definiert (λ):

$$H = E\lambda = \frac{e^2}{2\varepsilon_0\alpha} = 1.98644544 \ \text{E} - 25 \ \text{j} \cdot \text{m} \tag{1.45}$$

Das heißt, das Wirkungsquantum im Joule-Meter (j·m), das das entfernungsbasierte Gegenstück zum Planckschen Wirkungsquantum ist, das in Joule-Sekunden (j·s) definiert ist, die in der Referenz ([30], [8] Kapitel 4) als "*die elektromagnetische Intensitätskonstante*" bezeichnet wurde. Teilt man nun die Konstante H durch die Lichtgeschwindigkeit c, so stellt man fest, dass die Planck-Konstante erhalten wird, was zeigt, dass $H=hc$ die Planck-Konstante direkt mit dem Elektromagnetismus verbindet, während sie historisch gesehen als eine ausschließlich gemessene Konstante betrachtet ist, die nicht von elektromagnetischen Gleichungen abgeleitet war:

$$h = \frac{H}{c} = 6.62606876 \ \text{E} - 34 \ \text{j} \cdot \text{s} \tag{1.46}$$

Das unerwartete Ergebnis dieser Beziehung ist, dass das zeitbasierte Wirkungsquantum von Planck nun aus dem gleichen Satz von elektromagnetischen Konstanten gewonnen werden kann, der die Konstante "H" definiert, indem die Gleichungen (1.45) und (1.46) kombiniert werden, die der Gemeinschaft diese neu etablierte Definition der Planck-Konstante zur Verfügung stellt, die strikt aus bekannten Fundamentalkonstanten ermittelt und aus experimentell bestätigten Gleichungen abgeleitet wurde, was derzeit sowohl im *CRC Handbook of Chemistry & Physics* [51] als auch in der Konstantenliste des *National Institute of Standards and Technology* (NIST) fehlt [50]:

$$h = \frac{e^2}{2\varepsilon_0\alpha c} = 6.62606876 \ \text{E} - 34 \ \text{j} \cdot \text{s} \tag{1.47}$$

1.25.2. Die elektrostatische Energie-Induktionskonstante

Metaphorisch gesprochen erlaubt die Planck-Konstante eine *horizontale* (d.h. *translatorische*) Erforschung der stabilen Orbitalzustände des Wasserstoffatoms, aber die Coulomb-Gleichung (1.41), die die gleiche Energie liefert, wurde verwendet, um *eine elektrostatische Energieinduktionskonstante* zu definieren, die eine *vertikale* (d.h. *axiale*) Erforschung des Wasserstoffatoms und seines Kerns ermöglicht.

Die erforderliche elektrostatische Energieinduktionskonstante, die in Referenz ([32], [8] Kapitel 14) K genannt wurde und als ein *Induktionsquantum* betrachtet werden konnte, wurde auf zwei verschiedene Arten festgelegt. Das erste Verfahren entstand aus der Analyse der Entkopplungsmechanik eines Photons der Energie 1.022 MeV in ein Elektron-Positron-Paar in der dreiräumlichen Geometrie, wie in Referenz ([31], [8] Kapitel 11) festgelegt, und das zweite Verfahren besteht einfach aus dem Multiplizieren der Gleichung (1.41) mit dem quadrierten r_B:

$$K = E_B \cdot r_B^{\,2} = \frac{e^2 \cdot r_B}{4\pi\,\varepsilon_o} = 1.220852596\mathrm{E}-38\,\mathrm{j}\cdot\mathrm{m}^2 \tag{1.48}$$

Mit dieser Konstante wurde es möglich, in den Wasserstoffkern *vertikal* einzudringen, oder sozusagen *axial*, durch Variieren des Abstands r zwischen zwei geladenen Teilchen in Gleichung $E=K/r^2$, und damit die genauen Mengen an adiabatischer Energie, die in jeder der inneren Komponenten des Protons und des Neutrons induziert werden (siehe **Tabelle 1.1**), zu bestimmen, um schließlich kohärente dreiräumliche LC-Gleichungen für die elektromagnetisch gespannten Elektronen und Positronen (siehe Gleichungen (1.37) und (1.38) und ihre Träger-Photonen, die die effektiven Massen und Volumen der Protonen und Neutronen bestimmen, wie unter Referenz ([32], [8] Kapitel 14) analysiert, zu erstellen.

1.26. Schwerkraft

Tatsächlich führt eine solche sozusagen vertikale Erforschung der atomaren und nuklearen Strukturen dazu, dass man sich der adiabatischen Natur der Energie bewusst wird, die in allen geladenen Teilchen, aus denen ihre Strukturen bestehen, induziert wird ([34], [8] Kapitel 19) ([43], [8] Kapitel 2), d.h. einer adiabatischen Energie, die sich nur in infinitesimaler gradueller Weise mit jeder Variation der sie trennenden Abstände verändern kann; eine Energie, die im Übrigen in keiner Weise von der Geschwindigkeit der Teilchen abhängt, sondern die sich jedes Mal, wenn es die örtlichen elektromagnetischen Verhältnisse erlauben, in Form dieser Geschwindigkeit manifestiert und die voll induziert bleibt, auch wenn diese Geschwindigkeit aufgrund der Zwänge, die durch lokale elektromagnetische Gleichgewichtszustände auferlegt werden, nicht ausgedrückt werden kann.

Wie in Referenzen ([10], Siehe auch Kapitel 2) und ([11], Siehe auch Kapitel 3) analysiert, bleibt die Impulsenergie jedes geladenen Teilchens, wenn diese Geschwindigkeit nicht ausgedrückt werden kann, dennoch induziert und kann dann nur noch einen *Druck* in der vektoriellen Richtung ausüben, die durch das lokale elektromagnetische Gleichgewicht auferlegt wird.

In atomaren Strukturen kann diese vektorielle Richtung aufgrund der Natur der Coulomb-Wechselwirkung nur in Richtung des Zentrums jedes Atoms verlaufen. Bei Ansammlungen von Atomen, die größere Massen bilden, scheint die Tendenz zu bestehen, dass dieser *Druck* tendenziell auf das Zentrum dem Massenschwerpunkt dieser Massen ausgeübt wird, was bei Massen wie beispielsweise der Erde deutlich wird, auf deren Oberfläche alle Objekte zu ihrem Massenschwerpunkt *angezogen* zu werden scheinen. Aber diese vermeintliche *Anziehung* kann nur der *Druck* sein, der durch die Gesamtsumme der einzelnen Impulsenergien jedes geladenen Teilchens ausgeübt wird, das jedes Objekt bildet, das gegen die Erdoberfläche aufgebracht wird, denn ihre vektorielle Anwendungsrichtung kann nur strukturell in Richtung des Erdmasseschwerpunkts sein ([10], Siehe auch Kapitel 2) ([11], Siehe auch Kapitel 3).

Zusammenfassend lässt sich sagen, dass das *Gewicht* eines Objekts, wie es an der Erdoberfläche gemessen wird, nur ein Maß für diesen *Druck* sein kann, der durch die Summe der einzelnen Impulsenergien ausgeübt wird, die vektoriell auf seinen Massenschwerpunkt ausgerichtet sind und zum gesamten Satz der einzelnen geladenen Teilchen gehören, die die messbare Masse dieses Objekts bilden. Wenn dieses Objekt über dem Boden angehoben und dann frei zu bewegen gelassen wird, kann die durch diese Summe von Impulsenergien erlaubte Geschwindigkeit wieder ausgedrückt werden, bis seine Bewegung wieder behindert wird, wenn das Objekt wieder auf die Erdoberfläche trifft, woraufhin es wieder einen Druck ausübt, der der Menge an Impulsenergie entspricht, die durch die Coulomb-Wechselwirkung in diesem Abstand zwischen jedem geladenen Teilchen dieses Objekts und jedem geladenen Teilchen der Erdmasse induziert wird ([43], [8] Kapitel 2).

Auf der astronomischen Ebene, die Himmelskörper des Sonnensystems scheinen in stabilen stationären Resonanzzuständen in mittleren Abständen von der Sonne gefangen zu sein, ähnlich dem de Broglie annahm, dass er für das Elektron im Wasserstoffatom gilt [58], d.h. von einem Zustand der axialen Resonanz, der durch sehr genaue minimale und maximale stabile Entfernungen vom Zentralstern, d.h. ihrem Perihel und Aphel, begrenzt ist. Diese beiden

Grenzabstände bilden zusammen mit dem mittleren Radius der elliptischen Umlaufbahn jedes Himmelskörpers drei stabile Referenzen, die eine klare Definition der Raumvolumina ermöglichen, die jeder Himmelskörper im Laufe der Zeit um den Zentralstern herum besucht.

Andererseits, im Gegensatz zum Fall des Wasserstoffatoms, wie in Referenz ([10], Siehe auch Kapitel 2) analysiert, bei dem die Intensität des im Elektron im mittleren Abstand vom Bohrradius induzierten Impulsenergiepegels eindeutig eine lokalisierte hochfrequente axiale Schwingungsbewegung statt einer Translationsbewegung entlang der theoretischen Bohrgrundumlaufbahn bevorzugt, das Niveau der adiabatischen Energie, die in jedem geladenen Teilchen der Erdmasse im mittleren Abstand von der Erdumlaufbahn induziert wird, nicht ausreicht, um eine solche hochfrequente axiale Schwingung zu erzeugen, da die Trägheit der makroskopischen Masse, von der jedes geladene Teilchen gefangen ist, die Stabilisierung der Himmelskörper in den beobachteten Zuständen der stationären Wirkung der Bewegung der Umlaufbahn eher begünstigt.

Das Raumvolumen, das jeder Himmelskörper um einen Zentralstern im Laufe der Zeit besucht, kann sich zu ziemlich komplexen Formen für Himmelskörper mit Satelliten entwickeln, was Schwebungsfrequenzen induziert, die die ansonsten regelmäßigen Volumen zyklisch ändern, die von Körpern ohne Satelliten besucht werden. Tatsächlich beeinflussen sich alle in solchen axialen Resonanzsystemen stabilisierten Körper gegenseitig die Flugbahnen und die Form der von ihnen besuchten Resonanzvolumina. Es ist diese Art der Wechselwirkung, kombiniert mit dem Bedeckungsprozess des Zentralsterns, wenn diese Körper zwischen diesem Stern und unserer Position im Weltraum wandern, die es ermöglichte, die vielen Planeten zu identifizieren, die nahegelegene Sterne umkreisen, die kürzlich entdeckt wurden.

Eine ähnliche elektromagnetische Dynamik, die von der Quantenmechanik (QM) definiert wurde, gilt auch auf der subatomaren Ebene für die Elementarteilchen, aus denen jedes Atom besteht, aus dem alle makroskopischen Massen bestehen, einschließlich unseres eigenen Körpers. In ihren Fällen wird jedoch aufgrund der Intensität der adiabatischen Energie, die in jedem geladenen Elementarteilchen bei so kurzen Abständen zwischen den Teilchen im Vergleich zu ihrer Trägheit induziert wird, eine hochfrequente axiale Stabilisierung gegenüber einer Orbitalbewegung deutlich bevorzugt.

Eine in den Referenzen ([45], [8] Kapitel 16) and ([61] , [8] Kapitel 15) initiierte und in der Referenz ([11], Siehe auch Kapitel 3) abgeschlossene

Analyse der Sequenz in abnehmender Reihenfolge der Intensitäten der verschiedenen stationären Wirkungszustände des elektromagnetischen Gleichgewichts, in denen sich Elementarteilchen stabilisieren können, zeigt, dass alle möglichen Fälle von Krafteinwirkung, die traditionell auf 4 Grundkräfte verteilt sind: 1) *Starke Wechselwirkung*, 2) *Schwache Wechselwirkung*, 3) *Elektromagnetische Kraft* und schließlich 4) *Gravitationskraft*; kann nur vier quantisierte Stufen der Coulomb-Wechselwirkungsintensität sein, die den verschiedenen Energieniveaus dieser gleichgewichtszustände der stationären Wirkung entsprechen.

Tabelle 1.2. Coulomb-Wechselwirkung quantisierte Intensitätsbereiche (siehe Referenz ([45], [8] Kapitel 16)).

Tabelle der elektrostatischen Attraktoren		
Name	Bereich	Zugehörige traditionelle Kraft
Primärer Attraktor	Zwischen elektromagnetisch gespannten Elektronen und Positronen in einem Proton oder Neutron	Stark
Sekundärer Attraktor	Zwischen elektromagnetisch gespannten Elektronen und Positronen, die zu verschiedenen Protonen und Neutronen in einem Kern gehören	Schwach
Tertiär Attraktor	Zwischen einem umlaufenden Elektron und jedem elektromagnetisch gespannten Positron eines Atomkerns und zwischen jedem Elektron und jedem elektromagnetisch gespannten Positron anderer Kerne in allen Atomen in der Nähe	Elektromagnetisch
Temporärer lokaler Attraktor	Zwischen Halbphotonen innerhalb eines Photons	Elektromagnetisch
Temporärer Fern-Attraktor	Zwischen jedem Halbphoton und jedem anderen heterostatischen Teilchen im Universum	Elektromagnetisch
Quaternärer Attraktor	Zwischen jedem geladenen Teilchen in einem Atom und jedem heterostatischen Teilchen im relativ freien Fall im Universum	Schwerkraft

So wie es sinnvoll erschien, die Begriffe "*up*" und "*down*" beizubehalten, um Positronen und Elektronen zu bezeichnen, die elektromagnetisch gespantet innerhalb von Nukleonenstrukturen sind, um Konsistenz mit dem Großteil der zuvor veröffentlichten Literatur zu gewährleisten, es scheint auch aus dem gleichen Grund sinnvoll zu sein, das leicht zu konzeptualisierende Konzept der *Attraktion* beizubehalten, um einzelne Erscheinungen der Coulomb-Wechselwirkung zwischen einem Paar von gegensätzlich signierten elektrisch geladenen Teilchen zu identifizieren. Also, um die Erstellung eines mentalen Bildes der verschiedenen Größenordnungen der elektrostatischen Krafteinleitung zwischen elektrisch geladenen Elementarteilchen zu erleichtern, wurde der Begriff "*Attraktor*" in Referenz ([45], [8] Kapitel 16) definiert, der die Idee verkörpert, dass ein *individueller-Umkehrung-des-Abstandes-Attraktor* zwischen jedem Paar dieser Elementarteilchen im Universum in Wechselwirkung sein würde. Aus Vereinfachungsgründen, daher, jedes Auftreten des mental einfach zu visualisierenden Konzepts einer elektrostatischen Anziehung zwischen einem Paar entgegengesetzt geladener Teilchen im Universum wird in **Tabelle 1.2** als einen *Attraktor* bezeichnet.

Es ist nun möglich, den Coulomb-Wechselwirkungsgradient in vier Intensitätsbereiche aufzuteilen, deren Grenzen den verschiedenen Bereichen der stationären Wirkungsresonanzintensitäten entsprechen, die in der Natur identifiziert werden können (**Tabelle 1.2**). Wie in Referenz ([45], [8] Kapitel 16) relativiert, das intensivste Niveau wird durch die Resonanzzustände bestimmt, die die interagierenden elektromagnetisch gespannten Elektronen und Positronen charakterisieren, die die interne streubare Struktur von Nukleonen bilden, die der traditionellen *starken Wechselwirkung* entspricht. Die zweite Ebene betrifft die Stabilitätszustände von Nukleonen in Atomkernen, die der traditionellen *schwachen Wechselwirkung* entspricht. Die dritte Ebene betrifft elektronische Resonanzzustände innerhalb von Atomen und Molekülen sowie zwischen Atomen und Molekülen, die in jeder Materieansammlung in direktem Kontakt miteinander stehen, entsprechend der traditionellen *elektromagnetischen Kraft*. Und schließlich gilt eine vierte und letzte Intensitätsstufe für jedes Atom, Molekül und jede größere Masse in einem Zustand des freien Falles der kleinsten Wirkung, einschließlich diejenigen, die in stationären Wirkungsorbits auf der astronomischen Ebene gefangen sind, und entspricht der traditionellen *Schwerkraft*.

Diese verschiedenen Ebenen der adiabatischen Trägerenergieinduktionsintensität durch die Coulomb-Wechselwirkung, von denen eine der Hauptkomponenten ihr transversaler elektromagnetischer Energiezuwachs ist, der einem variablen Zuwachs an permanent induzierter adiabatischer Masse entspricht, der für jedes vorhandene geladene Teilchen vorgesehen ist, können dann direkt mit den 4 Kräften des Standardmodells in Beziehung gesetzt werden, wie in Referenz ([45], [8] Kapitel 16) relativiert; vier Kräfte, die sich letztendlich als einfache alternative Darstellungen der verschiedenen Intensitätsstufen der Anwendung einer einzelnen *Kraft* erweisen, nämlich die zugrunde liegende adiabatische Energieinduktion Coulomb-Wechselwirkung, wie in Referenz ([11], Siehe auch Kapitel 3) analysiert.

1.27. Nukleonen Expansion / Kompression in Abhängigkeit von der Intensität des Gravitationsgradienten

Die Tatsache, dass das Impuls-Halbquant der adiabatischen Energie, das durch die Coulomb-Wechselwirkung in jedem Elektron permanent induziert wird, axial zum Zentrum jedes einzeln betrachteten Atoms ausgerichtet ist, und dass diese Energie nur dann als ein Druck ausgedrückt werden kann, der zum Zentrum des Atoms gerichtet ist, wenn sie nicht als Geschwindigkeit ausgedrückt werden kann, wie in Referenz ([10], Siehe auch Kapitel 2) analysiert und beschrieben, hat auch die Konsequenz, dass, wenn sich Atome zu größeren Massen ansammeln, die vektorielle Folge aller Wechselwirkungen zwischen Elektronen und Kernen, die sich in unmittelbarer Nähe angesammelt haben, dazu neigen, die Anwendungsrichtung dieser Impulshälfte auf das Zentrum solcher Massen auszurichten, was zu einer Addition ihres individuellen Drucks in Richtung des Zentrums dieser Massen führt.

Wenn diese Anhäufungen von Atomen ausreichen, um makroskopische Massen zu bilden, kann der daraus resultierende Druckanstieg durch Addition mit zunehmender Tiefe in diesen Körpern nur zu einer erzwungenen Kontraktion der äußeren elektronischen Orbitale ihrer Atome zu jedem ihrer Kerne führen, wie in Referenz ([45], [8] Kapitel 16) relativiert und in Referenz ([43], [8] Kapitel 2) eingehend analysiert.

Es ist gut belegt, dass die Wärme mit der Tiefe in der Erdmasse zunimmt [62]. Es ist aber auch sehr wohl verstanden, dass Wärme in makroskopischen Massen nichts anderes ist als eine Erhöhung der Energie der Elektronen der Atome, eine Erhöhung, die, wenn sie bestimmte, für jedes Atom spezifische Werte überschreitet, die Elektronen der äußeren Schichten dieser Atome zwingt, auf eine metastabile Orbitalebene zu springen, die weiter von jedem beteiligten Kern entfernt ist. Da diese Werte extrem instabil sind, kehren diese Elektronen fast sofort auf ihrer stabilen stationären Wirkungs-Orbital zurück, indem sie dann ein Bremsstrahlungsphoton emittieren, das die als elektromagnetisches Photon angesammelte Energie (d.h. Wärme) evakuiert, deren Emissionsmechanik im nächsten Abschnitt analysiert wird

Im Falle einer solchen Wärmezunahme mit der Tiefe in Planetenmassen wie der Erde ist es gut bekannt, dass diese Zunahme adiabatisch ist [62] und nur mit einer adiabatischen Energiezunahme durch Kompression der elektronischen Orbitale in Richtung ihrer zentralen Atomkerne zusammenfallen kann, denn es ist die daraus resultierende größere Nähe zwischen Elektronen und Kernen, die bewirkt, dass die Coulomb-Wechselwirkung diese erhöhte Energie in Abhängigkeit von der Umkehrung des Abstands zwischen den Elektronen und den Kernen induziert.

Da die Atome in diesen Massen jedoch in direktem Kontakt miteinander stehen und dieser Druck konstant ist, kann diese überschüssige adiabatische Energie nicht durch die Emission elektromagnetischer Photonen evakuiert werden und nimmt mit zunehmender Tiefe in der Masse einfach zu, wenn sich die unverlierbaren Elektronen der äußeren elektronischen Schichten der Atome mit zunehmender Tiefe den Kernen immer mehr nähern, bis eine geschätzte Temperatur von etwa 5100 Grad Kelvin im Zentrum der Erde erreicht wird [62], wie in Referenz ([43], [8] Kapitel 2) analysiert.

Folglich führt diese Kompression der Elektronenorbitale im Zentrum der sich bildenden proto-stellaren Massen, zum Beispiel, nach einer ausreichenden Akkumulation von interstellarem Wasserstoffatome dazu, dass die Wasserstoffatome Elektronen schließlich die Entfernung zum Proton erreichen, die mit der Induktion einer Trägerenergie in jedem Elektron zusammenfällt, das die kritische Entkopplungsschwelle von 1.022 MeV erreicht, für diejenigen im Zentrum der Proto-Stellarmasse, bei denen die Entkopplung zu Elektron-Positron-Paaren durch die unmittelbare Nähe der hochfrequenten Resonanzladungen des Protons erzwungen wird, was zur Bildung von Neutronen mit enormer Bremsstrahlungsenergieemission führt, die die Kernfusionsketten-Reaktion in Sternen löst aus und sie anschließend aufrechterhalten werden, wie in der Referenz ([45], [8] Kapitel 16) analysiert.

Ein Nebeneffekt der Kontraktion der elektronischen Orbitale gegenüber Kernen mit zunehmender Tiefe in makroskopischen Massen wie z.B. Planetenmassen ist, dass sich diese Atomkerne mit der zunehmenden Tiefe in der Masse immer mehr einander annähern, wobei diese verringerten Abstände die Coulomb-Wechselwirkung zwischen den Kernen dieser Atome verstärken.

Das Ergebnis ist eine Zunahme des nach außen gerichteten *Ziehens*, an dem die Coulomb-Wechselwirkung auf alle Ladungen jedes Nukleons der verschiedenen Kerne beteiligt ist, was eine Zunahme der *Translation/Resonanz*-Abstände jeder Triade in Bezug auf ihre X-x Mittelachse der

Translation/Resonanz im X-Raum erzwingt, wodurch die Menge der adiabatischen Energie, die in ihren Träger-Photonen induziert wird, verringert wird, wodurch die effektive Masse aller Nukleonen mit der zunehmenden Tiefe in makroskopischen Massen verringert wird, wie in Referenzen ([32], [8] Kapitel 14) ([45], [8] Kapitel 16) analysiert.

Auf der anderen Seite, wenn kleine Massen von der Erdoberfläche weggenommen werden, kann der gegenteilige Effekt nur strukturell auftreten, denn die Energie der elektromagnetisch gespannten Elektronen- und Positronen-Träger-Photonen der Kerne der Atome, die so kleine Massen bilden, kann nur vermindert sein, durch die Vergrößerung der Abstände zwischen ihnen und allen elementar geladenen Teilchen, aus denen sich die Erdmasse zusammengesetzt ist, was zu einer Verringerung der *Translation/Resonanz*-Abstände innerhalb jeder Triade der kleinen Masse gegenüber ihrer normalen X-x-Achse als Folge der Schwächung der Coulomb-Wechselwirkung zwischen den Ladungen dieser kleinen Massen und denen der Erde führt.

Diese Kontraktion der Nukleonorbitale innerhalb der Nukleonen von Atomkernen, die so kleine Massen bilden, die sich von der Erde wegbewegen, kann nur zu einer proportionalen Kontraktion der elektronischen Orbitale dieser Atome führen, deren messbare Folge die Zunahme der adiabatischen Energie ist, die bei diesen kürzeren Abständen zwischen den gebundenen Elektronen und den Kernen induziert wird, und damit in einer Erhöhung der elektromagnetischen Frequenz der Bremsstrahlungs-Photonen, die von Elektronen emittiert werden, die kurzzeitig angeregt werden und sich auf eine metastabile Orbital weiter vom Kern entfernt bewegen, da sie bei der Rückkehr zu ihren stationären Wirkungsorbitalen fast sofort deerregt werden.

In der Tat kann es nur diese Massezunahme von Atomkernen mit zunehmender Höhe über der Erdoberfläche sein, die wirklich die Zunahme der Frequenz von Bremsstrahlungsphotonen erklärt, die in einer Atomuhr während des zuvor erwähnten Hefele- und Keating-Experiments [55] zur Messung des Zeitflusses verwendet werden, angeblich mit dem Nachweis einer angeblichen Beschleunigung der Rate des *Zeitflusses* mit der Höhe, der dann als *Beweis* für die Gültigkeit von SR betrachtet wird ([45], [8] Kapitel 16); was eine Schlussfolgerung ist, die erreicht wurde, bevor die adiabatische Natur der Impulsenergie und der permanent induzierten magnetischen Querfeldenergie in jedem geladenen Elementarteilchen verstanden wurde.

In Wirklichkeit, solche Atomuhren, deren Genauigkeit von der Frequenz der Bremsstrahlungs-Photonen abhängt, die von entregende Elektronen emittiert werden, bleiben genau, solange sie nicht von dem Ort, an dem sie kalibriert wurden, bewegt werden. Jede axiale Verschiebung im Gravitationsgradienten oder Veränderung des Bewegungszustands, wie sie beispielsweise bei der Verwendung in einem umlaufenden Satelliten auftritt, erfordert eine Neukalibrierung, die das lokale elektromagnetische Gleichgewicht berücksichtigt.

Schließlich finden die systematischen *Anomalien*, die über die Flugbahnen aller Raumsonden beobachtet werden, die bei den Raumsonden Pioneer 10 und 11 ausführlich über ihre Fluchtflugbahnen aus dem Sonnensystem veröffentlicht werden, die sich alle systematisch im Weltraum verhalten, als wären sie etwas massiver als vor dem Start am Boden gemessen, auch eine logische Erklärung in der zuvor analysierten Tatsache, dass die Ruhemassen von Nukleonen und makroskopischen Massen in Abhängigkeit von jeder axialen Verschiebung des Gravitationsgradienten nur durch Struktur variieren können.

Es besteht dann kein Zweifel, dass die *Anomalien* der elliptischen Trajektorien von Uranus, Neptun und Pluto sowie der Kometen Halley, Encke, Giacobini-Zinner, Borelli und anderer, die systematischen Abweichungen unbekannter Herkunft unterliegen, wie von R.W. Kühne erwähnt [54], und in der Tat alle elliptischen Flugbahnen der Planeten des Sonnensystems würden davon profitieren, wenn man diese Variabilität ihrer Ruhemassen in Abhängigkeit von ihrer Axialschwingung im Gravitationsgradient der Sonne und der Variation ihres transversalen Magnetfeldes in Abhängigkeit von ihrer variablen Geschwindigkeit auf ihren elliptischen Flugbahnen überdenken würde.

1.28. Die Bremsstrahlung Photonen-Emissionsmechanik

Nun, da die wichtigsten Schlussfolgerungen, die in der Vergangenheit über Elementarteilchen gezogen wurden, die aus bereits gesammelten vertrauenswürdigen experimentellen Daten stammen, wurden im Hinblick auf Maxwells erste Interpretation, die de Broglie-Hypothese und Marmets Ableitung im breiteren Rahmen der dreiräumlichen Geometrie in Perspektive gesetzt, betrachten wir nun die Bremsstrahlung Photonen-Emissionsmechanik, die diese Geometrie erlaubt, d.h. eine Emissionsmechanik, auf deren Etablierung de Broglie und Schrödinger sich in den 1920er Jahren freuten, die aber damals in der Gemeinschaft wenig Interesse hervorrief, da es keinen potenziellen

Lösungsweg gibt, der zu diesem Zeitpunkt untersucht werden könnte ([10], Siehe auch Kapitel 2).

Zu diesem Zweck werden wir den speziellen Fall eines Elektrons analysieren, das dabei ist, von einem Proton eingefangen zu werden, um ein Wasserstoffatom zu bilden, dessen endgültiger stabiler Gleichgewichtszustand der *kleinsten* Wirkung, genauer beschreibbar als ein Zustand der *stationären* Wirkung, in Reference ([10], siehe auch Kapitel 2) analysiert wurde. Bevor wir zur Beschreibung der eigentlichen Emissionsmechanik übergehen, wollen wir einige numerische Zahlen zur Trägheit der verschiedenen beteiligten Energiemengen relativieren.

Unmittelbar vor dem Einfangen und Stabilisieren im mittleren Ruheorbitalabstand vom Proton (a_o=5.291772083E-11 m) hat das Elektron die relativistische Geschwindigkeit von 2187647.561 m/s erreicht, angetrieben durch die genaue Menge an ΔK-Impulsenergie, die sein Träger-Photon in diesem Abstand angesammelt hat, als es in Richtung des Protons beschleunigte ([43], [8] Kapitel 2):

$$E_K = \Delta K = m_o c^2 (\gamma - 1) = 2.17978483 \ 2\text{E} - 18 \ \text{j} \tag{1.49}$$

Diese Geschwindigkeit erzeugt die *Vorwärtsträgheit* der Menge der Impulsenergie (13.6 eV), die zu ihrer eigenen Evakuierung als ein elektromagnetisches Bremsstrahlungsphoton führen wird, wenn die Vorwärtsbewegung des Elektrons plötzlich zum Stillstand als einen ersten Schritt zur Herstellung seines stabilen axial stationären Orbitalzustandes gebracht wird. Zusätzlich zu der durch diese Impulsenergie bereitgestellten Vorwärtsträgheit beinhaltet die Gesamtträgheit des einfallenden Elektrons auch die Trägheit der Gesamtenergiemenge, aus der sich sein Träger-Photon-Querhalbquant und die seiner unveränderlichen Ruhemasse ($E=m_o c^2$=8.18710414E-14 j) zusammensetzt, die beide während des Stabilisierungsprozesses nicht evakuiert werden:

$$E_e = \Delta K + \Delta m_m c^2 + m_0 c^2 = 8.187540114\text{E} - 14 \ \text{j} \tag{1.50}$$

Gleichung (1.50) ist eigentlich die neue dreiräumliche Energie-Impuls-Gleichung, die die traditionell mit SR verbundene Energie-Impuls-Gleichung (2.41) ersetzt (Siehe Abschnitt 3.5.1 und auch Anhang A). Andererseits hängt die *stationäre Trägheit* des Protons, in Richtung der das Elektron beschleunigt, von einer viel größeren Energiemenge ab:

$$E_p = m_p c^2 = 1.50327730 \ 7\text{E} - 10 \ \text{j} \tag{1.51}$$

Also, wird das wohl bekannte Verhältnis der Trägheiten der beiden interagierenden Komponenten natürlich sein:

$$\frac{E_e}{E_p} = \frac{1}{1836054891} \tag{1.52}$$

Wir können beobachten, dass die Vorwärtsträgheit des einfallenden Elektrons 4 Größenordnungen kleiner ist als die stationäre Trägheit des Protons, dessen Magnetfelder seine Komponente sind, die die Bewegung des Elektrons aufhören wird, indem sie im Gegendruck gegenüber denen des einfallenden Elektrons interagieren, aufgrund der abstoßenden gegenseitigen parallelen magnetischen Spin-Ausrichtung, die durch Struktur auferlegt wird, wie in Referenz ([10], Siehe auch Abschnitt 2.20) deutlich in Perspektive gesetzt. Aber das reale Missverhältnis zwischen der Vorwärtsträgheit der Elektronimpulsenergie und der stationären Trägheit des Protons wesentlich größer ist:

$$\frac{E_K}{E_p} = \frac{1}{6896448149} \tag{1.53}$$

Dieses Verhältnis zeigt, dass, während die Vorwärtsträgheit des einfallenden Elektrons durch eine stationäre Trägheit nahe dem 2000-fachen seiner eigenen Trägheit entgegengewirkt wird, die Vorwärtsträgheit der Impulsenergie des einfallenden Elektrons, die während des Stillstandsprozesses aus dem Elektron-Protonensystem evakuiert wird, durch eine stationäre Trägheit nahe dem 69 Millionenfachen seiner eigenen Vorwärtsträgheit entgegengewirkt wird, wenn das Elektron mit einem beträchtlichen Anteil der Lichtgeschwindigkeit eintritt. Dieses Verhältnis stellt in eine sehr klare Perspektive dar, wie Augenblicklich die Vorwärtsbewegung dieser Impulsenergie zum Proton während des Stoppvorgangs konterkariert wird.

Allerdings, im Gegensatz zur Impulsenergie eines sich bewegenden Objekts, das beispielsweise auf unserer makroskopischen Ebene gegen eine Wand stößt, die wir experimentell kennen, werden an die Wand übertragen, wenn das Objekt auf sie trifft, wissen wir auch experimentell, dass die Impulsenergie des einfallenden Elektrons nicht an das Proton kommuniziert wird, sondern als ein detektierbares und messbares abgehendes elektromagnetisches Photon, das sich mit Lichtgeschwindigkeit bewegt, direkt aus dem Elektron-Protonensystem ausgestoßen wird, mit Energie 2.179784832E-18 j, Wellenlänge 9.113034513E-8 m und Frequenz 3.289710552E15 Hz.

Die Frage, wie die Trennung und der Ausstoß dieses Bremsstrahlungsphotons mechanisch voranschreitet, die seit Louis de Broglie und Erwin Schrödinger in den 1920er Jahren der Untersuchung dieses Prozesses begann, anhängig war ([10], Siehe auch Kapitel 2), aber es war nicht wirklich möglich, ihn zu lösen, bevor die zuvor beschriebene erweiterte Maxwell-konforme Dreiraumgeometrie erarbeitet war und im Jahr 2000 auf der Veranstaltung Congress-2000 [28] vorgestellt wurde.

Diese neue Raumgeometrie ermöglicht nun das Verständnis, dass, obwohl das Elektron und sein Träger-Photon plötzlich in ihrer Vorwärtsbewegung zum Proton gestoppt werden, während sie abrupt in der mittleren Grundzustandorbitaldistanz vom Proton in einem Wasserstoffatom eingefangen werden, die Vorwärtsbewegung ihrer mit Gleichung (1.49) berechneten ΔK-Impulsenergiekomponente wird in ihrer Vorwärtsbewegung nicht *innerhalb* der internen dreiräumlichen Struktur des Elektron-Träger-Photons gestoppt (**Abbildung 1.3-a** und **1.3-b**), deren drei getrennte Räume ihrer dreiräumlichen inneren Konfiguration als Kommunikationsgefäße wirken ([15], [8] Kapitel 6), nämlich eine Vorwärtsträgheit der gesamten Energie elektromagnetischer Photonen, die durch Einsteins fotoelektrischen Beweis, d.h. im Kontext $E=\Delta K+\Delta m_m c^2$, bestätigt wurde.

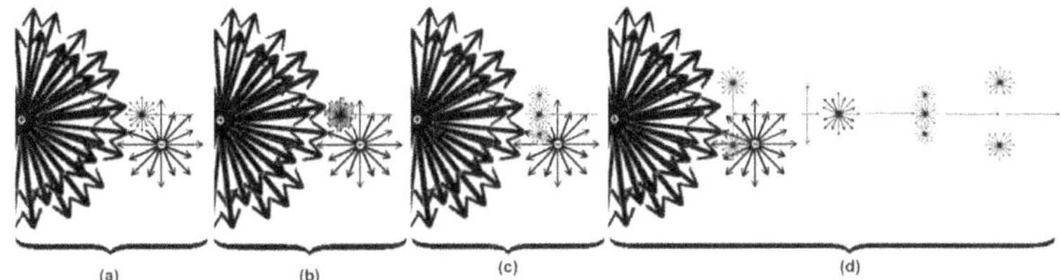

Abbildung 1.8: Darstellung einer Bremsstrahlungsphoton-Emissionsmechanik.

Der Schlüssel zum Verständnis, warum die Bewegung des ΔK Impulsenergie-Halbquant des Elektron-Träger-Photons nicht innerhalb dem Träger-Photon gestoppt wird, auch wenn das letztere selbst in seiner Vorwärtsbewegung gestoppt wird, bezieht sich auf Schritt (c) seines dreiräumlichen elektromagnetischen Zyklus, wie in **Abbildung 1.4** dargestellt, der der Schritt ist, während des transversalen Oszillationszyklus des Halbquantums $\Delta m_m c^2$, bei dem alle seine transversale Energie ihr maximales Volumen im magnetostatischen Z-Raum erreicht (**Abbildung 1.3**).

Die Art und Weise, wie die vorwärts bewegende Impulsenergie ΔK des vom Proton erfassten Elektrons zunächst in den Z-Raum übergeht, als sie durch ihre eigene Vorwärtsträgheit durch den zentralen Punkt-ähnlichen Verbindungsbereich gezwungen wird, der die drei Räume verbindet, durch die

die Energie des Partikels innerhalb ihres eigenen dreiräumlichen Komplexes frei hindurchgeht; und dann während der elektrischen Phase des Transversaloszillationszyklus des Träger-Photons (**Abbildung 1.4-e**), rückwärts als ein magnetischer Impuls ausgestoßen wird, da sich die im Y-Raum getrennten Ladungen während des Elektronstoppvorgangs als eine Dipolantenne fester Länge verhalten [63], kann in einer vierstufigen Sequenz zusammengefasst werden, die mit **Abbildung 1.8** dargestellt ist.

Abbildung 1.8-a stellt das Elektron dar, das von seinem Träger-Photon begleitet wird, das intern Schritt **1.4-c** (**Abbildung 1.4-c**) seines transversalen Schwingungszyklus erreicht, wenn ihre beiden Magnetfelder mit dem relativ großen Magnetfeld des Protons kollidieren, während sie sich gegenseitig abstoßen, indem sie sich vorübergehend alle in paralleler magnetischer Spinausrichtung befinden, wie in Referenz ([10], Siehe auch Kapitel 2) analysiert.

Abbildung 1.8-b stellt den zweiten Schritt des Auswurfs dar, und veranschaulicht die tatsächliche Stoppsequenz, als die vollständige Ergänzung der ΔK=2.179784832E-18 J Impulsenergie wurde gerade durch seine eigene Vorwärtsträgheit in den Z-Raum getrieben, die tatsächlich kurzzeitig die Energiemenge des Magnetfeldes des einfallenden Träger-Photons verdoppelt, eine Verdoppelung, die durch eine erhöhte visuelle Dichte der Träger-Photonen-Magnetkugel grafisch dargestellt wird:

$$2 \cdot \Delta \mathbf{B} = 2 \cdot \frac{\mu_0 \, \pi \, e \, c}{\alpha^3 \lambda^2} = 470103.4692 \, \text{T} \tag{1.54}$$

wobei λ=4,556335256E-8 m, das die Wellenlänge des Elektron-Träger-Photons zu Beginn des Stoppvorgangs ist, die durch die die magnetische Abstoßung zwischen seinen Magnetfeld und denen des Protons verursacht wird.

So wie es aussieht, sollte diese momentane Verdoppelung des Elektron-Träger-Photonen-Magnetfeldes, wenn das Elektron beginnt, im Grundzustand des Wasserstoffatoms eingefangen zu werden, als ein registrierbarer magnetischer Intensitätspeak erkennbar sein, der mit der Bremsstrahlungs-Photonenemission zusammenfällt, was die gegenwärtige Photonenemissions-Mechanik direkt bestätigen würde.

Vielleicht hat bereits etwas anderes die Aufmerksamkeit des Lesers in **Abbildung 1.8-b** auf sich gezogen. Obwohl die Impulsenergie, die ursprünglich zum X-Raum gehörte und durch den nach links gerichteten Pfeil, der zur Träger-Photonen-Magnetkugel in **Abbildung 1.8-a** führt, dargestellt wurde, als durch ihre eigene Vorwärtsträgheit in den Z-Raum gezwungen worden zu sein, um mit der bereits vorhandenen magnetischen Energie, wie mit Gleichung (1.54) berechnet, zu addieren, ein identischer Pfeil ist in **Abbildung 1.8-b** noch vorhanden. Dies erfordert eine zusätzliche Erklärung, denn dies ist keine Falschdarstellung, denn da sowohl das Elektron als auch das Proton elektrisch entgegengesetzt geladen sind, erlaubt die Coulomb-Wechselwirkung strukturell nicht, dass in diesem Abstand vom Proton, keine Impulsenergie im Elektron-Träger-Photon induziert wird, wie in Referenz ([43], [8] Kapitel 2) relativiert.

Außerdem, Referenz ([52], [8] Kapitel 10) relativiert deutlich, dass eine klare Unterscheidung getroffen werden muss zwischen einer *nicht kompensierten mechanisch induzierten Rotations- oder Translationsbewegung* und einer *permanent kompensierten elektrostatisch oder Schwerkraft induzierten Rotations- oder Translationsbewegung.* Eine solche *nicht kompensierte* Bewegung charakterisiert den Zustand eines Satelliten, der beispielsweise in eine metastabile Trägheitsumlaufbahn um die Erde gestartet wird, oder jedes Objekt, das mit einem einzigen Anfangsimpuls künstlich auf unserer makroskopischen Ebene gedreht wird. Die Umlaufbahn eines solchen künstlichen Satelliten verschlechtert sich immer, so dass der Satellit abstürzt, und die Drehung eines solchen künstlich gedrehten Objekts immer stoppt, im Gegensatz zu der natürlichen und *permanent kompensierten* Umlaufbahn der Erde zum Beispiel und seiner natürlichen und *permanent kompensierten* Drehung. In Anbetracht der klaren Korrelation, die zuvor zwischen translations- oder Rotationsbewegungen, und den Zuständen der stationären Resonanz die hergestellt wurde, gehört das Einfangen und Stabilisieren eines Elektrons im Resonanzorbital eines Wasserstoffatoms eindeutig zur Kategorie *permanent kompensiert*, wie in Referenz ([43], [8] Kapitel 2) relativiert.

Da sich die Menge der Impulsenergie ΔK, die durch die Coulomb-Wechselwirkung in genau dieser Entfernung vom Proton induziert wird, keineswegs von 13.6 eV unterscheiden kann, kann man daraus schließen, dass beim Evakuieren der anfänglichen Menge der vorwärts sich bewegenden ΔK-Impulsenergie aus dem X-Raum in den Z-Raum eine Ersatzmenge von 13.6 eV der ΔK-Impulsenergie synchron durch die permanent wirkende Coulomb-Wechselwirkung adiabatisch in den X-Raum induziert werden muss, eine Energie, deren vektorielle Anwendungsrichtung jetzt wie ein *stationärer Druck* in Richtung des Protons ausgedrückt wird, der sozusagen den permanenten Gegendruck erhöht, der zwischen den beteiligten parallel ausgerichteten Magnetfeldern entsteht ([10], Siehe auch Kapitel 2). Das bedeutet, dass das

Träger-Photon momentan 40.8 eV der Energie umfasst, einschließlich nun des momentanen Magnetfeldes mit doppelter Intensität, bis der 13.6 eV, der vorübergehend in den Z-Raum transferiert wird, anschließend als ein separates elektromagnetisches Photon wie folgt evakuiert wird.

Abbildung 1.8-c stellt den Aufbau der metaphorischen Dipolantenne dar, die die überschüssige 13.6 eV Energie als ein elektromagnetisches Photon abgeben wird. Als das Träger-Photon-Magnetfeld sein maximales *Anwesenheit* im Z-Raum erreichte, wie in **Abbildung 1.8-b** dargestellt, war das zugehörige elektrische Dipolfeld des Trägerphotons im Y-Raum auf null *Anwesenheit* gesunken, die den beiden Stäben einer Dipolantenne fester Länge neutral zu sein entspricht, wenn kein Wechselstrom an die Antenne angelegt wird [63] .

Wenn sich die in **Abbildung 1.8-c** dargestellte magnetische Energie in den elektrostatischen Y-Raum zu bewegen beginnt, baut sich auf natürliche Weise die Energie in den elektrostatischen Träger-Photon-Y-Raum als zwei entgegengesetzte Ladungen auf, die sich in entgegengesetzter Richtung auf der Y-y/Y-z-Ebene bewegen ([15], [8] Kapitel 6) ([34], [8] Kapitel 19), wodurch die beiden entgegengesetzten Ladungen schließlich ihren maximal zulässigen Wert erreichen, die in genau diesem Moment, kann den maximal zulässigen Mittelwert der transversalen E-Feldenergie von 2,179784832E-18 J (13,6 eV) bei diesem Abstand zwischen dem positiv geladenen Proton und dem negativ geladenen Elektron nicht überschreiten, der den maximal zulässigen Mittelwert der transversalen E-Feldenergie von 2.179784832E-18 J (13,6 eV) in diesem Abstand zwischen dem positiv geladenen Proton und dem negativ geladenen Elektron, der zusammen mit dem neu induzierten gleichberechtigten Impulsenergiewert, der durch die Coulomb-Wechselwirkung adiabatisch in diesem mittleren Abstand aufrechterhalten wird, das Elektron *stationär unter Druck* setzt, gegen das Magnetfeld des Protons.

Es ist diese maximale E-Feld-Energiebegrenzung, die durch die Coulomb-Wechselwirkung erzwingt wird, die bewirkt, dass der plötzlich maximierte Abstand zwischen beiden Ladungen im Y-Raum vorübergehend ähnlich wie die beiden Dipolantennenstäbe mit fester Länge wirkt, was die zusätzliche Energie ermöglicht, die in den Z-Raum gedrückt wurde, die ursprünglich aus dem X-Raum kommt, um nun in den Y-Raum zu gelangen und die nun vorübergehend fixierte maximierte Länge des Y-Raum-Dipols zu überlasten, wodurch die überschüssige 13.6 eV-Energie als einen Magnetimpuls im magnetostatischen Z-Raum abgibt wird, in der gleichen Weise, wie elektromagnetische Energieimpulse von einer ganz normalen Dipolantenne auf unserer makroskopischen Ebene ausgesendet werden, wie mit **Abbildung 1.8-d** dargestellt.

Hier stellt sich die Frage, warum das Elektron nicht einfach vom Proton weg fliegt, wie es allgemein bekannt zu tun ist, wenn genau diese Menge an ΔK=2.179784832E-18 J Energie, die sie jetzt schon besitzt, von einem einfallenden elektromagnetischen Photon bereitgestellt wird, was der Fall ist, der im nächsten und letzten Abschnitt dieses Kapitels behandelt wird? Die Antwort ist in diesem speziellen Fall wirklich einfach und wird gegeben, indem man sich einfach bewusst wird, dass die ganze praktisch augenblickliche Sequenz, die durch **Abbildung 1.8** dargestellt ist, tritt auf, während die *Vorwärtsträgheit* der Gesamtenergiemenge, aus der sich die elektron-Invarianteruhemasse und ihr Träger-Photon hergestellt sind, übt seinen maximalen Druck gegen das Magnetfeld des Protons aus, was kurzzeitig jede Möglichkeit unterdrückt, das Elektron in genau diesem Moment ausgestoßen zu werden, und auch jede Möglichkeit, dass der Abstand zwischen dem Elektron und dem Proton während dieses so kurzen Stoppsequenz-Prozesses variiert.

Unmittelbar nachdem sie vom elektrischen Dipol des Y-Raums in den Z-Raum gejagt wurde, wird das erste, was mit der freigesetzten Energie passieren wird, die Übertragung der Hälfte ihrer Energie vom Z-Raum in den X-Raum sein, innerhalb einem neuen Satz dreiräumlichen kommunizierender Gefäße, um das Impulsenergie-Halbquant zu bilden, die dann das neue Photon mit Lichtgeschwindigkeit vom Proton im ersten Schritt der Wiederherstellung seines natürlichen dreiräumlichen elektromagnetischen Gleichgewichts weg vorantreibt. Sobald beide Energiehalbquanten ihren standardmäßig Längs- und gleich Quantenenergieniveaus erreicht haben, wie sie nach de Broglies Hypothese und nach Marmet's Ableitung bestimmt werden konnte, die Energie ihres transversalen magnetischen B-Feldes beginnt natürlich quer zu schwingen, indem sie in den Y-Raum übergeht, um das entsprechende E-Feld zu induzieren, und so die stabile transversale elektromagnetische Schwingung des neuen Bremsstrahlungsphotons auslöst, das sich nun frei mit Lichtgeschwindigkeit bewegt, wie in **Abbildung 1.8-d** ([15], [8] Kapitel 6) dargestellt.

Beachten Sie, dass der gesamte Prozess zwar eine spürbare Zeit in Anspruch genommen hat, um ihn zu beschreiben, die tatsächliche Abfolge der Ereignisse, die dazu führen, dass das Elektron, während es von einem Proton erfasst wird, in einen momentanen Stillstand kommt, aufgrund der Geschwindigkeit des einfallenden Elektrons praktisch sofort erfolgen muss, kombiniert mit der Tatsache, dass die gesamte Sequenz definitiv während des flüchtigen

Halbzyklus der Träger-Photonen-Querschwingung abgeschlossen werden muss, beginnend mit ihrer parallelen magnetischen Spinausrichtung (**Abbildung 1.4-c**) in Bezug auf die Spinorientierung des Magnetfeldes des Protons und endend mit der maximalen E-Feld-Ladungstrennung (**Abbildung 1.4-e**), wie am Anfang von **Abbildung 1.8-d** dargestellt; die gesamte Sequenz tritt, wie bereits erwähnt, auf, während die Trägheit des invarianten Ruhemasse des Elektrons und der kurzzeitig invarianten Masse seines Träger-Photons, maximalen Druck gegen das Magnetfeld des Protons ausüben ([10], Siehe auch Abschnitt 2.20).

1.29. Die elektromagnetische Photonen-Absorptionsmechanik

Sobald das Bremsstrahlungsphoton ausgestrahlt wurde, die *Vorwärtsträgheit* der Invariantenmasse/Elektromagnetfelder des Elektrons und der Variablenmasse/ Elektromagnetfelder seines Träger-Photons wird aufgrund ihrer Einfallsgeschwindigkeit durch ihre standardmäßige *stationäre Trägheit* ersetzt, zu dem der *adiabatisch variable Vorwärtsdruck* das neu induzierte ΔK Träger-Photon-Impulsenergie-Halbquant hinzukommt, die permanent in Richtung des Protons ausgerichtet ist, die gemeinsam im Gegendruck gegenüber der *oszillierenden*, aber dennoch *stationären Trägheit* der viel größeren Masse/Elektromagnetfelder des Protons zusammenwirken, wobei diese Wechselwirkung das Elektron auf seinem axialen Resonanzflugbahn innerhalb des stationären Wirkungsvolumens des Raumes, das Schrödinger mit der Wellengleichung beschreiben wollte [18], wie in Referenz ([10], Siehe auch Abschnitt 2.20) beschrieben, aufbaut und hält.

Jetzt dass nur der permanente *Vorwärtsdruck*, der ausgeübt wird, durch die kürzlich und adiabatisch induzierte Impulse ΔK, verhindert, dass das Elektron entweicht, und dass der *momentane Druck*, der zunächst durch die *Vorwärtsträgheit* der elektromagnetischen Felder des Elektrons und des Träger-Photons auf das Proton ausgeübt wurde, die zunächst verhinderte, dass die Elektron-Träger-Photon-Querenergie der E-Feld ihren ankommenden Anfangswert von 2.179784832E-18 j überschreiten konnte, nicht mehr in Aktion ist, aber das ist es, was das Bremsstrahlungsphoton verursacht hat, emittiert zu werden, wie im vorherigen Abschnitt beschrieben; jede Energie, die von außerhalb des Elektron-Protonsystems kommt, kann yetzt vom elektrischen Y-Raum-Dipol des Träger-Photons erfasst werden, der vermutlich noch als eine Dipolantenne wirkt, dessen Länge aber jetzt variieren kann, und gleichmäßig auf beide Träger-Photon-Halbquanten verteilt wird, soweit der magnetische Gyroradius des Elektrons im Wasserstoffatom es zulässt ([60], [8] Kapitel 8).

Die daraus resultierende Erhöhung des axialen Resonanzvolumens, das das Elektron dadurch besuchen wird, bewirkt, dass das Elektron schließlich auf eine zugelassene metastabile Orbitalebene weiter vom Proton springt, bevor es fast sofort auf die Ruheorbitalebene zurückkehrt und dabei ein Bremsstrahlungsphoton aussendet, das die entsprechende überschüssige Energie evakuiert, oder vollständig aus dem Proton entweicht, wenn die von außerhalb des Elektron-Protonsystems zugeführte Energie das Fluchtniveau von ΔK=2.179784832E-18 j erreicht, entweder durch progressive Akkumulation oder durch Kollision mit einem einfallenden Photon der Energie 2.179784832E-18 j.

Alle möglichen Fälle von Energieemission und -Absorption müssen natürlich im Rahmen der dreiräumlichen Geometrie erklärt und dokumentiert werden, aber da dieses Dokument nur dazu gedacht ist, den zugrunde liegenden elektromagnetischen Kontext, der eine allgemeine Beschreibung der Mechanik der elektromagnetischen Photonenemission und -Absorption durch Elektronen in der dreiräumlichen Geometrie ermöglicht, als eine Ergänzung zur Etablierung der Elektronstabilisierungsmechanik im Wasserstoffatom, wie in Referenz ([10], Siehe auch Kapitel 2) vorher beschrieben, ins rechte Licht zu rücken, liegt ihre Entwicklung über dem Rahmen des in diesem Kapitel wiedergegebenen Artikels.

1.30. Schlussfolgerung

Diese Analyse verdeutlicht den Punkt, dass es nicht schwieriger ist, sich vorzustellen, dass elektromagnetische Energie aus lokalisierten Photonen auf der subatomaren Ebene bestehen kann, als dass man sich vorstellt, dass Wasser aus lokalisierten Molekülen auf der submikroskopischen Ebene besteht, auch wenn wir auf unserer makroskopischen Ebene elektromagnetische Energie so behandeln, als ob sie aus kontinuierlichen Wellenimpulsen und Wasser besteht, als wäre sie ein Fluid ohne innere Struktur.

Die wichtigste Schlussfolgerung dieses Papiers ist jedoch, dass, wenn Maxwells anfängliche Interpretation mit der de Broglie-Hypothese über das Doppelteilchen-Photon und die Marmet-Ableitung im Kontext der Dreiräumlichegeometrie korreliert ist, der Elektromagnetismus endlich vollständig mit der Quantenmechanik harmonisiert werden kann, wie bei Referenz ([10], Siehe auch Kapitel 2) analysiert; eine Harmonisierung, die nun eine erste mechanische Erklärung für die Prozesse der elektromagnetischen Photonenemission und -absorption durch Elektronen erlaubt, wie zuvor beschrieben.

Es muss auch klar in die richtige Perspektive gestellt werden, dass die anfängliche Interpretation von Maxwell eine Schlussfolgerung ist, die fest auf der Untersuchung und Analyse experimenteller Daten beruht, die früher bei leicht reproduzierbaren Experimenten gesammelt wurden, die von vielen Experimentatoren durchgeführt wurden, sowie auf den Schlussfolgerungen und Gleichungen, die sie aus diesen Daten gezogen haben. Die elektromagnetischen Gleichungen, die allgemein als "*Maxwell-Gleichungen*" bezeichnet werden, sind eigentlich ein Satz von Gleichungen, die Maxwell als komplementär ermittelte, die aber hauptsächlich entwickelt wurden von Coulomb, Gauß, Ampère und Faraday (Siehe Anhang B). Lorentz, Biot, Savart und einige andere vervollständigten dann den aktuellen Satz von sich gegenseitig ergänzenden elektromagnetischen Gleichungen aus der Analyse von mehr Daten, die aus anderen Experimenten gewonnen wurden, die ebenso einfach zu reproduzieren sind.

Fasziniert davon, keine Spur von einem Experiment zu finden, die das punktähnliche Magnetverhalten von sphärischen Magnetfeldern bestätigt, deren zwei Pole geometrisch übereinstimmen, die die *de facto* magnetische Struktur von Elektronen sein muss, aufgrund ihres systematischen Punktähnlichverhaltens bei allen Streuexperimenten, dieser Autor entwarf und führte 1998 ein leicht reproduzierbares Experiment mit entsprechend magnetisierten Magneten durch, dessen Daten und anschließende Analyse 2013 veröffentlicht wurden, damit das Experiment in der Bildungsgemeinschaft verfügbar wurde ([49], [8] Kapitel 9). Ein Jahr später veröffentlichten S. Kotler et al. einen Artikel, der ein Experiment mit echte Elektronen beschreibt, das die Vorhersage des Experiments von 1998 direkt bestätigt [64].

Der Bildungsgemeinschaft steht nun ein kompletter Satz von Demonstrationsexperimenten zur Verfügung, die während des praktischen Laborunterrichts leicht reproduzierbar sind, vom ersten elektrischen Coulomb-Experiment bis zum magnetischen Experiment 1998, um beim Unterrichten und Bestätigen zu helfen jeden Aspekt des elektromagnetischen Energieverhaltens.

2. Die fundamentale Resonanzzustände des Wasserstoffatoms

2.1 Einführung

In den 1920er Jahren beobachtete Louis de Broglie, dass die Ganzzahl-Sequenz, die mit den Interferenzmustern der verschiedenen von Wasserstoffatomen emittierten elektromagnetischen Energiequanten in Verbindung gebracht werden könnte, identisch mit denen der sehr bekannten klassischen Resonanzprozesse war. Dies ließ ihn zu dem Schluss kommen, dass Elektronen in Resonanzzuständen innerhalb von Atomen gefangen waren. Dies veranlasste Schrödinger, eine Wellenfunktion zur Darstellung dieser Resonanzzustände vorzuschlagen, die noch nicht mit den elektromagnetischen Eigenschaften von Elektronen in Einklang gebracht wurden. Dieser Artikel ist dazu gedacht, die elektromagnetischen harmonischen Schwingungseigenschaften zu identifizieren und zu diskutieren, die das Elektron als Resonator besitzen muss, um das durch die Wellenfunktion beschriebene Resonanzvolumen sowie die elektromagnetischen Wechselwirkungen zwischen den elementar geladenen Teilchen zu erklären, die atomare Strukturen bilden, die die Stabilität der elektronischen und nuklearen Orbitale erklären könnten. Ein unerwarteter Vorteil der erweiterten Raumgeometrie, die erforderlich ist, um diese Eigenschaften und Wechselwirkungen zu etablieren, besteht darin, dass die grundlegende Symmetrieanforderung für alle Aspekte der Energieverteilung innerhalb elektromagnetischer Quanten durch Struktur eingehalten wird.

Dieses Papier schlägt keinen alternativen Ansatz zur Quantenmechanik vor, sondern eine Ergänzung zu den bereits etablierten Beschreibungen von orbitalen Resonanzzuständen, die durch Schrödingers Wellenfunktion, Heisenbergs statistische Verteilung und Feynmans Pfadintegral bereitgestellt werden, einschließlich einer klaren Beschreibung der für die Bestimmung der zugehörigen Resonanzvolumina verantwortlichen elektromagnetischen Resonatoren, die die Grundlage für die letztendliche Einrichtung aufwändigerer Wellenfunktionen bilden sollen, die erstmals vollständig die elektromagnetische Natur dieser Resonatoren berücksichtigen werden.

Der detaillierte mathematische Nachweis der vollständigen Konformität dieser Entwicklung mit dem Elektromagnetismus und allen Aspekten aller erfassten experimentellen Daten wird in einer Reihe von zuvor veröffentlichten Artikeln erbracht, die im Bedarfsfall als Referenz angegeben sind. Dieser neue

Ansatz steht in völliger Übereinstimmung mit den Methoden von QED und QFT und ergänzt sie, indem er die Funktion des magnetischen Aspekts der Energie, aus der elektromagnetische Elementarteilchen und ihre Trägerenergie hergestellt werden, so klärt, dass ihre dauerhaft lokalisierbare, selbsttragende innere elektromagnetische Struktur beschrieben werden kann.

Das Schlüsselkonzept, das diese spezielle Forschung ausgelöst hat, ist ein Aspekt der Wellenfunktion, die fast seit der Gründung der Quantenmechanik (QM) der allgemeinen Aufmerksamkeit entgangen zu sein scheint, um den Wasserstoffgrund-Zustand aus der Korrelation von Heisenbergs statistischer Darstellung und Schrödingers Wellenfunktion darzustellen. Das betrifft genau den Grund, warum Schrödinger die Idee hatte der Verwendung einer Wellenfunktion zur Beschreibung des bereits bekannten stabilen Grundzustandes des Elektrons im Wasserstoffatom. Seltsamerweise scheint es, dass die bahnbrechende Arbeit, die den Ursprung dieser großen Entdeckung darstellt, nie ins Englische übersetzt wurde um der internationalen Gemeinschaft zur Verfügung gestellt zu werden [58].

Dieses Papier, geschrieben von Louis de Broglie, bezieht sich auf die Interferenzmuster, die durch die verschiedenen elektromagnetischen Energiefrequenzen erzeugt werden, die von Wasserstoffatomen emittiert werden, zu möglichen Resonanzzuständen des Elektrons auf das, was dann als die verschiedenen Umlaufbahnen wahrgenommen wurde, die es im Wasserstoffatom einnehmen könnte.

Hier ist de Broglies Beschreibung in seinen eigenen Worten der Beobachtung, die ihn 1923 zu diesem wichtigen Schluss führte:

> *"L'apparition, dans les lois du mouvement quantifié des électrons dans les atomes, de nombres entiers, me semblait indiquer l'existence pour ces mouvements d'interférences analogues à celles que l'on rencontre dans toutes les branches de la théorie des ondes et où interviennent tout naturellement des nombres entiers."* ([4], S.461).

Übersetzung:

> *"Das Auftreten von ganzen Zahlen in den Gesetzen der quantifizierten Bewegung von Elektronen in Atomen schien mir Indikativ für die Existenz dieser Interferenzbewegungen analog zu*

denen in allen Zweigen der Wellentheorie, wobei ganze Zahlen natürlich vorkommen."

Kurz darauf veröffentlichte er eine Notiz in den *Comptes rendus de l'Académie des Sciences*, in der er die erste vorläufige Interpretation der Bedingungen vorschlug, die die Stabilität des Elektrons in atomaren Strukturen erklären könnten [58].

Die kritische Schlussfolgerung dieser Notiz ist die folgende:

"L'onde de fréquence v et de vitesse c/β doit être en résonance sur la longueur de la trajectoire. Ceci conduit à la condition:"

Übersetzung:

"die Welle der Frequenz v und die Geschwindigkeit c/β muss auf der gesamten Länge der Flugbahn in Resonanz sein. Das führt zu dem Zustand:"

$$\frac{m_o \beta^2 c^2}{\sqrt{1-\beta^2}} T_r = nh \qquad \text{(wobei } n \text{ eine ganze Zahl ist)} \qquad (2.1)$$

was die von Bohr und Sommerfeld bestimmte Stabilitätsbedingung für eine Umlaufbahn ist, die mit konstanter Geschwindigkeit gefahren wird [58].

Im folgenden Jahr veröffentlichte de Broglie zwei weitere Notizen, in denen er erwähnte, dass Bohrs berühmtes *Frequenzzustandsgesetz* unter diesem Gesichtspunkt so interpretiert werden könnte, dass es eine Art *Schwebung* (*"un battement"* im ursprünglichen französischen Text) beinhaltet, d.h. einen Resonanzzustand, der die Frequenz der emittierten Welle mit dem anfänglichen stationären Zustand der Elektronen und mit ihrem endgültigen stationären Zustand verbindet ([4], S. 462), [65] und [66]. Zwei Jahre später führte Schrödinger die Wellenfunktion ein, um diesem messbaren Zustand Rechnung zu tragen.

Der offensichtliche Ausgangspunkt seiner Untersuchung war eine Komplexwertige einfache harmonische Schwingungsformel, die sich dann zu komplexeren kugelförmigen Formulierungen entwickelte, um die Grundzustandorbital des Wasserstoffatoms zu beschreiben [18].

Nach Kenntnis dieses Autors ist in der historischen formalen Literatur, außer in einem 1953 erschienenen Buch, an dem die eigentlichen Entdecker der Wellenmechanik und Quantenmechanik mitgewirkt haben [4], keine nachträgliche Erwähnung der Tatsache zu finden ist, dass Schrödingers

Wellenfunktion einen stabilen Resonanzzustand beschreiben soll, in dem das lokalisierte Elektron gefangen bleibt.

Außerdem, obwohl Einstein den Text der Einführung dieses Buches auf Deutsch beisteuerte, und dass Schrödinger das von ihm vorgelegte Kapitel auf Englisch beisteuerte, wobei beide Beiträge auf den gegenüberliegenden Seiten ins Französische übersetzt wurden, war der Rest des Buches nur auf Französisch. Es scheint auch, dass dieses besonders wichtige Buch, in dem Einstein, Schrödinger, Pauli, Rosenfeld, Heisenberg, Yukawa, Davisson und de Broglie, um nur die berühmtesten zu nennen, und viele andere zusammenarbeiteten, um einen allgemeinen Überblick über den Stand der Quantenphysik in 1952 zu geben und den Beitrag von Louis de Broglie in diesem historischen Kontext hervorzuheben, anscheinend nie ins Englische oder in eine andere Sprache übersetzt wurde, die der internationalen Wissenschaftsgemeinschaft zur Verfügung gestellt werden sollte.

Aus dem, was man aus diesem Buch lernen kann, wurde kurz nach der Einführung der Wellenfunktion durch Schrödinger, deren Gültigkeit innerhalb weniger Jahre als unbestreitbar mit Resonanzzuständen nach Interferenzmustern verbunden bestätigt wurde, die bei Experimenten von Davisson und Germer sowie von G.P. Thompson erzeugt wurden ([4], S.19), die Mehrheit der Forscher übernahm Heisenbergs statistischer Repräsentation, die das Volumen der durch Schrödingers Wellenfunktion definierten isotropen Energiedichte durch eine Verteilung der Energiedichte des Elektrons nach einer statistischen Anordnung ersetzt, die eine *Amplitudenwahrscheinlichkeit* widerspiegelt, die als eine genauere Repräsentation als die Anfangswellenfunktion wahrgenommen war, durch Zuweisung eine größere Dichte der Energiepräsenz in der Nähe des Bohrradius, führte dazu, die Tatsache verursacht, dass die Wellenfunktion als ein Resonanzzustand ursprünglich gedacht darzustellen war, von vornherein verdeckt und vernachlässigt zu werden.

Die probabilistische Interpretation favorisierte auch die Idee plötzlicher Sprünge von einer Energieebene zur anderen, die keine mechanische Erklärung für diese Sprünge lieferten, im Gegensatz zu den Wellengleichungen, die das Potenzial hatten, Beschreibungen von Veränderungen wie mechanisch progressive und mathematisch beschreibbare Prozesse zu ermöglichen, wie Schrödinger 1953 erneut betonte:

"To produce a coherent train of light waves of 100 cm length and more, as is observed in fine spectral lines, takes a time comparable with the average interval between transitions. The transition must

be coupled with the production of the wave train... For the emitting system is busy all the time in producing the trains of light waves, it has no time left to tarry in the cherished stationary states", except perhaps in the ground state." ([4], S.18).

Übersetzung:

"Um einen zusammenhängenden Zug von Lichtwellen von 100 cm Länge und mehr zu erzeugen, wie sie bei feinen Spektrallinien beobachtet wird, dauert eine Zeit, die mit dem durchschnittlichen Intervall zwischen den Übergängen vergleichbar ist. Der Übergang muss mit der Produktion des Wellenzugs gekoppelt werden..... Da das emittierende System ist ständig damit beschäftigt, die Züge von Lichtwellen zu erzeugen, hat man keine Zeit mehr, in den geliebten "stationären Zuständen" zu verweilen, außer vielleicht im Grundzustand."

Selbst Einstein, der wie de Broglie und Schrödinger davon überzeugt war, dass das Elektron bei seiner Bewegung ständig lokalisiert bleibt und immer einer präzisen Flugbahn folgt, war von der Entdeckung der Beziehung zwischen diskreten Quanten- und Resonanzzuständen durch de Broglies nicht überzeugt, vermutlich weil er das Konzept der *Masse* nicht in gleicher Weise mit dem Elektromagnetismus wie de Broglie und Schrödinger assoziierte.

Hier ist Einsteins Kommentar in dieser Hinsicht, der am Anfang der Einführung dieses Buches steht. Originaltext in deutscher Sprache:

"Ich will dem zusammen mit Frau B. Kaufman verfassten Beitrag zu diesem Bande einige Worte vorausschicken in der einzigen Sprache, in der ich mich mit einige Leichtigkeit ausdrücken kann. Es sind Worte der Entschuldigung. Sie sollen zeigen, warum ich, trotzdem ich De Broglie visionäre Entdeckung des inneren Zusammenhanges zwischen diskreten Quantenzuständen und Resonanzzuständen in relativ jungen Jahren bewundernd miterlebt habe, doch unablässig nach einem Wege gesucht habe, das Quantenrätsel auf anderem Wege zu lösen oder doch wenigstens eine Lösung vorbereiten zu helfen." ([4], S.4).

Es stellt sich heraus, dass Schrödinger und de Broglie zunächst diese beobachteten Resonanzzustände analysierten, um eine progressive mechanische Erklärung für die Übergänge zwischen den stationären Zuständen zu finden, die die Erzeugung der Bremsstrahlungsphotonen erklären würde, die für die im

Zusammenhang mit diesen Übergängen entdeckten feinen Spektrallinien verantwortlich sind (Siehe Abschnitt 1.28), aber dass die unmittelbare Popularität von Heisenbergs statistischer Methode in der Gemeinschaft dazu führte, dass alle Forschungen in dieser Richtung fast von Anfang an zum Erliegen kamen.

Schrödinger brachte seine Frustration über die Vernachlässigung jeglicher Forschung in dieser Richtung deutlich zum Ausdruck, in dem Kapitel, das er beigetragen hat:

> *"For it must have given to de Broglie the same shock and disappointment as it gave to me, when we learnt that a sort of transcendental, almost psychical interpretation of the wave phenomenon had been put forward, which was very soon hailed by the majority of leading theorists as the only one reconcilable with experiment, and which has now become the orthodox creed, accepted by almost everybody, with a few notable exceptions."* ([4], S. 16).

Übersetzung:

> *"Denn es muss den gleichen Schock und die gleiche Enttäuschung für de Broglie wie mir bereitet haben, als wir erfuhren, dass eine Art transzendentale, fast psychische Interpretation des Wellenphänomens vorgeschlagen worden war, die sehr bald von der Mehrheit der führenden Theoretiker als einziger mit dem Experiment vereinbarer Theorie begrüßt wurde und die nun zum orthodoxen Glauben geworden ist, das von fast allen, mit einigen bemerkenswerten Ausnahmen, akzeptiert wird."*

Schrödinger und de Broglie waren offensichtlich davon überzeugt, dass die Frequenz eines emittierten Quants nur durch einen progressiven mechanischen Prozess erzeugt werden kann, der von den Resonanzeigenschaften eines stationären Elektron-Anfangszustandes abhängt und dessen Emission die veränderten Resonanzeigenschaften der stationären Endzustände klar mechanisch beschreibbar bestimmt und dass die Lösung dieses Problems nicht nur in der Spektroskopie, sondern auch in der Chemie nützlich wäre. Siehe Abschnitte 1.28 und 1.29 für die Mechanik der Emission und Absorption elektromagnetischer Photonen, wie sie aus der dreiräumlichen Perspektive definierbar ist.

Es scheint, dass Schrödingers Frustration berechtigt war, wenn man bedenkt, dass es 55 Jahre brauchte, nachdem er diesen Protest in diesem Buch und auch in einem Papier mit dem Titel "*Are there quantum jumps*", das im selben Jahr im *British Journal for the Philosophy of Science* [67] veröffentlicht wurde, d.h. 80 Jahre nach der Einführung der Wellenfunktion, für die ersten Hinweise auf ein erneutes Interesse in der Gemeinschaft an Resonanzzuständen im Zusammenhang mit der Wellenfunktion wieder aufzutauchen. Diese aktuelle Analyse findet sich in einem 2008 veröffentlichten Papier von V. A. Golovko [68].

Das Ergebnis der Annahme der statistischen Methode durch die Mehrheit der Theoretiker, als Darstellung der fundamentalen Realität führte dann zur Etablierung der Quantenfeldtheorie (QFT), die auf einem axiomatischen Grundkonzept der spontanen Quantenenergiefluktuationen auf beiden Seiten eines überall im Raum existierenden Nullpunkt-Energiepegels beruht, das virtuelle Photonen (Bosonen) als Kraftträger etabliert, die die Energieniveaus und Bewegungen realer elementarer elektromagnetischer Teilchen im Raum erklären würden. Siehe Abschnitte 3.1, 3.11 und 3.28.

Diese hypothetischen spontanen stochastischen Schwankungen des zugrunde liegenden Quantenfeldes werden auch als Erklärung für eine scheinbar unregelmäßige transversale Zitterbewegung angesehen, die im Verhalten der sich bewegenden Elektronen unter bestimmten Umständen beobachtet wurde, die Schrödinger effektiv "*Zitterbewegung*" nannte, die wir weiter unten analysieren werden [69]. Siehe Abschnitt 2.18.

Es ist ganz offensichtlich, dass QFT korrekt auf Maxwells Theorie und Gleichungen der elektromagnetischen Wellen basiert ist, aber es verdeckt trotzdem die Tatsache, dass im Elektromagnetismus, ein Elektron, zum Beispiel, das elektrisch geladen ist, kann so eingestellt werden, dass es sich in einer geraden Linie bewegt, wenn es in E- und B-Felder der gleichen Dichte eingetaucht ist; und dass, wenn diese Intensitäten gleichzeitig allmählich variieren, selbst wenn die Variation unendlich progressiv ist, ihre Geschwindigkeit genauso unendlich progressiv variiert, und wenn ihre relativen Dichten sich allmählich voneinander unterscheiden, dass dazu führt, dass das Elektron seine Flugbahn ebenso allmählich krümmt, welches sind Prozesse, deren alle Aspekte mit der Lorentz-Gleichung ($F = q(E + v \times B)$) berechnet und gesteuert werden können (Siehe Abschnitt B.3).

Dieses Verhalten der Elektronen bestätigt vollständig die Möglichkeit, dass, wenn das QFT-Konzept der virtuellen Bosonen als Kraftträger durch die unendlich progressive Coulomb-Wechselwirkung ersetzt würde, die sich aus Maxwells erster Gleichung ergibt, d.h. der Gaußschen Gleichung für das elektrische Feld, dass eröffnet die Möglichkeit dass elektromagnetische Bremsstrahlungs-Photonen definiert werden können, als selbsttragend ihrer eigenen Bewegung in einer lokalisierten Weise, ohne die Notwendigkeit eines zugrunde liegenden Äthers, aus der einfachen Wechselwirkung ihrer eigenen internen, gegenseitig induzierenden E- und B-Felder gemäß Maxwells Erdungshypothese, und dass sie standardmäßig als selbstführend in gerader Linie aus den standardmäßig gleichen Dichten ihrer eigenen internen E- und B-Felder ([15], [8] Kapitel 6) definiert werden könnten.

2.2. Das E- und B-Feld des sich bewegenden Elektrons

Es kann auch beobachtet werden, dass die Resonanzzustände des Elektrons nicht die einzigen Aspekte der Elektronen sind, die im Laufe des letzten Jahrhunderts wenig erforscht zu sein scheinen.

Trotz der bekannten Tatsachen, dass das Elektron eine elektrische Ladung besitzt, dass es von progressiv variierenden ambienten elektrischen E- und magnetischen B-Feldern geführt werden kann und dass der *Wellen*-Aspekt seiner etablierten *Welle-Teilchen*-Natur bestätigt, dass es ein elektromagnetisches Teilchen ist, scheint es, dass die intrinsischen E- und B-Feldern des Elektrons selbst, d.h. die E- und B-Feldern, die mit seiner eigentlichen Ladung und Masse verbunden sein müssen, offenbar noch nicht in der Gemeinschaft untersucht worden sind.

In der Tat, die einzigen Beziehungen zwischen dem Elektron und den E- und B-Feldern, die in der Literatur der letzten hundert Jahre offenbar gefunden werden können, beziehen sich speziell auf die Bewegung von Elektronen in elektrischen oder magnetischen Umgebungsfeldern, ohne dass irgendeine Art von Wechselwirkung zwischen diesen äußeren Feldern und denen, die von Struktur her mit der elektrischen Ladung und der Ruhemasse des Elektrons zusammenhängen, erwähnt wird.

Der erste Durchbruch in dieser Richtung ist noch nicht lange her. Im Jahr 2003 gelang es Paul Marmet, das zunehmende Magnetfeld eines beschleunigenden Elektrons direkt mit seiner Zunahme der relativistischen Masse in Beziehung zu setzen, indem er die Ladung des Elektrons in der Biot-Savart-Gleichung quantifizierte [29].

Nachdem er die elektrische Ladung als verbleibende Invariante bei ihrem Einheitswert (1.602176462E-19 C) in der Biot-Savart-Gleichung festgelegt hat, seine Gleichung (M-17) liefert uns jetzt mit einer elektromagnetischen Gleichung, die es erlaubt die direkte Berechnung *des Masseinkrements*, das *dem Magnetfeldinkrement* des beschleunigenden Elektrons *entspricht*:

$$\Delta m_m = \frac{\mu_0 \left(e^-\right)^2}{8\pi\, r_e} \frac{v^2}{c^2} \tag{2.2}$$

Diese Gleichung verbindet also den Begriff der *klassischen Masse* direkt mit der realen elektromagnetischen Energie die per Definition mit diesem *Magnetfeld*-Inkrement des sich bewegenden Elektrons verbunden sein muss, die durch Ähnlichkeit mit sich bringt, dass das Eigenmagnetfeld des Elektrons auch mit dem auf die wirkliche elektromagnetische Energie, die seine unveränderliche Ruhemasse ausmacht, wie wir in Kürze sehen werden.

Er beobachtete auch, dass seit der variierenden Trägheitsmasse des sich bewegenden Elektrons ist gegeben durch:

$$m = \gamma m_e \tag{2.3}$$

und dass der Lorentz γ Faktor als folgende Reihe erweitert werden kann:

$$\gamma = 1 + \left\{ \frac{1v^2}{2c^2} + \frac{3v^4}{8c^4} + \frac{5v^6}{16c^6} + \frac{35v^8}{128c^8} + \cdots \right\} \tag{2.4}$$

und da der Term $(v/c)^4$ und andere Terme höherer Ordnung in Bezug auf den Term $(v/c)^2$ vernachlässigbar sind, können sie für niedrige relativistische Geschwindigkeiten ignoriert werden, was es erlaubt, die folgende Gleichheit aus Gleichung (2.4) herzustellen:

$$\gamma\text{-}1 = \frac{1}{2}\frac{v^2}{c^2} \tag{2.5}$$

Mit dem Wissen, dass die impulsbezogene relativistische kinetische Energie eines sich bewegenden Elektrons aus der folgenden Standardgleichung erhalten wird, die den rechten Term von Gleichung (2.5) verwendet:

$$\Delta K = m_0 c^2 \left(\gamma - 1\right) \tag{2.6}$$

können wir auf ähnliche Weise seines relativistische Masseinkrement aus der Kombination von Gleichungen (2.3) und (2.5) berechnen:

$$\Delta m = m\text{-}m_e = m_e\left(\gamma - 1\right) = \frac{m_e}{2}\frac{v^2}{c^2} \tag{2.7}$$

Wenn man nun Gleichung (2.2) mit Gleichung (2.7) vergleicht, beobachten wir, dass wir nun zwei verschiedene Gleichungen haben, die das gleiche Masseinkrement des sich bewegenden Elektrons repräsentieren, d.h. Gleichung (2.2), die dieses Inkrement als die Masse des Magnetfeldinkrements liefert, während Gleichung (2.7) dieses gleiche Inkrement als ein *klassisches Masseinkrement* liefert. Wir können also die Gleichungen (2.2) und (2.7) auf folgende Weise gleichsetzen:

$$\Delta m_m = \Delta m = \frac{\mu_0 \left(e^-\right)^2}{8\pi r_e}\frac{v^2}{c^2} = \frac{m_e}{2}\frac{v^2}{c^2} \tag{2.8}$$

und schließlich, wenn die Geschwindigkeit unendlich klein wird, können beide Geschwindigkeitsverhältnisse ignoriert werden, um schließlich die überraschende Tatsache zu enthüllen, dass die Masse der intrinsischen magnetischen Energie des Elektrons genau die Hälfte seiner invarianten Ruhemasse ausmacht, was die kritisch wichtige Schlussfolgerung von Marmet ist:

$$m_m = \frac{\mu_0\, e^2}{8\,\pi\, r_e} = \frac{m_e}{2} \tag{2.9}$$

2.3. *Die Trägerenergie des Elektrons*

Betrachten wir für einen Moment die Bedeutung von Δm_m aus Gleichung (2.2) und von ΔK aus Gleichung (2.6). Um wirklich sehen zu können, worum es geht, wollen wir den bekannten konkreten Fall der relativistischen Elektrongeschwindigkeit von 2187647,561 m/s auf der theoretischen klassischen Bohrschen Grundzustandsbahn verwenden. Bei der Verwendung dieser Geschwindigkeit zur Lösung von Gleichung (2.2), erhalten wir die folgende Massezunahme:

$$\Delta m_m = \frac{\mu_0 \left(e^-\right)^2}{8\pi r_e}\frac{v^2}{c^2} = 2.4253377\,\mathrm{5E}-35\mathrm{kg} \tag{2.10}$$

das der Masse-Zuwachs des Magnetfeldes ist, der zur Ruhemasse des Elektrons zu addieren ist, um die gesamte effektive Masse des Elektrons zu erhalten, mit der sich die Experimentatoren bei der transversalen Ablenkung von sich frei sich bewegenden Elektronen mit dieser entsprechenden relativistischen Geschwindigkeit von 2187647.561 m/s befassen müssen.

Multipliziert man nun diesen Wert mit c^2, so erhält man die Energie in Joule, die diese Massemenge ausmacht (2.179784832E-18 j), und dividiert diesen Wert in Joule weiter durch die Einheiten-Ladung des Elektrons (1.602176462E-19 C), so erhält man seine Umrechnung in Elektronenvolt (13.6 eV).

Berechnen wir nun mit Gleichung (2.6) die kinetische Energie des Impulses bezogen auf die gleiche Geschwindigkeit des Elektrons:

$$\Delta K = m_0 c^2 (\gamma - 1) = 2.179784832\text{E}-18\,\text{j} \tag{2.11}$$

Dividiert man nun diesen Wert durch die Einheitsladung des Elektrons, so erhält man wieder einen Wert in Elektronenvolt gleich (13,6 eV).

Wir beobachten also, dass sowohl ΔK als auch Δm_m sich auf den gleichen Energiewert von 13,6 eV für diese angegebene Geschwindigkeit auflösen, dass wir stark geneigt sein könnten, zu betrachten, dass es sich um das gleiche Energiequant handelt, das durch verschiedenen Mitteln berechnet wurde.

Aber es ist kaum zu bestreiten, dass Δm_m einerseits die Energie misst, die in einem Masseinkrement enthalten ist, das einer Zunahme des globalen Magnetfeldes des Elektrons entspricht, und dass ΔK andererseits die bekannte kinetische Energie misst, die die effektive Masse des Elektrons mit der angegebenen Geschwindigkeit antreibt, eine effektive Masse, die strukturell die mit Gleichung (2.2) berechnete Größe Δm_m sowie die invariante Ruhemasse des Elektrons einschließt.

Die einzig mögliche Schlussfolgerung ist daher, dass diese beiden Fälle von 13.6 eV unterschiedlich sind und dass beide gleichzeitig im Elektron bei dieser Geschwindigkeit induziert werden und somit in Wirklichkeit zwei *Halbquanten* der Energie sind deren Summe ein einziges Quant an *Trägerenergie* darstellt, das getrennt von dem Energiequant existiert, aus dem die invariante Ruhemasse des Elektrons besteht, wobei eines davon in ein Masseinkrement umgewandelt wird, während das andere vektoriell unidirektional bleibt und *die gesamte effektive Masse* des Elektrons mit der angegebenen Geschwindigkeit antreibt.

Alle Berechnungen mit den Gleichungen (2.2) und (2.6) für beliebige Geschwindigkeiten werden zeigen, dass diese gleichmäßige Aufteilung zwischen einem Betrag, der in eine Erhöhung der Magnetfeldmasse geht, und einem translationsimpulsbezogenen Betrag der kinetischen Energie für den gesamten Bereich aller möglichen relativistischen Geschwindigkeiten beibehalten wird.

Interessanterweise ist die Gesamtmenge von 27,2 eV, die sich aus der Addition der Energie des aus Gleichung (2.2) erhaltenen magnetischen

Masseinkrements und der aus Gleichung (2.6) erhaltenen Impulsenergie ergibt, genau gleich der einzelnen Energiemenge, die mit der Coulomb-Gleichung als Funktion des mittleren axialen Abstands, der dem Elektron-Grundzustandsorbital vom Wasserstoffkern trennt, berechnet werden kann und die der relativistischen Referenzgeschwindigkeit 2187647.561 m/s entspricht:

$$E = \int_{a_0}^{\infty} \frac{1}{4\pi\,\varepsilon_o} \frac{e^2}{a_0^2} \cdot da_0 = 0 - \frac{1}{4\pi\,\varepsilon_o} \frac{e^2}{a_0} = -4.3597438\ 05\ E-18\ J \qquad (2.12)$$

Wenn man diese Energiemenge durch den Ladungseinheitswert (1.602176462E-19 C) teilt, erhält man effektiv in Elektronenvolt genau die Energiemenge, die man durch Aufsummieren der aus den Gleichungen (2.2) und (2.6) erhaltenen Energien erhält, das heißt, 27.2 eV, was die Gültigkeit der neu von Marmet abgeleiteten Gleichung (2.2) bestätigt, und zusätzlich die Tatsache, dass diese Gesamtenergiemenge, die für jede relativistische Geschwindigkeit in einem geladenen Teilchen induziert wird, vollständig aus einer Gleichung erhalten werden kann, die vom Elektromagnetismus herrührt, d.h. der Coulomb-Gleichung (2.12), die es nun erlaubt, sowohl ΔK als auch Δm_m, die aus den Gleichungen (2.2) und (2.11) erhalten wurden, wieder zusammenzuführen, da sie zu einem einzigen Energiequant gehören, das nun direkt mit dem Elektromagnetismus in Verbindung steht, da sie gleichzeitig durch die Coulomb-Wechselwirkung induziert werden. Zum Beispiel, die Elektron-Trägerenergie im Abstand a_o=5.291772083E-11 m vom Proton kann formuliert werden als:

$$\text{Trägerenergie eines geladenen Teilchens} = \Delta K + \Delta m_m c^2 = 4.359743805\ E-18\,j$$
$$(2.13)$$

2.4. Die Frage der als konservativ betrachteten Impulsenergie

Die Untersuchung von Gleichung (2.13) zeigt nun eine große Entkopplung zwischen dem traditionellen klassischen/relativistischen Mechanik-Konzept des *Impulses*, das nur auf die ΔK Hälfte der durch die Coulomb-Wechselwirkung adiabatisch induzierten Energie bezogen werden kann, die aus traditioneller Sicht auf null reduziert wird, wenn ein Körper nicht in Bewegung ist, auch wenn sie aus elektromagnetischer Sicht adiabatisch induziert bleibt, wenn das Elektron z.B. im Wasserstoff-Grundzustandsorbit gefangen ist, in dem man nun gut versteht, dass es sich nicht auf der theoretischen Bohrschen Umlaufbahn bewegt, wie in Referenz ([43], [8] Kapitel 2) deutlich perspektiviert wurde.

Außerdem! Es gibt weder in der traditionellen klassischen/relativistischen Mechanik noch in der traditionellen Quantenmechanik eine Spur der zweiten Komponente von Gleichung (2.13), nämlich $\Delta m_m c^2$, die adiabatisch durch die Coulombsche Wechselwirkung gleichzeitig mit der ΔK Komponente induziert wird.

In der klassischen/relativistischen Mechanik wird der Impuls offensichtlich als das grundlegendste Prinzip angesehen, ein Konzept, das in der traditionellen Quantenphysik unter den Formen der Hamilton-Funktion und der Lagrange-Dichte weitergeführt wurde. Aber im Elektromagnetismus, die Energie die den Impuls aufrechterhält, noch fundamentaler als der Impuls ist, da sie per Definition auch dann noch adiabatisch vorhanden ist, wenn dieser Impuls gehemmt wird, d.h. selbst dann, wenn ein elektrisch geladenes Teilchen, wie das Elektron, in seiner Bewegung gestoppt wird, wenn es in einem Zustand des axialen elektromagnetischen Gleichgewichts in einem der Orbitale der kleinsten Wirkung in einem Atom gefangen ist ([43], [8] Kapitel 2).

Diese fundamentale Trennung zwischen dem Elektromagnetismus einerseits und der traditionellen klassischen Mechanik, der traditionellen relativistischen Mechanik und der traditionellen Quantenmechanik andererseits, macht es umso schwieriger, sie konzeptuell zu überwinden, da der Wert von ΔK, wie er mit Gleichung (2.11) berechnet wird, einzigartig von dem Parameter *Geschwindigkeit* abhängt, was bedeutet, dass, wenn diese Geschwindigkeit auf null fällt, kein Impuls, d.h. keine bewegungsinduzierende kinetische Energie aus den traditionellen Perspektiven des Nicht-Elektromagnetismus konzeptuell als vorhanden angesehen wird, was in krassem Widerspruch dazu steht, dass diese Energie nach der aus dem Elektromagnetismus stammenden Gleichung (2.13) adiabatisch in Abhängigkeit vom axialen Abstand zwischen elektrisch geladenen Teilchen durch die Coulomb-Wechselwirkung einzigartig induziert wird, die es von Natur aus verbietet, zwischen zwei durch diesen Abstand getrennten Ladungen irgendein anderes Energieniveau zu induzieren, was bedeutet, dass sie nur induziert bleiben kann, auch wenn die Geschwindigkeit des Teilchens gehemmt ist, wie in Referenz ([43], [8] Kapitel 2) gezeigt. Siehe Abschnitt 3.23

Selbst aus der Sicht der Quantenmechanik betrachtet, erklärt die Wellenfunktion für die vollständige physikalische Präsenz dieser 13,6 eV ΔK Impulsenergie via der Hamilton-Funktion, selbst wenn experimentell festgestellt wird, dass sich das Elektron nicht mit irgendeiner Geschwindigkeit auf das Proton zu bewegen vermag, obwohl es strukturell unmöglich ist, dass diese

Impulsenergie vektoriell in irgendeine andere Richtung als auf das Proton ausgerichtet ist.

Diese Beobachtung bringt folglich die Möglichkeit ans Licht, dass die kinetische Impulsenergie als eine *Materialsubstanz* existieren kann, unabhängig davon, ob es sich um eine Vorwärtsgeschwindigkeit handelt oder nicht, wie in den Referenzen ([15], [8] Kapitel 6) ([43], [8] Kapitel 2) ([36], Siehe auch Abschnitt 3.17 Kapitel 3) ausführlich analysiert wird, und steht im Mittelpunkt eines neuen Paradigmas, das nun die mechanische Erklärung einer Reihe von elektromagnetischen Prozessen erlaubt, die aus der Perspektive der traditionellen konservativen Prinzipien keine Erklärung finden ([36], Siehe auch Kapitel 3) ([34], [8] Kapitel 19).

Nachdem dieser Zusammenhang nun hergestellt ist, wird die folgende Analyse strikt aus der Perspektive des Elektromagnetismus durchgeführt.

2.5. Trennen der Energie des variierenden Magnetfeldinkrements von der Energie des invarianten Magnetfeldes der Ruhemasse des Elektrons

Diese neue Sichtweise erlaubt es nun, die Trägerenergie des Elektrons von der seiner Ruhemasse klar zu trennen und ihre elektromagnetischen Frequenz und Wellenlänge mit den Standardgleichungen $E=hv$ und $c=\lambda v$ getrennt zu berechnen. So erhält man für die Referenzträgerenergie des Elektrons auf der theoretischen Bohrschen Grundzustandsbahn von 4,359743805E-18 j die folgenden Frequenz und elektromagnetischen Wellenlänge, die tatsächlich der mittleren Trägerenergie des Elektrons in die Grundzustandsorbitale des Wasserstoffatoms entsprechen:

$$v = \frac{E}{h} = 6.57968390\ 9\text{E}15\,\text{Hz} \qquad \lambda = \frac{c}{v} = 4.556335261\text{E}-08\,\text{m} \qquad (2.14)$$

In ähnlicher Weise erhalten wir die folgende Frequenz und elektromagnetische Wellenlänge für die Energie von $E=m_oc^2=$ 8.18710414E-14 j, die die unveränderliche Elektronruhemasse bildet, welche Wellenlänge auch als die Compton-Wellenlänge des Elektrons bekannt ist:

$$v = \frac{E}{h} = 1.23558997\ 6\text{E}20\,\text{Hz} \qquad \lambda_C = \frac{c}{v} = 2.426310215\ \text{E}-12\,\text{m} \qquad (2.15)$$

Wir beobachten also sofort, dass die mit dem sich bewegenden Elektron verbundene Energie nicht nur eine einzige einfache harmonische elektromagnetische Schwingung beinhaltet, wie die Schrödinger-Wellenfunktion derzeit anzunehmen scheint, sondern zwei verschiedene harmonische Schwingungen, deren gegenseitige Resonanzwechselwirkung noch nicht klar definiert ist.

Diese Werte werden später recht nützlich sein, wenn die Zitterbewegung des sich bewegenden Elektrons in Abschnitt 2.18 analysiert wird, sowie der komplexe Elektron-Resonanz-Schwebung in Abschnitt 2.20, der die Wechselwirkung dieser beiden harmonischen Schwingungen mit denen der inneren elektromagnetischen Elementarkomponenten des Protons beinhaltet, wenn das Elektron im Ruheorbitale des Wasserstoffatoms gefangen ist.

Lassen Sie uns auch anmerken, dass, obwohl das Konzept der *Wellenlänge* manchmal angenommen wird, um eine physikalische *Länge* zu repräsentieren, die mit lokalisierten Photonen oder sogar mit den hypothetischen elektromagnetischen Wellen der Maxwellschen Theorie in Verbindung gebracht werden soll, eine solche Wellenlänge in Wirklichkeit nur eine physikalische *Strecke* sein kann, bei der die transversal oszillierende elektromagnetische Energie-Halbquant eines solchen lokalisierten Photons oder eine ausgebreitete theoretische elektromagnetische Welle im Raum zurücklegen muss für einen der Zyklen der gegenseitigen Induktion ihrer transversalen elektrischen und magnetischen Aspekte in Bezug auf ihre Frequenz zu vervollständigen.

Apropos Maxwells Konzept der kontinuierlichen elektromagnetischen Wellen, die Experimente von Huygens, Fresnel und Young, die zeigen, dass auf makroskopischer Ebene, wenn eine makroskopische elektromagnetische Wellenfront auf eine Oberfläche trifft, in die eine kleine Öffnung gemacht wird, wie klein sie auch aus unserer makroskopischen Perspektive sein mag, diese kleine Öffnung zur Quelle einer sekundären sphärischen elektromagnetischen Wellenfront wird, die oft als *der Beweis* für die physikalische Existenz kontinuierlicher elektromagnetischer Wellen, wie Maxwell sie konzipierte, angepriesen wird.

Es gibt eine Gewohnheit in der Gemeinschaft, an eine *elektromagnetische Wellenfront* zu denken, aber in Wirklichkeit gibt es einen ununterbrochenen Fluss von elektromagnetischer Energie im gesamten Raum, ob als ein kontinuierliches Wellenphänomen betrachtet oder als eine Menge von unzähligen separaten, Punkt-ähnlich sich verhaltenden elektromagnetischen Photonen, die ständig einzeln durch aufgeregte Elektronen in den Atomen emittiert werden, nachdem diese Elektronen entweder aus den Atomen heraus angeregt wurden oder einfach weiter von ihren Kernen weg auf irgendeine metastabile Orbitale geschoben wurden.

In Wirklichkeit zeigt dieses Verhalten der elektromagnetischen Energie, wie es auf unser makroskopischer Ebene messbar ist, keine Trennung von der Idee, dass diese makroskopische elektromagnetische Wellenfront in Wirklichkeit aus unzähligen elementaren, Punkt-ähnlich sich verhaltenden elektromagnetischen Photonen bestehen könnte, die sich bei der Bewegung durch die kleinen Öffnungen gegenseitig beeinflussen würden, mit den zahllosen anderen Punkt-ähnlich sich verhaltenden elektromagnetischen Elementarteilchen, die in verschiedenen elektromagnetischen Gleichgewichtszuständen der Atome gefangen sind, aus denen die Innenseiten der makroskopischen Öffnungen bestehen, und deren Bahnen folglich so abgelenkt würden, dass sie, aus unserer makroskopischen Perspektive betrachtet, scheinbar *sekundäre sphärische elektromagnetische Wellenfronten* erzeugen würden, wie sie aus der Öffnung herauskommen.

Es gibt absolut nichts, was die Möglichkeit ausschließt, dass sich die einzelnen Photonen, die von den aufgeregte Elektronen in Atomen überall im Universum ausgesendet werden, nach der Emission weiterhin Punkt-ähnlich verhalten, bis sie anschließend von anderen geladenen Teilchen absorbiert werden und damit den Emissionsprozess wieder in Gang setzen, nachdem ihre Flugbahnen mehrfach abgelenkt wurden, verlieren jedes Mal etwas Energie als Arbeit in Übereinstimmung mit dem 2. Prinzip der Thermodynamik bei jeder resultierenden Richtungsänderung, bevor sie von anderen geladenen Teilchen an anderen Orten absorbiert werden, wie in der Referenz ([15], [8] Kapitel 6) analysiert wurde.

Ob man zu dem Schluss kommt, dass die elektromagnetische Energie wirklich als ein kontinuierliches Wellenphänomen existiert, so wie es von unserer makroskopischen Ebene aus wahrgenommen wird, oder dass lokalisierte Photonen auf der submikroskopischen Ebene die wirkliche Sache sind, hängt nur von dem ab, was eine Person studiert hat. Beide Denkschulen hatten schon immer recht respektable Anhänger. Tatsache ist, dass, selbst wenn die Behandlung der elektromagnetischen Energie als lokalisierte Quanten mit den Experimenten auf der submikroskopischen Ebene konsistent ist, die Behandlung als ein Phänomen der kontinuierlichen Welle mit den Experimenten auf unser makroskopischen Ebene konsistent bleibt.

Es scheint jedoch, dass die Schlussfolgerung, wonach diese Energie physikalisch als lokalisierte Photonen existieren würde, wie sie unter anderem von Planck, Einstein, de Broglie und Schrödinger gezogen wurde, klarere mechanische Erklärungen für die verschiedenen Prozesse auf submikroskopischer Ebene erlaubt.

2.6. Besonderheiten der Energieberechnung mit Hilfe der Coulomb-Gleichung

Auch wenn Gleichung (2.12) die Trägerenergie des Elektrons im mittleren Grundorbitalabstand des Wasserstoffatoms vom zentralen Proton berechnet, indem diese Energie von *Unendlichkeit* bis zu diesem spezifischen Abstand von r=0 mathematisch akkumuliert wird, kann beobachtet werden, dass diese Energiemenge nur systematisch gleich der tatsächlichen Menge an kinetischer Energie sein kann, die adiabatisch durch die Coulombkraft als Funktion dieses Abstands zwischen den beiden elektrischen Ladungen induziert wird, ein Abstand, der strukturell gleich dem Abstand ist, der den Punkt *d* vom Punkt *Null* in der Integrationsfunktion trennt (**Abbildung 2.1**).

Es kann auch beobachtet werden, dass der Nullpunkt der Integrationsfunktion in die Mitte des Abstands zwischen den beiden von der Coulomb-Gleichung verarbeiteten Ladungen relokalisiert werden kann, ohne die Energieberechnung in irgendeiner Weise zu beeinflussen, ein zentraler Punkt $\otimes$, der später mit dem zentralen Verbindungspunkt einer erweiterten Raumgeometrie korreliert wird.

Die von Marmet verwendete Methode zur Ableitung von Gleichung (2.9) aus der Biot-Savart-Gleichung erlaubt dann die Ableitung einer neuen, allgemeineren Form der Coulomb-Gleichung, die der traditionellen Gleichung $E=h\nu$ entspricht, die es erlaubt, die Energie jedes elektromagnetischen Energiequants zu berechnen, ohne dass die Planck-Konstante verwendet werden muss, und die es auch erlaubt, ihre intrinsischen E und B-Felder strikt mit Hilfe einer Reihe bekannter elektromagnetischer Konstanten zu definieren.

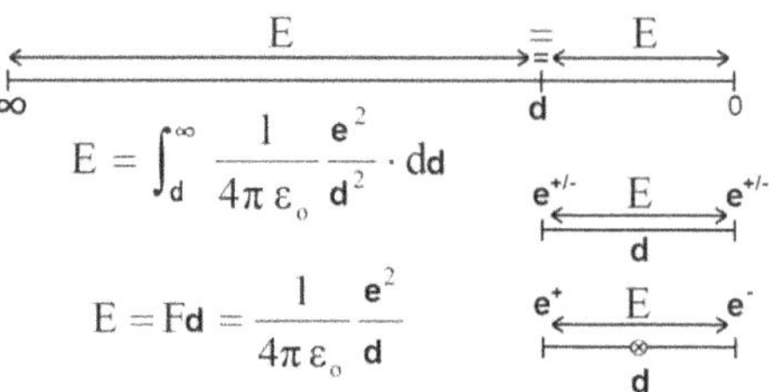

Abbildung 2.1: Energiegleichheit zwischen der Integration von Unendlichkeit bis zum Abstand d und zwischen d und Null.

Durch die Isolierung der Wert von m_o in Gleichung (2.9), die von Marmet, unter Verwendung der bekannten Gleichung $\mu_0\,\varepsilon_0 c^2 = 1$ aus gleichwertigen zweiten partiellen Ableitungen der Maxwell-Gleichungen ([14], [8] Kapitel 13), dass so weit zurück in den 1860er Jahren erlaubt ihm zur Berechnung der unveränderlichen Lichtgeschwindigkeit aus den beiden grundlegenden Konstanten des Vakuums ε_o und μ_o, wird die Einführung der elektrostatischen Permittivitätskonstante des Vakuums ε_o, um eine Verbindung mit der Coulomb-Gleichung. Wenn man μ_o in dieser Gleichung auf die folgende Weise $\mu_0 = 1/\varepsilon_0 c^2$ isoliert, kann man sie durch ihre äquivalente elektromagnetische Definition ersetzen ([30], [8] Kapitel 4):

$$m_0 = \frac{\mu_0\, e^2}{4\,\pi\, r_e} = \frac{e^2}{4\,\pi\varepsilon_0\, r_0 c^2} \tag{2.16}$$

Durch Multiplikation der linken und rechten Terme von Gleichung (2.16) mit c^2 wird die Gleichung von der Berechnung der Masse in die Berechnung der Energie umgewandelt, für diesen speziellen Fall, deren Energiequant das ist, woraus die invariante Ruhemasse des Elektrons besteht:

$$E = m_0 c^2 = \frac{e^2}{4\,\pi\varepsilon_0\, r_0} = 8.18710414\ \text{E} - 14\ \text{j} \tag{2.17}$$

Unter der Annahme, dass e^2 wahrscheinlich ein beliebiges Ladungspaar in einer solchen allgemeinen Gleichung darstellt, wollen wir den von Marmet verwendeten *klassischen Elektronradius* r_o durch den klassischen Radius der theoretischen Umlaufbahn im Bohrschen Atom a_o ersetzen, um mit dem Beispiel des Wasserstoffatoms kohärent zu bleiben. Wenn man bedenkt, dass die Coulomb-Wechselwirkung zwischen zwei solchen Ladungen den Abstand zwischen den Ladungen erfordert, sollten wir beide Seiten der Gleichung weiter durch a_o dividieren, um schließlich die Gleichung zu erhalten, die es erlaubt, die Coulomb-Wechselwirkung zu berechnen und in der resultierenden Gleichung die seit langem etablierte elektrostatische Konstante zu identifizieren, deren genauer Wert 8,987551733E-9 Nm^2/c^2, auch als Coulomb-Konstante bekannt, ist:

$$F = \frac{E}{r_0} = \frac{e^2}{4\pi\varepsilon_0\, r_0^{\,2}} \quad \text{wobei} \quad \frac{1}{4\pi\varepsilon_0} = k_e \text{ (Coulomb-Konstante)} \tag{2.18}$$

Als eine letzte Gültigkeitsbestätigung wollen wir die bekannte Coulomb-Wechselwirkung, die auf der theoretischen Bohr-Umlaufbahn gilt, mit dem Bohr-Radius a_o=5.291772083E-11 m berechnen:

$$F = \frac{e^2}{4\pi\varepsilon_0\, a_0^{\,2}} = 8.238721807E-08\,\text{N} \tag{2.19}$$

Wenn wir nun zu Gleichung (2.17) zurückkehren, die es erlaubt, die Energie zu berechnen, aus der sich die Elektronruhemasse zusammensetzt, stellen wir fest, dass der einzige *möglicherweise variable* Parameter, der die Energiemenge des Quants bestimmt, aus dem sich diese Masse zusammensetzt, r_o ist, die als eine fundamentale Konstante angesehen wird, die unter dem Namen *der klassische Elektronradius* bekannt ist und die Marmet zur Ableitung von Gleichung (2.9) verwendet hat.

Es ist in Physikerkreisen gut verstanden, dass diese Konstante trotz ihres Namens nicht wirklich ein tatsächlicher "Radius" des Elektrons sein kann, da es heute experimentell gut etabliert ist, dass sich das Elektron in allen Streuexperimenten *Punkt-ähnlich* verhält. *Punktähnliches Verhalten* bedeutet hier, dass bei allen derartigen Streuexperimenten, egal wie energetisch, nie eine unüberschreitbare Grenze in einiger Entfernung von den Zentren der Elektronen festgestellt wurde, egal wie nahe zwei Elektronen dem Zentrum des anderen kamen.

Trotz dieser unglücklichen, irreführenden Bezeichnung wird r_o dennoch als nützlich erachtet, um eine *Länge* oder *Entfernung* zu definieren, die noch nicht vollständig verstanden ist und sich auf die elektromagnetischen Wechselwirkungen mit Elektronen auf der submikroskopischen Ebene bezieht.

Aber wir haben jetzt vielleicht *Hinweise* was diese *Länge* oder *Distanz* sein kann, beginnend mit der Beobachtung, dass wir, wenn wir sie in Gleichung (2.12) anstelle des klassischen Bohrschen Radius a_o verwenden, die tatsächliche Energie des Quants erhalten, aus dem die Ruhemasse des Elektrons besteht, wie gerade mit der Standardgleichung (2.17) berechnet, als ob r_o eine wirklich existierende *Distanz* zwischen einem Paar noch zu identifizierenden internen *Möchtegern-Ladungen* wäre, die in die noch zu etablierende elektromagnetische innere schwingende Struktur des Elektrons involviert sind, trotz der Tatsache, dass die *elektrische* Ladung des Elektrons bekannt ist um einzigartig zu sein und auf den festen Wert von 1.602176462E-19 C gesetzt. Vielleicht eine Art Punkt-ähnlichen *Ladungen* irgendeiner Art, die sich von *elektrischen* unterscheiden aber das wäre immer noch der Coulomb-Wechselwirkung ausgesetzt, trotz der Seltsamkeit der Idee.

Wir werden weiter sehen, dass eine solche innere Struktur effektiv etabliert wurde, bei der eine harmonische Schwingung der inneren magnetischen Energie des Elektrons zyklisch in zwei solcher *nicht-elektrischen Ladungen* und zurück in den magnetischen Energiezustand umgewandelt wird. Siehe Gleichung (2.53) weiter unten.

Ein weiterer Hinweis bezieht sich auf die Beziehung zwischen r_o und λ_c, d.h. die Compton-Wellenlänge des Elektrons, die wir gerade mit Gleichung (2.15) berechnet haben. Diese weitere Hinweis bezieht sich auf eine Beziehung zwischen diesen beiden *Konstanten* und der Feinstrukturkonstante α, die zuerst in Referenz ([53], [8] Kapitel 6) in Bezug auf die Rückrufkonstante des Hookeschen Gesetzes beschrieben wurde, wie sie auf die LC-Querschwingung der magnetischen Energie der Ruhemasse des Elektrons angewendet wird, und die die Hälfte der Ruhemasse des Elektrons beträgt, wie sie von Marmet mit Gleichung (2.9) bestimmt wurde.

Aus der in Referenz ([30], [8] Kapitel 4) durchgeführten Berechnung würde die maximale transversale Trennamplitude zwischen diesen *Ladungen* während dieser hin- und hergehenden LC-Schwingung genau gleich $r_o=\alpha\lambda_c/2\pi$ sein, was dem maximalen Abstand entsprechen würde, den diese beiden noch zu identifizierenden *nicht-elektrischen Möchtegern-Ladungen* im Raum erreichen würden, wenn sie zwischen diesem Zweikomponenten-Zustand und der magnetischen Einzelkomponente-Zustand, die die magnetische Hälfte der Energie der invarianten Ruhemasse des Elektrons bildet, schwingen. Diese Schlussfolgerung wurde später bestätigt, als die LC schwingenden *neutrinischen Ladungen* des Elektrons in der Referenz ([33], [8] Kapitel 12) identifiziert wurden. Diese Problematik wird noch später diskutiert werden.

Diese Beziehung zwischen r_o, λ_c und α führte zu der Überlegung, dass die gleiche Methode zur Berechnung der Energie eines beliebigen selbsterhaltenden elektromagnetischen Quants angewandt werden könnte, und die anschließende Überprüfung bestätigte diese Möglichkeit. Es stellt sich also heraus, dass $r=\alpha\lambda/2\pi$ mit dem maximalen Abstand zusammenfällt, den zwei Ladungen – entweder elektrisch oder neutrinisch – transversal während der LC-Schwingung jedes selbsttragenden elektromagnetischen Quants während der hin- und hergehenden Schwingung erreichen können, die sie dazu veranlasst, zyklisch das Magnetfeld des Teilchens zu induzieren, wenn sie sich aufeinander zubewegen, und seine Regression, wenn sie sich voneinander entfernen ([53], [8] Kapitel 6) ([33], [8] Kapitel 12) ([31], [8] Kapitel 11) ([32], [8] Kapitel 14), wie wir weiter unten sehen werden.

Dies bedeutet in der Tat, dass r_o und a_o nicht wirklich fundamentale Konstanten sind, sondern nur Sonderfälle des gesamten Bereichs möglicher transversaler Amplituden der elektromagnetischen Energie, die mit zwei quantisierten stabilen Zuständen der elektromagnetischen Energie der stationären Wirkung, d.h. der invarianten Ruhemasse des Elektrons, und dem elektromagnetischen Gleichgewichtszustand der stationären Wirkung des Elektrons im Wasserstoffatom, zusammenfallen, und dass sie in der Coulomb-Gleichung systematisch durch den allgemeineren variablen Ausdruck $\alpha\lambda/2\pi$ ersetzt werden können, wobei λ die elektromagnetische Längswellenlänge ist, die traditionell mit dem betrachteten elektromagnetischen Energiequant zusammenhängt.

Dies ermöglichte es, die folgende allgemeine Gleichung in Referenz ([30], [8] Kapitel 4) zu definieren, indem die Coulomb-Gleichung (2.19) in folgender Weise angepasst wurde (siehe auch **Abbildung 2.1**):

$$E = \int_{a_0}^{\infty} \frac{1}{4\pi\,\varepsilon_o} \frac{e^2}{\left(\alpha\lambda/2\pi\right)^2} \cdot dr = 0 - \frac{1}{4\pi\,\varepsilon_o} \frac{e^2 2\pi}{\alpha\lambda} = \frac{e^2}{2\,\varepsilon_o\alpha\lambda} \tag{2.20}$$

die eine elektromagnetische Gleichung definiert, die $E=h\nu$ entspricht, die aber nicht die Verwendung der Planckschen Konstante zur Berechnung der elektromagnetischen Energieniveaus erfordert, deren vollständige Ableitung und Begründung in Referenz ([30], [8] Kapitel 4) festgelegt wurde:

$$E = h\nu = \frac{e^2}{2\,\varepsilon_o\alpha\lambda} \tag{2.21}$$

Ein überraschender Vorteil, der durch die Aufstellung dieser Form der Coulomb-Gleichung herbeigeführt wurde, war, dass sie schließlich die Vereinheitlichung aller klassischen Kräftegleichungen erlaubt, indem sie es erlaubt, die fundamentale Gleichung $F=ma$ aus allen von ihnen reversibel abzuleiten ([44], [8] Kapitel 7), neben der Beobachtung, dass die Coulomb-Gleichung ein integraler Bestandteil der Biot-Savart-Gleichung ist, da sie von Marmets Ableitung aus der Biot-Savart-Gleichung abgeleitet ist. Siehe auch die Unterabschnitte 1.7.1 bis 1.7.3.

2.7. Getrennte Berechnung der E- und B-Felder des Elektrons und seiner Trägerenergie

Die Entwicklung von Gleichung (2.21) dann erlaubt in Referenz ([30], [8] Kapitel 4), die E- und B-Felder Gleichungen, die für die Gesamtheit der Energie, von denen die invariante Ruhemasse des Elektrons gemacht wird, getrennt zu definieren:

$$\mathbf{B} = \frac{\mu_0 \pi e c}{\alpha^3 \lambda_C^2} = 8.28900022\ 2\text{E}13\ \text{T} \quad \text{und} \quad \mathbf{E} = \frac{\pi e}{\varepsilon_0 \alpha^3 \lambda_C^2} = 2.48497975\ 1\text{E}22\ \text{N/C} \qquad (2.22)$$

und mit der gleichen Gleichung, unter Verwendung der elektromagnetischen Wellenlänge seiner Trägerenergie, um die E und B Felder dieser Trägerenergie zu berechnen. Um mit unserem Beispiel des Grundzustandsorbitals eines Wasserstoffatoms konsistent zu bleiben, werden hier die E und B Felder mit der Wellenlänge der Trägerenergie berechnet, die in Gleichung (2.14) erhalten wurde:

$$\mathbf{B} = \frac{\mu_0 \pi e c}{\alpha^3 \lambda^2} = 235051.7341\ \text{T} \quad \text{und} \quad \mathbf{E} = \frac{\pi e}{\varepsilon_0 \alpha^3 \lambda^2} = 7.046673712\text{E}13\ \text{N/C} \qquad (2.23)$$

Referenz ([30], [8] Kapitel 4) zeigt dann, wie die magnetischen und elektrischen Feldgleichungen (2.22) und (2.23) addiert werden können, um die kombinierten E- und B-Felder des sich bewegenden Elektrons zu ermitteln. Um mit den Grundzustandsparametern des Wasserstoffatoms konsistent zu bleiben, werden die mit den Gleichungen (2.14) und (2.15) erhaltenen Wellenlängen zur Berechnung der entsprechenden Felder verwendet:

$$\mathbf{B} = \frac{\pi \mu_0 e c}{\alpha^3} \frac{\left(\lambda^2 + \lambda_C^2\right)}{\lambda^2 \lambda_C^2} = 8.289000\ 246\ \text{E}13\ \text{T} \qquad (2.24)$$

$$\mathbf{E} = \frac{\pi e}{\varepsilon_0 \alpha^3} \frac{\left(\lambda^2 + \lambda_C^2\right)\sqrt{\lambda_C\left(4\lambda + \lambda_C\right)}}{\lambda^2 \lambda_C^2 \left(2\lambda + \lambda_C\right)} = 1.813341121\ \text{E}13\ \text{N/C} \qquad (2.25)$$

Es kann nun bestätigt werden, dass die Gleichungen (2.24) und (2.25) gültig sind, indem mit den erhaltenen Werten die bekannte relativistische Geschwindigkeit des Elektrons bei Bewegung mit der Referenzenergie 4.359743805E-18 j des Wasserstoff-Grundzustands (27.2 eV) berechnet wird:

$$v = \frac{\mathbf{E}}{\mathbf{B}} = \frac{1.81334112\ 1\text{E}13}{8.28900024\ 6\text{E}13} 10^{-7} = 2{,}187{,}647.566\ \text{m/s} \qquad (2.26)$$

Der Grund, warum das Ergebnis mit 10^{-7} multipliziert werden muss, liegt darin, dass dieser Faktor, der bei der Einführung der MKS-Einheiten ([14], [8] Kapitel 13) in die Definitionen von ε_o und μ_o aufgenommen wurde, damit diese Konstanten mit dem CGS-System in Einklang bleiben, und der zu den

Parametern gehört, die zur Berechnung der E- und B-Felder des sich bewegenden Elektrons mit den Gleichungen (2.24) und (2.25) erforderlich sind, am Ende im Nenner des E/B-Bruchs von Gleichung (2.26) quadriert wird, was nicht offensichtlich ist, wenn nicht, wie in unserem Beispiel, tatsächliche Berechnungen durchgeführt werden. Diese unerwünschte Quadrierung wird umgangen, indem die Gleichung bei ihrer Auflösung einfach mit 10^{-7} multipliziert wird. Siehe Referenz ([14], [8] Kapitel 13) für eine Erklärung, warum dieser Faktor nicht quadriert werden darf.

Wir beobachten also, dass die magnetische Massezunahme die durch die Marmet-Gleichung ([29], Gleichung (M-17)) bereitgestellt wurde, die zuvor als Gleichung (2.2) wiedergegeben wurde, mit einem entsprechenden B-Feld aus Gleichung (2.23) aus der elektromagnetischen Wellenlänge von 4,556335256 E-8 m des entsprechenden Energiequants (4,359743805 E-18 j) abgestimmt werden kann, wodurch Gleichung (2.10) geändert wird, um den Massezuwachs unter Verwendung der aus den E- und B-Feldern stammenden Geschwindigkeit, wie sie mit Gleichung (2.26) berechnet wird, zu erhalten.

Da die Gleichung (2.26) die gleiche relativistische Geschwindigkeit liefert, die Marmet aus dem Gamma-Faktor [29] aus den Gleichungen (2.4) und (2.5) ermittelt hat, und die er bei der Aufstellung von Gleichung (2.2) verwendet hat, kann der Geschwindigkeitsterm der Marmet-Gleichung durch die E/B-Beziehung ersetzt werden, die diese Geschwindigkeit in Gleichung (2.26) definiert:

$$\Delta m_m = \frac{\mu_0 \left(e^-\right)^2}{8\pi r_e}\frac{v^2}{c^2} = \frac{\mu_0 \left(e^-\right)^2}{8\pi r_e}\frac{(\mathbf{E}/\mathbf{B})^2}{c^2} = 2.425337726\text{E}-35\,\text{kg} \tag{2.27}$$

damit ist erstmals die Berechnung einer *klassischen Masse* ausschließlich aus elektromagnetischen Parametern möglich, ohne irgendeinen veränderlichen Geschwindigkeitsparameter einbeziehen zu müssen.

Die damit verbundene magnetische Energiedichte kann nun für die Energie des zusammengesetzten B-Feldes die zuvor mit Gleichung (2.24) berechnet wurde, festgestellt werden:

$$u_B = \frac{\mathbf{B}^2}{2\mu_0} = \frac{1}{2\mu_0}\left(\frac{\pi\mu_0 ec}{\alpha^3\lambda^2\lambda_C^2}\right)^2 \left(\lambda^2 + \lambda_C^2\right)^2 = 2.733785559\text{E}33\,\text{j/m}^3 \tag{2.28}$$

Zum Vergleich ist hier die Dichte des Magnetfeldes der isolierten invarianten Ruhemasse des Elektrons, wobei das mit Gleichung (2.22) berechnete invariante Magnetfeld des Elektrons verwendet wird:

$$u_B = \frac{\mathbf{B}^2}{2\mu_0} = \frac{1}{2\mu_0}\left(\frac{\mu_0 \pi ec}{\alpha^3 \lambda_C^2}\right)^2 = 2.733785544\text{E}33 \text{ j/m}^3 \tag{2.29}$$

und die der isolierten Trägerenergie des Elektrons im Wasserstoff-Grundzustand, berechnet mit Gleichung (2.23), ist:

$$u_B = \frac{\mathbf{B}^2}{2\mu_0} = \frac{1}{2\mu_0}\left(\frac{\mu_0 \pi ec}{\alpha^3 \lambda^2}\right)^2 = 2.198300502 \text{ E}16 \text{ j/m}^3 \tag{2.30}$$

Die Gleichung, die das Volumen definiert, innerhalb dessen solche hohen Energiedichten sinnvoll sind, ist in Referenz ([30], [8] Kapitel 4) abgeleitet und wird auch weiter unten als Gleichung (2.50) gezeigt.

2.8. Die innere elektromagnetische Struktur der Trägerenergie des Elektrons

Dass das Elektron ein elektromagnetisches Teilchen ist, ist schon lange bekannt. Die Art seiner Trägerenergie konnte jedoch nie geklärt werden, bis Marmet Gleichung (2.2) aus der Biot-Savart-Gleichung ableitete, was zu Gleichung (2.13) führte, die zeigt, dass diese Trägerenergie aus 2 Teilen besteht, d.h. eine Hälfte davon hält den Impuls ΔK des Teilchens aufrecht, und die andere Hälfte wird von Marmet als eine Menge magnetischer Energie identifiziert, die ein relativistisches Masseinkrement Δm_m zur invarianten Ruhemasse des sich bewegenden Teilchens hinzufügt.

Da die elektrische Ladung des Elektrons im Laufe des letzten Jahrhunderts systematisch bewiesen wurde, dass es unabhängig von seiner Geschwindigkeit invariant bleibt, kann erwartet werden, dass das zugehörige intrinsische elektrische E-Feld, das mit der zweiten Gleichung (2.22) aufgestellt wurde, ebenfalls invariant und den Maxwell-Gleichungen entsprechend bleibt, ebenso wie sein intrinsisches magnetisches B-Feld, das mit der ersten Gleichung (2.22) aufgestellt wurde.

Wie mit Gleichung (2.13) relativiert, da die von Marmet identifizierte magnetische Massezunahme von Δm_m im gleichen Verhältnis zunimmt wie die Impulsenergie des Elektrons von ΔK und dass diese beiden Energiemengen nicht Teil des Energiequants sein können, aus dem die unveränderliche Ruhemasse des Elektrons besteht, gibt uns dies einen ersten schlüssigen Hinweis darauf, dass diese Trägerenergie ebenfalls von elektromagnetischer Natur ist, da sich ihr Magnetfeld nicht vom Elektromagnetismus und damit von den Maxwell-Gleichungen trennen lässt.

Dieser durch Gleichung (2.13) dargestellte Gesamtbetrag der Trägerenergie lässt sich somit logisch mit folgender Beziehungsgleichung darstellen:

$$E_{\left(\substack{Gesamte\ Elektron-\\ Trägerenergie}\right)} = E_{(Impuls\text{-}Energie)} + E_{\left(\substack{Magnetische\ Masse\\ Inkrement\ Energie}\right)} \tag{2.31}$$

Aber um mit dem Elektromagnetismus konsistent zu bleiben, scheint es unmöglich, dass diese magnetische Energiekomponente nicht in einen zyklischen Prozess der elektromagnetischen Oszillation zwischen diesem magnetischen Zustand und einem noch zu identifizierenden *elektrischen* Zustand involviert wäre, der möglicherweise als eine wechselseitige Oszillation zwischen beiden Zuständen dargestellt werden könnte, in Übereinstimmung mit dem eigentlichen Fundament der Maxwell-Theorie, mit dem Effekt, dass beide Aspekte sich gegenseitig induzieren müssen, damit elektromagnetische Energie überhaupt existieren kann [17]:

$$E_{\left(\substack{Gesamte\\ Trägerenergie}\right)} = E_{(Impuls\text{-}Energie)} + \left[E_{\left(\substack{Elektrischer\\ Zustand}\right)} \cos^2\left(\omega t\right) + E_{\left(\substack{Magnetischer\\ Zustand}\right)} \sin^2\left(\omega t\right) \right] \tag{2.32}$$

An dieser Stelle ist ein nachhaltiger Blick *über den Rand der Kiste* nötig, wie das Sprichwort sagt, denn dieses von Marmet frisch identifizierte magnetische Masseinkrement ist in Experimenten von Walter Kaufman zu Beginn des 20. Jahrhunderts durch Querwechselwirkung mit relativistisch sich bewegenden Elektronen physikalisch nachgewiesen worden [36], was bedeutet, dass die Energie, die dieses *Masse-Inkrement* ausmacht, nur physikalisch existieren kann, genau wie die Energie, die die unveränderliche Ruhemasse des Elektrons ausmacht. Und schließlich muss es auch für seine Impulsenergie sein, trotz der lange vertretenen Schlussfolgerung, dass sie nur insofern existiert, als ihre Geschwindigkeit ausgedrückt werden kann.

Diese Schlussfolgerung führt zur Umwandlung der Relationsgleichung (2.32) in die folgende elektromagnetische Form, die diese elektromagnetische Schwingung als eine einfache harmonische, reziproke *transversale* LC-Querschwingung darstellt – in Übereinstimmung mit der Tatsache, dass die *E*- und *B*-Felder senkrecht zur Bewegungsrichtung stehen müssen – zwischen einem elektrischen Zustand und einem magnetischen Zustand der Energie, aus der das von Marmet identifizierte magnetische Masseinkrement besteht:

$$E_{\left(\substack{Gesamte\\ Trägerenergie}\right)} = \frac{hc}{2\lambda} + \left[\frac{e^2}{2C_\lambda} \cos^2\left(\omega t\right) + \frac{L_\lambda\, i_\lambda{}^2}{2} \sin^2\left(\omega t\right) \right] \tag{2.33}$$

wobei

$$E_{E(\max)} = \frac{e^2}{2C} \qquad \text{und} \qquad E_{B(\max)} = \frac{L\, i^2}{2} \tag{2.34}$$

Die Definitionen der Teilkomponenten C, L und i werden weiter unten mit den Gleichungen (2.45) und (2.47) angegeben.

In dieser transitorischen Form mag Gleichung (2.33) den Eindruck erwecken, dass die elektromagnetische Energie des Δm_m Halbquants sozusagen *längs* schwingt und sich in die gleiche vektorielle Richtung bewegt wie seine $\Delta K = hc/2\lambda$ Impulsenergie, aber wir werden weiter sehen, dass sie nur in Übereinstimmung mit den Maxwell-Gleichungen quer schwingen kann, als die vektorielle Infrastruktur mit Gleichung (2.48) in Stellung gebracht wird.

Wir werden auch weiter sehen, dass die Oszillation der magnetischen Energie dieses magnetischen Massezuwachses, zwischen einem Zustand maximaler Präsenz und einem Null-Präsenz-Zustand als Funktion seiner elektromagnetischen Frequenz der Schlüssel zum Verständnis der verschiedenen Resonanzzustände des Elektrons ist, d.h. seiner Zitterbewegung einerseits, und auch seines axialen Resonanzzustandes, wenn es in einem autorisierten Atomorbital in einen elektromagnetischen Gleichgewichtszustand der kleinsten Wirkung gefangen ist. Siehe Abschnitte 2.18 und 2.20.

Es kann in der Tat festgestellt werden, wie wir weiter unten sehen werden, dass auch die magnetische Energie der invarianten Ruhemasse des Elektrons nur in einer ähnlichen harmonischen Schwingungsbewegung zwischen maximaler Präsenz und Null-Präsenz im Raum getrennt beteiligt sein kann ([31], [8] Kapitel 11), und dass dieselbe Schwingung die magnetische Energie der beiden Arten von elementaren Komponenten, aus denen alle Nukleonen bestehen, und ihrer jeweiligen tragenden Energien, d.h. des *Up-Quarks* und des *Down-Quarks*, charakterisiert ([32], [8] Kapitel 14).

2.9. Korrelation zwischen klassischer Mechanik und relativistischer Mechanik durch Elektromagnetismus

Der erste Vorteil der Darstellung der Elektrontragerenergie mit der LC-Gleichung (2.33) ist die Leichtigkeit, mit der sie es erlaubt, ihre elektromagnetisch schwingende Hälfte als senkrecht zur Bewegungsrichtung der Energie schwingend darzustellen, die ihren Translations-Impuls aufrechterhält ($\Delta K = hc/2\lambda$), was eindeutig übereinstimmt, wie bereits erwähnt, mit die bekannte senkrechte Beziehung zwischen dem E- und dem B-Feld der Maxwellschen Theorie in Bezug auf die Bewegungsrichtung eines beliebigen Punktes auf der

Wellenfront seiner theoretischen kontinuierlichen elektromagnetischen Welle in sphärischer Ausdehnung von ihrem Sendeort aus.

Wiederum, diese klare Trennung zwischen der unidirektional orientierten Impulsenergie und der transversal schwingenden Energie des Trägerenergiequants erlaubte es, die nicht-relativistische kinetische Energiegleichung $K=mv^2/2$ von Newton direkt in eine voll relativistische elektromagnetische Form zu überführen ([42], [8] Kapitel 5):

$$\frac{v^2}{c^2} = \frac{4\lambda\lambda_C + \lambda_C{}^2}{\left(2\lambda + \lambda_C\right)^2} \tag{2.35}$$

Ein unerwartetes Ergebnis der Aufstellung von Gleichung (2.35) war, dass bei Verwendung der Wellenlänge der Trägerenergie die in der mittleren Grundzustandsorbitaldistanz vom Kern des Wasserstoffatoms induziert wird (4,556335261E-08 m), Sie liefert direkt die Feinstrukturkonstante α ([60], [8] Kapitel 8):

$$\alpha = \frac{v}{c} = \frac{\sqrt{\lambda_C\left(4\lambda + \lambda_C\right)}}{\left(2\lambda + \lambda_C\right)} = 7.29735253\ 3\text{E}-03 \tag{2.36}$$

Noch überraschender! Die weitere Division von Gleichung (2.36) durch 2π liefert die exakte Feinstrukturkonstante α bezogener Elektronen-g-Faktor, die 1948 von Julian Schwinger entdeckt wurde ([60], [8] Kapitel 8) [70]:

$$\begin{pmatrix}\text{Elektron} \\ \text{Magnetisches Dipolmoment} \\ \text{Magnetische Drift}\end{pmatrix} = \frac{\sqrt{\lambda_C\left(4\lambda + \lambda_C\right)}}{2\pi\left(2\lambda + \lambda_C\right)} = \frac{\delta\mu}{\mu_B} = \frac{\alpha}{2} = 1.161386535\text{E}-3 \tag{2.37}$$

Die Tatsache, dass die elektromagnetische Gleichung (2.35) durch Struktur relativistisch ist, erlaubt auch die Ableitung der 4 relativistischen Standardgleichungen. An erster Stelle steht die relativistische Impulsenergiegleichung, die nun so geändert wurde, dass sie auch das Vorhandensein des magnetischen Masseinkrements Δm_m der Trägerenergie der Elementarteilchen berücksichtigt ([42], [8] Kapitel 5):

$$K = 2m_0 c^2\left(\gamma - 1\right) \tag{2.38}$$

Offenbar auch zum ersten Mal überhaupt, die Lorentz-Gammafaktor-Gleichung wurde direkt aus einer elektromagnetischen Referenzgleichung ([42], [8] Kapitel 5), also aus Gleichung (2.35), abgeleitet, statt aus streng mathematisch-geometrischen und trigonometrischen Methoden, wie es seit der Idee von Woldemar Voigt 1887 systematisch geschieht ([36], Siehe auch Abschnitt 3.4) ([42], [8] Kapitel 5) ([60], [8] Kapitel 8) [71] [72]:

$$\gamma = \frac{1}{\sqrt{1 - v^2/c^2}} \tag{2.39}$$

Die dritte hergeleitete relativistische Gleichung war natürlich die relativistische Massegleichung eines sich bewegenden Elementarteilchens ([42], [8] Kapitel 5):

$$E = \gamma mc^2 \quad \text{wobei} \quad \gamma m = m_o + \Delta m_m \tag{2.40}$$

Und schließlich die relativistische Energie-Impuls-Beziehungsgleichung (Siehe Anhang A):

$$E^2 = (pc)^2 + \left(mc^2\right)^2 \tag{2.41}$$

Damit wird schlüssig nachgewiesen dass klassische relativistische Gleichungen und elektromagnetische Gleichungen reversibel voneinander abgeleitet werden können.

Neben Gleichung (2.35), die die mit den Gleichungen (2.14) und (2.15) definierten Wellenlängen verwendet, aus denen alle klassischen relativistischen Gleichungen abgeleitet werden können, wurde eine zweite und noch grundlegendere elektromagnetische Gleichung aus der Aufwertung der Newtonschen kinetischen Energiegleichung auf den vollen elektromagnetischen Zustand abgeleitet ([42], [8] Kapitel 5). Es ist die folgende Gleichung, die sich direkt die *Energiemengen* zunutze macht, die getrennt die unveränderliche Ruhemasse des Elektrons, seinen Impuls und schließlich sein magnetisches Masseinkrement bilden, wobei die letzten beiden seine Trägerenergie darstellen. Es ist die folgende Form:

$$\frac{\left(hc/\lambda + 2hc/\lambda_C\right)^2 - \left(2hc/\lambda_C\right)^2}{\left(\left(2L_C \; i_C^{\;2}\right) + \left(L_\lambda \; i_\lambda^{\;2}\right)\right)^2} = \frac{v^2}{c^2} \tag{2.42}$$

die sich zu dieser vereinfachten Form auflöst:

$$v = c \frac{\sqrt{4EK_{\text{Im}\,puls} + \left(K_{\text{Im}\,puls}\right)^2}}{2E + K_{magnetisch}} \tag{2.43}$$

wobei E die Energie der invarianten Ruhemasse des Elektrons darstellt, K_{Impuls} die ΔK Impulsenergie ist, die von der Trägerenergie geliefert wird, und $K_{magnetisch}$ die Energie ist, die in das Δm_m magnetische Masseinkrement geht, das von der Trägerenergie des Elektrons geliefert wird.

Was so grundlegend und wichtig an dieser Gleichung ist, ist, dass, wenn die Energie der Ruhemasse des Elektrons auf Null reduziert wird und nur seine Trägerenergie in der Gleichung bleibt, wir am Ende eine Gleichung haben, die systematisch die Lichtgeschwindigkeit in einer unveränderlichen Weise liefert, unabhängig von der Summe der beiden Halbquanten, die durch Struktur der Impulsenergie und der Energie der verbleibenden magnetischen Masse immer gleich ist; eine Geschwindigkeit, die nur für frei bewegende elektromagnetische Energie möglich ist:

$$v = c\,\frac{K_{\text{Im puls}}}{K_{elektromagnetisch}} = \frac{\Delta K}{\Delta m_m c^2} = c\,\frac{(hc/2\lambda)}{(L_\lambda\,i_\lambda^2)} = c\,\frac{1}{1} = 299{,}792{,}458\,\text{m/s} \tag{2.44}$$

wobei

$$L = \frac{\mu_0 \alpha \lambda}{8\pi^2} \quad \text{und} \quad i = \frac{2\pi\,ec}{\alpha\lambda} \tag{2.45}$$

Da Marmets Beitrag es erlaubt, schlüssig festzustellen, dass Δm_m aus Gleichung (2.2) und ΔK aus Gleichung (2.6) systematisch gleich sind, unabhängig von der Gesamtmenge der Summe ihrer Energien, werden diese beiden Energiewerte systematisch auf 1 in Gleichung (2.44) vereinfacht, unabhängig von der Energiemenge der elektromagnetischen Energie, die durch ihre Wellenlänge λ repräsentiert wird.

Damit haben wir zum ersten Mal einen schlüssigen Hinweis auf die mögliche innere elektromagnetische Struktur lokalisierter frei bewegender elektromagnetischer Photonen, d.h. elektromagnetischer Photonen, die nicht dadurch gebremst würden, dass sie die translatorische inerte elektromagnetische Masse eines Elektrons sozusagen *tragen und antreiben* müssten, sondern nur ihr eigenes elektromagnetisches Massekomplement tragen und antreiben müssten. Die LC-Gleichung (2.33) könnte also auch auf sich frei bewegende elektromagnetische Photonen und auf die Energie des Elektrons angewendet werden, was die Bezeichnung *Träger-Photon* voll und ganz rechtfertigen würde.

2.10. Das elektromagnetische Doppelteilchen-Photon von de Broglie

Identifizieren wir nun also konsequenterweise abwechselnd Gleichung (2.33) als eine Beschreibung der Gesamtenergie eines frei sich bewegenden elektromagnetischen Photons und analysieren weiter seine Struktur:

$$E_{\left(\substack{Gesamtre\ Energie \\ des\ Photons}\right)} = \frac{hc}{2\lambda} + \left[\frac{e^2}{2C_\lambda}\cos^2(\omega t) + \frac{L_\lambda\,i_\lambda^2}{2}\sin^2(\omega t)\right] \tag{2.46}$$

Natürlich gelten weiterhin die Definitionen der Gleichungen (2.45) für die *L*-und *i*-Variablen, und die in Referenz ([15], [8] Kapitel 6) festgelegte Definition von *C* ist:

$$C = 2\varepsilon_0 \alpha \lambda \qquad\qquad (2.47)$$

Wir beobachten zunächst, dass die elektrische Phase der elektromagnetischen Querschwingung zwischen magnetischen und elektrischen Zuständen ein Ladungspaar zu beinhalten scheint, was eine Möglichkeit ist, die ein großer Stolperstein in der elektromagnetischen Theorie ist, seit Maxwell seine Theorie der Lichtausbreitung auf dem damals axiomatischen Konzept begründete, dass die bloße Existenz dieser Energie voraussetzte, dass sich die beiden *E*- und *B*-Felder zwingend gegenseitig induzieren, damit die Energie überhaupt existiert.

Auch wenn die daraus resultierende Theorie ihre absolute Übereinstimmung mit den Erfahrungen auf makroskopischer Ebene zweifelsfrei bewiesen hat, konnte der Ursprung des *Verschiebungsstroms*, der eine solche lokale Bewegung einiger postulierter doppelter elektrischer Ladungen zur Induktion des Magnetfeldes mit sich bringen würde, während sie sich angeblich aufeinander zubewegen und damit das Magnetfeld induzieren, um dann selbst wieder induziert zu werden, wenn sich das Magnetfeld zurückentwickelt, weder experimentell noch theoretisch geklärt werden.

Auf der Suche nach der Identifizierung dieser noch hypothetischen Ladungen auf der submikroskopischen Ebene versuchte de Broglie in den 1930er Jahren, eine klare interne elektromagnetische Mechanik des lokalisierten Photons zu etablieren, die auf den Eigenschaften der Wellenfunktion beruht.

Es stellt sich heraus, dass er korrekterweise festgestellt hat, dass ein solches dauerhaft lokalisiertes Photon der Bose-Einstein-Statistik und dem Planckschen Gesetz erfüllt sein könnte, den photoelektrischen Effekt unter Beachtung der Maxwell-Gleichungen erklären und in Übereinstimmung mit den Eigenschaften der Diracsche Theorie der komplementären Korpuskelsymmetrie bleiben, nur wenn es sich um zwei Halbphotonen des Spins 1/2 handelt,

> *"... qui doivent être complémentaires l'un de l'autre dans le même sens que l'électron positif* [le positon] *est complémentaire de l'électron négatif dans la théorie des trous de Dirac... Un tel couple de particules complémentaires est susceptible de s'annihiler au contact de la matière en cédant toute son énergie, ce qui rend compte parfaitement des caractéristiques de l'effet photoélectrique... le photon étant constitué de deux particules*

élémentaires de spin h/4π, il doit obéir à la statistique de Bose-Einstein comme l'exige l'exactitude de la loi de Planck pour le rayonnement noir... ce modèle du photon permet de définir un champ électromagnétique lié à la probabilité d'annihilation du photon, champ qui obéit aux équations de Maxwell et possède tous les caractères de l'onde électromagnétique lumineuse." ([27], p.277).

Übersetzung:

"... daß müssen komplementär zueinander in der gleichen Weise sein, wie das positiv Elektron [das Positron] komplementär zu dem negativen Elektron in der diracschen Löchertheorie ist... Solch ein zusammengehöriges Partikelnpaar ist fähig am Kontakt von Materie durch alle ihre Energie aufgebend vernichtet zu sein, was vollkommen für die Eigenschaften der photoelektrischen Wirkung verantwortlich ist.... Das Photon, das aus zwei Elementarteilchen mit Spin h/4π gebildet ist, soll die Bose-Einstein-Statistik folgen, wie die Genauigkeit des Gesetzes von Planck für den schwarzen Körper fordert.... dieses Modell des Photons erlaubt eine Definition eines elektromagnetischen Feldes, das zur Wahrscheinlichkeit der Vernichtung des Photons verbindet ist, einem Feld das die Maxwell-Gleichungen gehorcht, und das alle Eigenschaften von elektromagnetischen Lichtwellen hat."

Seine Versuche, das lokalisierte elektromagnetische Photon aus den Eigenschaften der Wellenfunktion zu definieren, waren so erfolglos, dass er 1936 schließlich zu dem Schluss kam, dass es unmöglich sei, Elementarteilchen im Rahmen der 4D-Raumzeitgeometrie exakt darzustellen, was seiner Ansicht nach zu restriktiv war, und andeutete, dass eine solche Beschreibung möglich werden könnte, wenn man diesem Rahmen schließlich entkommen könnte:

"... la non-individualité des particules, le principe d'exclusion et l'énergie d'échange sont trois mystères intimement reliés : ils se rattachent tous trois à l'impossibilité de représenter exactement les entités physiques élémentaires dans le cadre de l'espace continu à trois dimensions (ou plus généralement de l'espace-temps continu à quatre dimensions). Peut-être un jour, en nous évadant hors de ce cadre, parviendrons-nous à mieux pénétrer le sens, encore bien obscur aujourd'hui, de ces grands principes directeurs de la nouvelle physique." ([27], S. 273).

Übersetzung:

"... die Nichtindividualität von Partikeln, das paulische Ausschließungsprinzip und die Austauschenergie sind drei Rätsel, die in engem Zusammenhang mit einander sind. Alle drei werden an die Unmöglichkeit festgebunden, genau physische Elementarteilchen darzustellen, innerhalb des Rahmens des ununterbrochenen dreidimensionalen Raumes (oder mehr generell gesagt, innerhalb des Rahmens der ununterbrochene vier dimensional Raum-Zeit). Eines Tages vielleicht, wenn wir diesem Rahmen entweichen, werden wir besser die Bedeutung dieser Hauptführungsprinzipien der neuen Physik ergreifen, die heute noch ziemlich rätselhaft sind."

Im Rückblick, scheint es das im beschränkten Rahmen der 4D-Raum-Zeit-Geometrie die Beschreibung des elektromagnetischen Photons aus den Eigenschaften der Wellenfunktion, die ursprünglich nicht auf dem Elektromagnetismus beruhte, eine unmögliche Aufgabe war, da sie, erinnern wir uns, von Schrödinger eingeführt wurde, um einen Resonanzzustand im Sinne der klassischen Resonanzmechanik darzustellen, der aus de Broglies Vergleich mit bekannten Resonanzzuständen der klassischen Mechanik stammt [58]. Siehe auch Gleichung (2.1). Auf diese Frage des Reverse Engineering werden wir weiter unten in Abschnitt 2.19 zurückkommen. Siehe auch Abschnitt 1.2 zu diesem Thema.

Die einzige wirkliche Beziehung, die zwischen der Schrödingerschen Wellenfunktion und dem *elektromagnetischen* Resonanzzustand des im Grundzustandsorbitalen des Wasserstoffatoms gefangenen Elektrons bestehen kann, kann dann nur eine Beschreibung des räumlichen Resonanzvolumens sein, in dem die gesamte Elektronenergie zu erwarten ist, und gibt keinerlei Hinweis auf die Natur des *elektromagnetischen Resonators*, dessen Resonanzeigenschaften dieses Resonanzvolumen erklären könnten.

Außerdem die Idee, dass sich die Hälfte der Energie des Quants als 2 Halbmengen mit *elektrischen* Eigenschaften verhalten könnte, während sie sich gleichzeitig konzentrisch als eine einzige Menge im gleichen Raumvolumen ansammeln, die *magnetische* Eigenschaften aufweisen würde geht direkt gegen die Logik, wenn man bedenkt, dass diese Energie eine *physikalisch existierende Substanz* wäre, wie die vorherige Analyse zu dem Schluss führt, was bedeuten würde, dass es sich beim Schwingen selbst durchdringt.

Diese mechanische Unmöglichkeit, die offensichtlich wird, wenn man versucht, im gleichen Raumvolumen die gegenseitige Induktion der elektrischen und magnetischen Aspekte lokalisierter elektromagnetischer Quanten durch hin- und hergehenden Schwingung darzustellen, korreliert effektiv mit de Broglies Schlussfolgerung, dass Elementarteilchen im zu restriktiven Rahmen der 4D-Raumzeitgeometrie nicht dargestellt werden können.

2.11. Erweiterung der Raumgeometrie

In der Maxwellschen Wellentheorie ist es gut verstanden, dass das Konzept der kontinuierlichen Welle auferlegt, dass sowohl die *E*- als auch die *B*-Felder der Maxwellschen Theorie *in Phase* sein müssen, damit die Welle existieren und sich ausbreiten kann. Im Gegensatz dazu verlangt die Vorstellung, dass die Energie von lokalisierten elektromagnetischen Quanten aufgrund einer sich selbst erhaltenden, reziproken LC-Schwingung existieren könnte, dass beide Felder um $180°$ *phasenverschoben* sein müssen, damit eine solche LC-Schwingung mechanisch möglich ist.

Eine genaue Untersuchung der traditionellen graphischen Darstellungen der elektromagnetischen Phasen der Maxwellschen Theorie und seiner Gleichungen zeigt jedoch, dass sowohl die phasengleiche als auch die um $180°$ phasenverschobene Anordnung die gleiche Konfiguration ergibt (**Abbildung 2.2**).

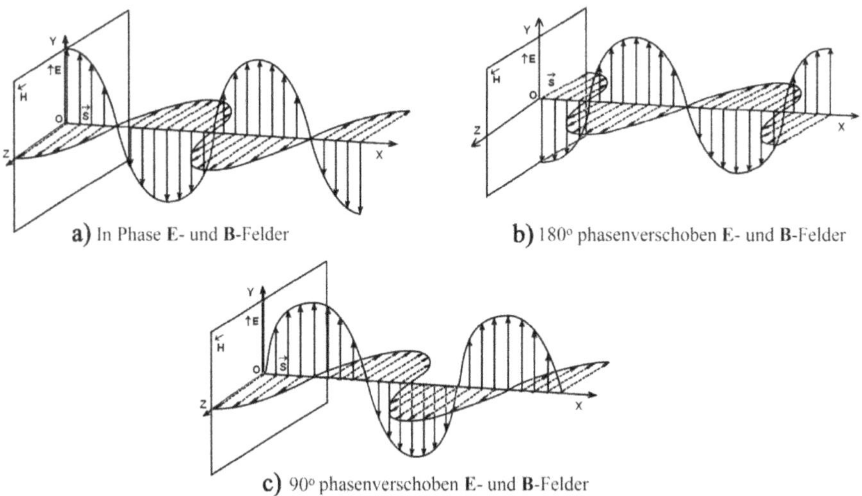

Abbildung 2.2: Traditionelle Darstellungen von elektromagnetischen Feldern in Phase, 180° phasenverschoben und 90° phasenverschoben, im klassischen Elektromagnetismus.

Dies zeigt, dass, obwohl eine 180°-Phasenverschiebung mit Maxwells Theorie der kontinuierlichen elektromagnetischen Wellen unvereinbar ist, sie durch seine Gleichungen perfekt erlaubt ist, und dass eine echte 180°-Phasenverschiebung, bei der die elektrische Energie ein Minimum erreicht, während die magnetische Energie ein Maximum erreicht, und das Gegenteil, tatsächlich erlaubt ist und effektiv mit der Darstellung eines sich selbst erhaltenden elektromagnetischen Quants durch einen hin- und hergehenden LC-Oszillationsprozess konsistent ist (**Abbildung 2.3**). Darüber hinaus ist es mit der Grundlage der Maxwellschen Theorie vereinbar, dass sich beide Felder gegenseitig induzieren müssen, damit die Energie überhaupt existiert.

Und ohne so weit zu gehen, die reale physikalische Existenz eines solchen zweiten Raumes anzunehmen, ist es zufällig so, dass es aus der vektoriellen Perspektive ziemlich einfach ist, einen solchen Multi-Raum-Komplex darzustellen, und es ist besonders einfach, sowohl das *E*- als auch das *B*-Feld des Δm_m magnetischen Massen-Halbquants vektoriell als quer zur Bewegungsrichtung des ΔK Impuls-Halbquants oszillierend, in Übereinstimmung mit den Maxwell-Gleichungen, darzustellen.

Und ohne so weit zu gehen, die reale physikalische Existenz eines solchen zweiten Raumes anzunehmen, ist es zufällig so, dass es aus der vektoriellen

Perspektive ziemlich einfach ist, einen solchen Multi-Raum-Komplex darzustellen, und es ist besonders einfach, sowohl das E- als auch das B-Feld des Δm_m magnetischen Massen-Halbquants vektoriell als quer zur Bewegungsrichtung des ΔK Impuls-Halbquants oszillierend, in Übereinstimmung mit den Maxwell-Gleichungen, darzustellen.

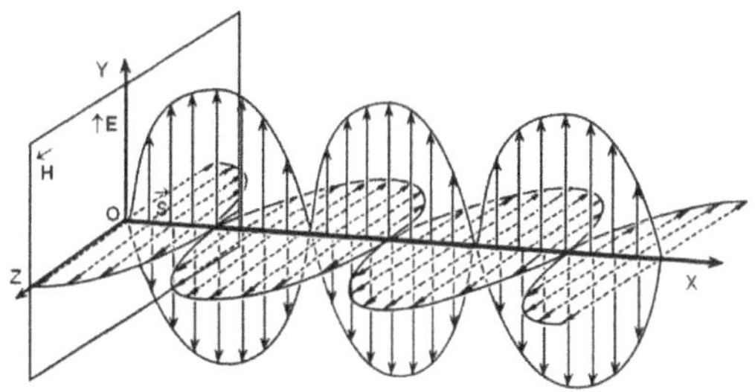

Abbildung 2.3. 180° phasenverschobene Darstellung der E- und B-Felder der Maxwellschen Theorie für eine LC-Schwingung.

In diesem speziellen Fall ist es so, dass das bekannte vektorielle Kreuzprodukt des magnetischen B-Feldvektors und des elektrischen E-Feldvektors, die beide senkrecht zueinander stehen, sich in einem dritten Vektor auflösen, der senkrecht zu den ersten beiden steht und die Phasengeschwindigkeit repräsentiert (**Abbildung 2.4-a**), was die dreifache orthogonale Beziehung ist, die die Bewegungsrichtung mit Lichtgeschwindigkeit eines beliebigen Punktes der Wellenfront der hypothetischen sphärisch expandierenden kontinuierlichen elektromagnetischen Welle von Maxwell abbildet, gibt uns eine solide Grundlage, um eine solche Möglichkeit zu erforschen.

Die Methode besteht darin, jeden der 3 elektromagnetischen Standardvektoren i, j und k, die auf den Normalraum anwendbar sind, sozusagen geometrisch in 3 eigene vollwertige 3D-Vektorräume zu *explodieren* (**Abbildung 2.4-b**), wobei jeder der drei X-, Y- und Z-Räume (**Abbildung 2.4-c**) senkrecht zu den beiden anderen bleibt und alle über ihren gemeinsamen Ursprung verbunden bleiben, der zuvor als Mittelpunkt ⊗ zwischen einem Ladungspaar in **Abbildung 2.1** identifiziert wurde, und das nun als Transitpunkt für die Energie gesehen werden kann, die sich im Zentrum jedes elektromagnetischen Elementarquants befinden würde, und durch den die *Substanz* des Energiequants sich frei bewegen könnte, wie zwischen kommunizierenden Gefäßen, entsprechend ihrer erforderlichen elektromagnetischen Hin- und Herbewegung, ohne die unlogische

Durchdringung der *Energiesubstanz*, die eine solche Hin- und Herbewegung innerhalb des begrenzteren Rahmens einer einzigen 3D-Raumgeometrie verhindern würde.

Entgegen der Erwartung stellt sich heraus, dass es relativ einfach ist, einen solchen dreidimensionalen, zueinander orthogonalen 9-dimensionalen geometrischen Komplex mental zu visualisieren. Es genügt, sich jeden der 3 Sätze der Nebenvektoren *i*, *j* und *k* aus **Abbildung 2.4-b** so vorzustellen, als wären sie gefaltete metaphorische 3-Rippen-Schirme.

Dies erlaubt uns, jede von ihnen nach Belieben mental zu öffnen, eine nach der anderen, bis zur vollen 3-Achsen-Orthogonalausdehnung, um das Verhalten der Energiequantsubstanz in diesem voll entfalteten 3D-Raum während jeder Phase der oszillierenden Bewegung zu beobachten. Die **Abbildungen 2.4-b** und **2.4-c** zeigen die Dimensionen der 3 Räume, die zur Hälfte entfaltet sind, um eine klare und eindeutige Identifizierung jeder der 9 resultierenden orthogonalen inneren Achsen zu ermöglichen, was eine einfache mathematische und vektorielle Identifizierung der inneren Bewegung der Energie in jedem Raum ermöglicht, ohne die traditionellen vektoriellen Darstellungen, die in der normalen 4D-Raumgeometrie zur Darstellung der elektromagnetischen Energie angewandt werden, in irgendeiner Weise zu verändern oder zu entwerten.

In dieser Raumgeometrie ist die Impulsenergie, die Elementarteilchen translationsweise antreibt, per Definition unidirektional und wird durch Struktur so eingestellt, dass sie unempfindlich gegenüber jeder transversalen Wechselwirkung ist, was direkt mit den Beobachtungen von Walter Kaufman über die longitudinale Trägheit und die transversale Trägheit von Elektronen korreliert, die sich mit relativistischen Geschwindigkeiten in einer Blasenkammer bewegten [36], als er beobachtete, dass, obwohl beide Halbquanten ΔK und Δm_m zusätzlich zur Elektronruhemasse longitudinal gemessen werden konnten, aber nur das Δm_m Halbquant zusätzlich zur Elektronruhemasse transversal gemessen werden konnten.

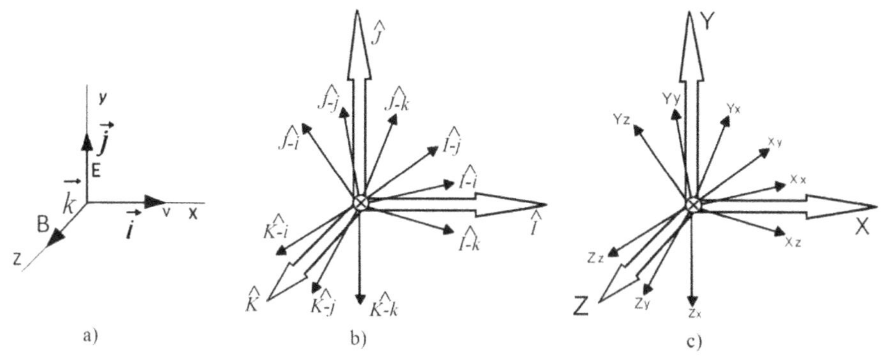

Abbildung 2.4: Haupt- und Nebeneinheitsvektorensatz für die dreiräumlichen Geometrie.

Dieselbe Eigenschaft bewirkt, dass das Paar entgegengesetzter Zeichen *elektrische Ladungen* eines elektromagnetischen Quants, die sich auf der Y-y/Y-z-Ebene im Y-Raum unidirektional aufeinander zu oder voneinander weg bewegen, in Bezug auf die orthogonal ausgerichtete Y-x-Achse neutral erscheint und nicht einmal als vom X-Raum aus wahrnehmbar sind, was der Raum ist, von dem aus wir die objektive Realität beobachten, was mit der beobachteten Tatsache korreliert, dass elektromagnetische Photonen keine elektrischen Ladungen zu besitzen scheinen ([15], [8] Kapitel 6) ([53], [8] Kapitel 6), trotz der physikalischen Unvereinbarkeit einer solchen Abwesenheit mit der Maxwellschen Theorie.

Die gleiche Unauffindbarkeit und scheinbare Abwesenheit von Ladungen mit entgegengesetzten Zeichen wird die Paare von *neutrinischen Ladungen* charakterisieren, die sich auf der X-y/X-z-Ebene innerhalb des X-Raums unidirektional aufeinander zu- und voneinander weg bewegen ([33], [8] Kapitel 12) ([31], [8] Kapitel 11).

Die Tatsache, dass sich das Paar der *elektrischen Ladungen* nur in der Y-y/Y-z-Ebene in entgegengesetzte Richtungen bewegen kann, erklärt, warum Photonen in jedem Winkel senkrecht zu ihrer Bewegungsrichtung entlang der X-x-Achse des normalen X-Raums polarisiert werden können. Offensichtlich gilt die gleiche Polarisationseigenschaft für das Paar von *neutrinischen Ladungen*, die sich in entgegengesetzten Richtungen auf der X-y/X-z-Ebene bewegen.

Endlich, jede Energiemenge, die nun zwischen Y- und Z-Räumen oszilliert, findet sich in Bezug auf den normalen X-Raum in Querrichtung *durch Struktur* oszillierend wieder und wird daher, wie vom X-Raum aus wahrgenommen, den

Anschein einer omnidirektionalen Trägheit zeigen, d.h. sich so verhalten, als wäre sie *massiv* im Sinne der klassischen/relativistischen Mechanik, wie sie vom X-Raum aus wahrgenommen wird.

Diese erweiterte Raumgeometrie wurde erstmals auf der Congress-2000-Veranstaltung an der Staatlichen Universität St. Petersburg im Juli 2000 vorgeschlagen [28]. Sie wird vorgestellt und relativiert in Referenz ([34], [8] Kapitel 19) in Bezug auf die traditionellen mehrdimensionalen Geometrie, die in früheren historischen Versuchen zur Lösung der verbleibenden Fragen der Fundamentalphysik konzipiert wurden, und ist in Referenz ([15], [8] Kapitel 6) vollständig beschrieben.

2.12. Fundamentalsymmetrie erhalten durch Struktur

Ein Aspekt von größtem Interesse der dreiräumlichen Geometrie ist, dass das grundlegende Prinzip der Symmetrie durch Struktur für alle Aspekte der Verteilung der Energie eines elektromagnetischen Quants respektiert wird.

Die Energie wird systematisch auf eine Hälfte verteilt, die in einem der Räume unidirektional bleibt, während die andere Hälfte zyklisch in senkrechter Orientierung zur ersten Hälfte strukturell oszilliert (*Halb-Halb-Symmetrie*), was sofort zeigt, dass in dieser Raumgeometrie die Lichtgeschwindigkeit in allen Fällen frei bewegender elektromagnetischer Photonen aufgrund dieser strukturbedingten Halb-Halb-Energieverteilung zwischen den beiden Halbquanten nur eine unveränderliche Gleichgewichtsgeschwindigkeit im Vakuum sein kann ([15], [8] Kapitel 6).

Innerhalb des elektrostatischen Y-Raums, in dem beide elektrischen Ladungen – für frei bewegende Photonen und Träger-Photonen – axial auf der Y-y/Y-z Ebene aufeinander zu- und voneinander weg schwingen ([15], [8] Kapitel 6) ([53], [8] Kapitel 6), und innerhalb des normalen X-Raums, in dem beide neutrinischen Ladungen (für massives Elektron, Positron, Up- und Down-Quark – wenn man nur von den stabilen Zuständen spricht) ([33], [8] Kapitel 12) ([31], [8] Kapitel 11) ([32], [8] Kapitel 14) ebenfalls axial aufeinander zu- und voneinander weg schwingen, aber auf der X-y/X-z Ebene senkrecht zu dem Y-Raum, in dem sich ihr unidirektionales Komplement entlang der Y-x-Achse befindet, immer symmetrisch gleiche Energiemengen und entgegengesetzte Richtungen besitzen, entlang derer der unterschiedliche Abstand zwischen ihnen für die entsprechend unterschiedliche Intensität der entgegengesetzten Zeichen ihrer Ladungen sorgt (Symmetrie zwischen den Energiemengen und auch zwischen den Intensitäten der entgegengesetzten Zeichen ihrer Ladungen im Y-Raum und X-Raum).

Innerhalb des magnetostatischen Z-Raums, wo eine einzelne Energiemenge bis zu einem Maximum wächst während der Y-Raum für Photonen und Träger-Photonen ([15], [8] Kapitel 6) ([53], [8] Kapitel 6) oder der X-Raum für massive Teilchen ([33], [8] Kapitel 12) ([31], [8] Kapitel 11) ([32], [8] Kapitel 14), verlassen wird, diese einzelne Größe geht dann gegen Null Präsenz in diesem Raum zurück, während die Energie wieder in den Y-Raum – oder X-Raum – übergeht, in dem sie sich vorher befand (Symmetrie zwischen der aufsteigenden Phase und der abnehmenden Phase der Energiepräsenz im magnetostatischen Z-Raum).

Im normalen X-Raum kann die Neutrino-Energie nur als identische Paare in entgegengesetzter Richtungen senkrecht zur Bewegungsrichtung der in diesem Raum entlang der Y-x-Achse vorhandenen unidirektionalen Impulsenergie eines neu geschaffenen massiven Elementarteilchens – Elektron, Myon oder Tau – freigesetzt werden, das auf diese Weise einen überschüssigen metastabilen anfänglichen Masseüberschuss abwirft ([33], [8] Kapitel 12) (mehr über diesem Thema später in diesem Kapitel). Siehe Abschnitt 2.15.

Und die globale Symmetrie bleibt auch erhalten da der zeitveränderliche, raumweise sich bewegende elektrische Dipol permanent durch einen damit verbundenen zeitveränderlich wachsenden und abnehmenden, senkrecht orientiert magnetischen Dipol ausgeglichen wird, wobei beide Dipole senkrecht zur Bewegungsrichtung des Photons im Raum bleiben und somit die dreifache Orthogonalität eingehalten wird, die für die Behandlung von ebenen Wellen in der Maxwellschen Theorie zur geradlinigen Bewegung elektromagnetischer Energie erforderlich ist ([15], [8] Kapitel 6).

2.13. Die dreiräumliche Photon-Gleichung

Die erste innere elektromagnetische Struktur, die durch die dreiräumlichen Geometrie definiert werden konnte, war die des lokalisierten Photons, die nach de Broglie nicht innerhalb der zu engen Grenzen des 3D-Raums definiert werden konnte ([15], [8] Kapitel 6), und die mit **Abbildung 2.5** die transversale harmonische Schwingungssequenz der Energie des Photons, wie sie mit Gleichung (2.46) dargestellt wird, graphisch darstellt.

Abbildung 2.5 erlaubt in der Tat die visuelle Darstellung des gesamten zeitlichen Verlaufs der transversalen Schwingung der Energie des elektromagnetischen Halbquants innerhalb des dreiräumlichen Komplexes. **Abbildung 2.5-a** zeigt die beiden inneren entgegengesetzten Ladungen, messbar als Erzeugung des E-Feldes des Photons bei seinem Maximalwert, die den maximalen Querabstand im elektrostatischen Y-Raum erreicht haben, gefolgt von **Abbildung 2.5-b**, das die Energie beider Ladungen zeigt, die in den magnetostatischen Z-Raum übergehen.

Dann kommt **Abbildung 2.5-c**, die die Energie beider Ladungen zeigt, die vollständig in den Z-Raum in omnidirektionaler Ausdehnung eingetreten sind, und die nun als das B-Feld des Photons bei seinem Maximalwert messbar ist, gefolgt von **Abbildung 2.5-d**, die die Energie der einzelnen magnetischen Komponente zeigt, die zurück in den elektrostatischen Y-Raum übergeht. Schließlich zeigt die letzte **Abbildung 2.5-a**, dass die gesamte magnetische Energie in den Y-Raum zurücktransferiert wurde, da die zwei entgegengesetzte Ladungen wieder den maximalen Querabstand erreicht haben und wieder als das E-Feld des Photons messbar ist, bereit für den nächsten Zyklus zu beginnen.

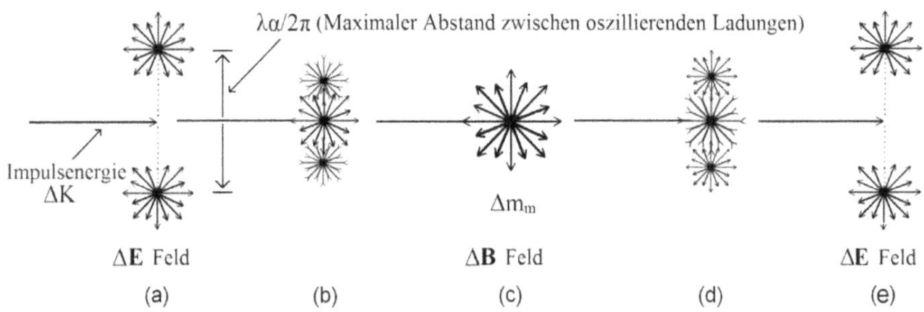

Abbildung 2.5. Vollständiger zeitveränderlicher Zyklus der Energie in der Querschwingung des elektromagnetischen Halbquants des Doppelteilchenphotons, während sein Impuls, der das unidirektionale Halbquant aufrechterhält, es translationsweise antreibt.

Wie bereits erwähnt, ist das Doppelteilchen-Photon-Konzept eine ursprüngliche Idee von Louis de Broglie, und die vollständige Analyse seiner Ausarbeitung in der dreiräumlichen Geometrie ist in Referenz ([15], [8] Kapitel 6) verfügbar, wo die vollständige Entwicklung seiner dreiräumlichen LC-Gleichung aus der Induktivität- und Kapazitätsdarstellungen der elektromagnetischen Energie ausgearbeitet wird:

$$E\,\vec{I}\,\vec{i} = \left(\frac{hc}{2\lambda}\right)_X \vec{I}\,\vec{i} + \begin{bmatrix} 2\left(\dfrac{e^2}{4C}\right)_Y (\,\vec{J}\,\vec{j},\vec{J}\,\overleftarrow{j}\,)\cos^2(\omega t) \\[2ex] +\left(\dfrac{L\,i^2}{2}\right)_Z \overleftrightarrow{K}\,\sin^2(\omega t) \end{bmatrix} \qquad (2.48)$$

und auch der gleichen LC-Formulierung unter Verwendung der bekannteren **E**- und **B**-Felder, die mit den Gleichungen (2.23) definiert sind:

$$E\,\vec{I}\,\vec{i} = \left(\frac{hc}{2\lambda}\right)_X \vec{I}\,\vec{i} + \begin{bmatrix} 2\left(\dfrac{\varepsilon_0 \mathbf{E}^2}{4}\right)_Y (\,\vec{J}\,\vec{j},\vec{J}\,\overleftarrow{j}\,)\cos^2(\omega t) \\[2ex] +\left(\dfrac{\mathbf{B}^2}{2\mu_0}\right)_Z \overleftrightarrow{K}\,\sin^2(\omega t) \end{bmatrix} V \qquad (2.49)$$

Dabei ist das Volumen V das *theoretische stationäre isotrope Volumen*, das die inkompressible oszillierende kinetische Energie des Photons einnehmen würde, wenn es als eine Sphäre mit isotroper Dichte immobilisiert wäre, wie es in Referenz ([30], [8] Kapitel 4) abgeleitet wurde:

$$V = \frac{\alpha^5}{2\pi^2}\,\lambda^3 \qquad (2.50)$$

2.14. Die dreiräumliche Elektron-Gleichung

Es ist allgemein bekannt, dass elektromagnetische Photonen von mindestens 1.022 MeV in ein Elektron-Positron-Paar destabilisiert werden können ([31], [8] Kapitel 11). Es ist jedoch so, dass die gesamte Energie, aus der die beiden 0,511 MeV/c^2 Ruhemassen von Elektron und Positron bestehen, elektromagnetischer Natur ist und sich daher in der neuen dreiräumlichen Geometrie im Y-Raum und Z-Raum befindet, während das Halbquant des gesamten Anfangsquants eines 1.022 MeV Photons, das sich vor der Entkopplung im X-Raum befindet, per Definition vektoriell unidirektional war. Das bedeutet, dass die Natur einen Weg gefunden hat, diese ΔK unidirektionale Impulsenergie zu zwingen, sich transversal neu zu orientieren, damit sie Teil der elektromagnetischen Masse der beiden austretenden massiven Teilchen wird.

Eines der interessantesten Merkmale der dreiräumlichen Geometrie ist, dass es effektiv erlaubt, einen klaren mechanischen Prozess zu etablieren, durch den diese ΔK unidirektionale Energie des Halbquants, das den Impuls eines sich bewegenden elektromagnetischen Photons von 1.022 MeV aufrechterhält, während des Entkopplungsprozesses in den orthogonalen elektrostatischen Y-Raum und den magnetostatischen Z-Raum übergehen kann, und so die

Eigenschaft der transversalen Orientierung zu erwerben, die die gesamte Masseenergie sowohl des Elektrons als auch des Positrons des Paares charakterisiert, die aus dem Trennungsprozess in der dreiräumlichen Geometrie resultiert ([31], [8] Kapitel 11).

Aus dem gleichen Grund, die genaue Mechanik der Übertragung dieser Impulsenergie in den Y-Raum, um die unveränderliche Einheitsladung von Elektron und Positron zu definieren, zwingt auch, durch Struktur, die andere Hälfte der Energie jedes Teilchens des Paares in den Prozess der Trennung um nun zwischen Z-Raum und X-Raum zu oszillieren für die symmetrische Energieverteilung im dreiräumlichen Komplex eingehalten zu werden, und mit dem Ergebnis der Etablierung eines Zwei-Komponenten-Zustandes innerhalb des X-Raumes die sich auf eine Weise trennen, die identisch ist mit dem Verhalten des Paares *elektrischer Ladungen* des Photons im Y-Raum, die traditionell durch e^2 repräsentiert werden, die aber nun mit einer neuen Bezeichnung identifiziert werden müssen, da sie die *elektrische* Eigenschaft, die per Definition nur zu der im Y-Raum vorhandenen Energie gehört, in diesem dreiräumlichen Komplex nicht mehr haben können. Bis zur eindeutigen Identifizierung wird das erste Symbol, das am besten zu ihnen passt war dann $(e')^2$.

Wie wir weiter unten sehen werden, gelang es, diese doppelten $(e')^2$ *nicht-elektrischen Ladungen* mit der Emission von Neutrinos in Beziehung zu setzen, was ihnen in den folgenden Beschreibungen den Namen *neutrinische Ladungen* einbrachte ([33], [8] Kapitel 12) ([31], [8] Kapitel 11).

Die folgenden dreiräumlichen LC-Gleichungen wurden dann definiert, um die entsprechende innere dreiräumlichen Energiestruktur der Masse des Elektrons und des Positrons zu beschreiben:

$$\vec{E}\,\vec{0} = m_e c^2\,\vec{0} = \left[\frac{H}{2\lambda_C}\right]_Y \vec{J}\,\vec{i} + \left(\begin{array}{l} 2\left[\dfrac{(e')^2}{4C_C}\right]_X (\,\vec{I}\,\vec{j}, \vec{I}\,\overleftarrow{j}\,)\cos^2(\omega t) \\[2em] +\left[\dfrac{L_C i_C^{\,2}}{2}\right]_Z \overleftrightarrow{K}\,\sin^2(\omega t) \end{array} \right) \tag{2.51}$$

und

$$\vec{E}\,\vec{0} = m_p c^2\,\vec{0} = \left[\frac{H}{2\lambda_C}\right]_Y \vec{J}\,\overleftarrow{i} + \left(\begin{array}{l} 2\left[\dfrac{(e')^2}{4C_C}\right]_X (\,\vec{I}\,\vec{j}, \vec{I}\,\overleftarrow{j}\,)\cos^2(\omega t) \\[2em] +\left[\dfrac{L_C i_C^{\,2}}{2}\right]_Z \overleftrightarrow{K}\,\sin^2(\omega t) \end{array} \right) \tag{2.52}$$

Nachträgliche Neuformulierung derselben LC-Gleichungen unter Verwendung der bekannteren *E*- und *B*-Felder, die mit Gleichungen (2.23) definiert sind erzwang dann die Identifizierung des Komponentenpaares $(e')^2$ als *neutrinische Ladungen* (v^2) in Referenzen ([33], [8] Kapitel 12) ([31], [8] Kapitel 11) aus Gründen, die sich bald zeigen werden:

$$m_0 \, \vec{0} = \frac{V_m}{c^2} \left\{ \left[\frac{\varepsilon_0 \boldsymbol{E}^2}{2} \right]_Y \vec{J}\,\vec{i} + \left[\begin{array}{l} 2\left(\dfrac{\varepsilon_0 \boldsymbol{v}^2}{4} \right)_X (\,\vec{I}\,\vec{j}, \vec{I}\,\overleftarrow{j}\,)\cos^2(\omega t) \\[2ex] + \left(\dfrac{\boldsymbol{B}^2}{2\mu_0} \right)_Z \overleftrightarrow{K} \sin^2(\omega t) \end{array} \right] \right\} \tag{2.53}$$

wobei *v* (griechischer Buchstabe **Ny**) die *neutrinische* Feldgleichung darstellt ([31], [8] Kapitel 11) ([33], [8] Kapitel 12), die nun die doppelte "*neutrinische Ladungen*" darstellt, deren Energieberechnung identisch mit der der elektrischen *E*-Feldgleichung ist, die nun aber in entgegengesetzter Richtungen auf der X-y/X-z-Ebene des X-Raumes oszillieren, innerhalb der dreiräumlichen Energiestruktur von elementaren massiven Teilchenmassen in den Gleichungen (2.51) und (2.52), so wie die *elektrischen Ladungen* in der Y-y/Y-z-Ebene des Y-Raums in entgegengesetzter Richtungen oszillieren, innerhalb der Photonen- oder Träger-Photonen-Dreiräumliche-Energiestruktur ([15], [8] Kapitel 6) ([53], [8] Kapitel 6) in den Gleichungen (2.48) und (2.49). Hier sind die Definitionen des erforderlichen isotropen Volumens und des neutrinischen Feldes:

$$V_m = \frac{\alpha^5 \lambda_C{}^3}{2\pi^2} \quad \text{und} \quad v = \frac{\pi(e')}{\varepsilon_0 \alpha^3 \lambda_C{}^2} \tag{2.54}$$

wobei $(e')^2$ der gleiche numerische Wert zugeordnet wird, der auf dem Wert der elektrischen Ladungseinheit $e=1.602176462\text{E-}19$ basiert, da ein Paar solcher Komponenten durch Struktur die gleiche maximale Energiemenge in der dreiräumlichen Elektronstruktur repräsentiert, d.h. die Hälfte der Ruhemasse des Elektrons, wenn es die maximale Entfernung voneinander im X-Raum erreicht, wenn es sich in zwei gleiche Mengen aufspaltet.

Nach dem Vorbild der Gleichung (2.49) für das sich frei bewegende Photon kann die Gleichung für das Elektron-Träger-Photon unter Verwendung von *E*- und *B*-Feldern nun wie folgt formuliert werden, wobei die gleiche Energie wie die korrigierte klassische relativistische kinetische Gleichung (2.13) zur Verfügung steht:

$$E_K \, \vec{I}\,\vec{i} = \left[\frac{hc}{2\lambda}\right]_X \vec{I}\,\vec{i} + \left[\begin{array}{c} 2\left(\dfrac{\varepsilon_0 \mathbf{E}_K{}^2}{4}\right)_Y (\,\vec{J}\,\vec{j},\vec{J}\,\overleftarrow{j}\,)\cos^2(\omega t) \\[2ex] +\left(\dfrac{\mathbf{B}_K{}^2}{2\mu_0}\right)_Z \overleftrightarrow{K}\sin^2(\omega t) \end{array}\right] V_K \qquad (2.55)$$

was nun die Darstellung der kombinierten Feldgleichungen des Elektrons und seiner Trägerenergie wie in **Tabelle 2.1** erlaubt.

Tatsächlich liefert das Träger-Photon dem Elektron die umgebenden E- und B-Felder, die seine Geschwindigkeit und Bewegungsrichtung permanent bestimmen, wenn sie sich gemäß der zuvor erwähnten Lorentz-Gleichung $F = q(E + v \, x \, B)$ ausdrücken lassen. Genauer gesagt, gehorcht es ständig der dreifachen orthogonalen Beziehung $v{=}E/B$, die sich aus der Lorentz-Gleichung ergibt, die ihm durch die E- und B-Felder seines Träger-Photons auferlegt wird, deren Intensität seine Geschwindigkeit und deren relatives Dichtegleichgewicht seine Bahn bestimmt, wobei standardmäßig gleiche Dichten der E- und B-Felder zu einer geradlinigen Bewegung des Elektrons führen ([30], [8] Kapitel 4).

Tabelle 2.1: Kombinierte Feldgleichungen des sich bewegenden Elektrons und seines Träger-Photons.

	Impulse kinetische Energie im X-Raum (normaler Raum)	Energie im Y- und Z-Raum die die translatorisch inerte Masse des sich bewegenden Teilchens bildet
Ruhemasse Energie $(m_o c^2)$		$\left\{\left(\dfrac{\varepsilon_0\mathbf{E}^2}{2}\right)_Y \vec{J}\,\vec{i} + \left(\left(\dfrac{\mathbf{B}^2}{2\mu_0}\right) \overleftrightarrow{K}\right)_Z\right\}V_{m_e}$
Trägerenergie $\Delta K + \Delta m_m c^2$	$\left[\dfrac{hc}{2\lambda}\right]_X \vec{I}\,\vec{i}$	$\left[\left(\dfrac{\mathbf{B}_K{}^2}{2\mu_0}\right)_Z \overleftrightarrow{K}\right]V_K$
Gesamt Relativistische Masse Energie (mc^2)		$\left\{\left(\dfrac{\varepsilon_0\mathbf{E}^2}{2}\right)_Y \vec{J}\,\vec{i} + \left(\left(\dfrac{\mathbf{B}^2}{2\mu_0}\right)_Z \overleftrightarrow{K}\right)\right\}V_{m_e} + \left[\left(\dfrac{\mathbf{B}_K{}^2}{2\mu_0}\right)_Z \overleftrightarrow{K}\right]V_K$

Das B-Feld des Elektron-Träger-Photons wiederum neigt ständig dazu, seine relative magnetische Polaritätsorientierung, d.h. seine relative Spinorientierung, in einer antiparallelen Ausrichtung der kleinsten Wirkung in Bezug auf das B-Feld der Ruhemasseenergie des von ihm getragenen Elektrons auszurichten, und dessen kombinierte Resultierende ständig dazu neigt, in einer antiparallelen

Ausrichtung der kleinsten Wirkung in Bezug auf die Resultierende der **B**-Felder der umgebenden Teilchen, also in Bezug auf das umgebende makroskopische **B**-Feld, das sich aus der Addition der umgebenden **B**-Felder ergibt, auszurichten.

Da das Halbquant ΔK der Impulsenergie des Träger-Photons unbeweglich senkrecht zum **B**-Feld seines eigenen komplementären elektromagnetischen Masse-Inkrements Δm_m orientiert ist, wird die Bewegungsrichtung dieser unidirektionalen Impulsenergie systematisch durch die Orientierung seines **B**-Feldes bestimmt.

Es ist diese unbewegliche orthogonale Beziehung, die erklärt, warum ungepaarten Elektronen in ferromagnetischen Materialen gezwungen werden können, ihre Spins parallel zueinander in einer antiparallelen gegenseitigen Orientierung der möglichst gut kleinsten Wirkung in Bezug auf ein umgebendes makroskopisches Magnetfeld **B** auszurichten, was ihre individuellen Impulse ΔK Energien dazu zwingt, sich in die gleiche Richtung auszurichten und sich zu addieren, um ein makroskopisches Objekt wie den Zylinder des Einstein-de-Haas-Experiments in Rotation zu versetzen ([52], [8] Kapitel 10), oder reziprok, deshalb werden, wenn die unidirektionalen ΔK Impulsenergien der Träger-Photonen ungepaarter Elektronen im ferromagnetischen Stab des Barnett-Experiments durch mechanischen Zwang zur Drehung des Stabes parallel zueinander ausgerichtet werden, auch ihre einzelnen **B**-Felder gezwungen, sich in paralleler Spin-Orientierung auszurichten, und addieren sich, um auf unserer makroskopischen Ebene messbar zu werden ([52], [8] Kapitel 10).

2.15. Neutrinoemission in der dreiräumlichen Geometrie

Interessanterweise erlaubt die dreiräumliche Geometrie zum ersten Mal eine mechanische Erklärung für die Emission von Neutrinos. Diese spezielle Lösung ergibt sich aus der obligatorischen LC-Struktur der elementaren elektromagnetischen Quanten in der dreiräumlichen Geometrie.

Aus dieser Perspektive, da gut verifiziert ist, dass die elektrische Ladung der neu entstandenen Teilchen Myon und Tau-Lepton bei demselben Einheitswert wie der des Elektrons invariant bleibt, kann aus der Sicht der dreiräumlichen Geometrie geschlossen werden dass die Energie, die dem metastabilen Masseüberschuss dieser beiden Teilchen entspricht kann nicht den Y-Raum betreten, weil jede Energiezunahme in diesem Raum, durch Struktur, eine

Wertzunahme ihrer elektrischen Ladung verursachen würde, von der wir experimentell wissen, dass sie nie auftreten wird.

Da sie genau wie das Elektron massiv sind, haben sie in der dreiräumlichen Geometrie die gleiche LC-Struktur wie das Elektron. Das bedeutet, dass diese Überschussenergie nur als metastabiler Anstieg des Energiequants, das zwischen Z-Raum und X-Raum oszilliert, existieren kann. Rückblickend kann die gleiche Schlussfolgerung für ein durch Betazerfall neu entstandenes Elektron angenommen werden, das die dreiräumlichen LC-Ruhemasse-Gleichung (2.53) des Elektrons in folgender Weise modifizieren würde. Um die Darstellung der Gleichungen zu vereinfachen, wird von nun an auf die inzwischen gut etablierte Einheitsvektor-Notation verzichtet:

$$m_{0+} = \left\{ \left[\frac{\varepsilon_0 \mathbf{E}^2}{2} \right]_Y + \left[2\left(\frac{\varepsilon_0 \left(\mathbf{v}_e + \mathbf{v}'\right)^2}{4} \right)_X \cos^2(\omega t) + \left(\frac{(\mathbf{B}_e + \mathbf{B}')^2}{2\mu_0} \right)_Z \sin^2(\omega t) \right] \right\} \frac{V_m}{c^2} \tag{2.56}$$

wobei m_{o+} für eine leicht erhöhte Ruhemasse des Elektrons steht und v' und B' das leichte Energie-Inkrement darstellen, das nun momentan zwischen normalen X-Raum und magnetostatischen Z-Raum in momentaner metastabiler Überschussenergie gegenüber der normalen stabilen Elektron-Ruhemasseenergie oszilliert. Diese Lösung erlaubt es, dass das elektrische Feld E des Elektrons in Übereinstimmung mit der Beobachtung unverändert bleibt.

Da dieses Betazerfalls-Elektron etwas mehr Energie besitzt als die bekannte invariante Ruhemasse des Elektrons, scheint es durchaus möglich, dass die extremen destabilisierenden Spannungen, die durch diese anfängliche Nähe entstehen, die beiden neutrinischen Energiequanten des Elektrons in eine heftige Translationsbewegung um die X-x-Achse auf der X-y/X-z-Ebene zwingen könnten, die die beiden überschüssigen Halbmengen kurzzeitig freisetzen würde, wodurch sie in dieser X-y/X-z-Ebene senkrecht zur Bewegungsrichtung des Elektrons in entgegengesetzte Richtungen in den normalen X-Raum entweichen, während die beiden Ruhe-Neutrinische-Energiemengen des schwingenden Halbquants des Elektrons ihre übliche Hin- und Her-Schwingung innerhalb der inneren Elektronstruktur wieder aufnehmen, die nun ihr niedrigstmögliches Energieniveau erreicht hat, eine fortan unveränderliche Ruhemasse, wie sie mit Gleichung (2.53) dargestellt wird.

$$m_{0+} \rightarrow m_0 + v_e + \overline{v}_e \tag{2.57}$$

In der dreiräumlichen Geometrie würden die myonische und die tauleptonische Neutrinoemission offensichtlich dem gleichen Muster folgen:

$$m_{0+} = \mu^- = \left\{ \left[\frac{\varepsilon_0 \mathbf{E}_e^{\,2}}{2} \right]_Y + \left[2 \left(\frac{\varepsilon_0 (\mathbf{V}_e + \mathbf{V}_\mu)^2}{4} \right)_X \cos^2(\omega t) + \left(\frac{(\mathbf{B}_e + \mathbf{B}_\mu)^2}{2\mu_0} \right)_Z \sin^2(\omega t) \right] \right\} \frac{V_m}{c^2} \qquad (2.58)$$

$$m_{0+} = \tau^- = \left\{ \left[\frac{\varepsilon_0 \mathbf{E}_e^{\,2}}{2} \right]_Y + \left[2 \left(\frac{\varepsilon_0 (\mathbf{V}_e + \mathbf{V}_\tau)^2}{4} \right)_X \cos^2(\omega t) + \left(\frac{(\mathbf{B}_e + \mathbf{B}_\tau)^2}{2\mu_0} \right)_Z \sin^2(\omega t) \right] \right\} \frac{V_m}{c^2} \qquad (2.59)$$

Daraus resultieren ähnliche **My-** und **Tau-**Neutrinos-Emissionen:

$$m_{0+} = \mu^- \rightarrow m_0 + v_\mu + \overline{v}_\mu \quad \text{and} \quad m_{0+} = \tau^- \rightarrow m_0 + v_\tau + \overline{v}_\tau \qquad (2.60)$$

Natürlich werden **Beta+** -Zerfall, Antimyon und Antitau zu identischen Neutrino-Emissionen führen und ein einzelnes Positron anstelle eines Elektrons zurücklassen.

Die Tatsache, dass die beiden bei jeder Emission erzeugten Neutrinos nur als ein identisches Paar freigesetzt werden können, das sich in entgegengesetzte Richtungen senkrecht zur Bewegungsrichtung des emittierenden Teilchens bewegt, macht es unmöglich, Neutrinos, die durch zerfallende Myonen erzeugt werden, die in direkter Linie von der Sonnenoberfläche in die allgemeine Richtung des Detektors kommen, nachzuweisen, da sie austreten und sich auf Ebenen senkrecht zur Sonnen-Detektor-Achse bewegen.

Also nach den dreiräumlichen Eigenschaften der Neutrinoemission, die einzigen Neutrinos/Antineutrinos, die möglicherweise von der Sonne stammend nachgewiesen werden können wird ein kleiner Bruchteil derer sein, die von den zerfallenden Myonen freigesetzt werden, die sich in einer Ebene senkrecht zur Sonnen-Detektorachse bewegen, also hauptsächlich Neutrinos, die an den äußeren Grenzen der sichtbaren Sonnenscheibe emittiert werden, was eine Schlussfolgerung ist, die sehr weit gehen würde, um zu erklären, warum ihre Nachweisrate so weit unter dem geblieben ist, was die aktuellen Theorien voraussagen.

Diese Schlussfolgerung konnte experimentell leicht verifiziert werden, indem die Detektionsgeräte direkt auf den Umfang der Sonnenscheibe fokussiert wurden.

Endlich, da sie als einfache, impulsbezogene, unidirektionale, kinetische Energiemengen im X-Raum entweichen, ohne die komplementäre, transversale, elektromagnetische Komponente, die zwischen Y-Raum und Z-Raum oszilliert, was die omnidirektionale Trägheit erklärt, wie sie vom normalen X-Raum aus wahrgenommen wird, d.h. *elektromagnetische Masse*, sowie *elektrische Ladung*, für alle elektromagnetischen Elementarteilchen in der dreiräumlichen Geometrie, liefert dies eine klare Erklärung dafür, warum für sie in allen Experimenten, an denen sie beteiligt waren, weder Masse noch Ladungen jemals nachgewiesen wurden.

2.16. Up- und Down-Quarks in der dreiräumlichen Geometrie

Die letzten Teilchen, die untersucht werden müssen, bevor Resonanzzustände angesprochen werden können, sind die Up- und Down-Quarks, die in umfangreichen zerstörungsfreien Streuexperimenten von 1966 bis 1968 an der SLAC-Anlage ([34], [8] Kapitel 19) ([32], [8] Kapitel 14) [21], als die einzigen Punkt-ähnlich verhaltenden elektromagnetisch geladenen massiven Elementarteilchen in Protonen und Neutronen identifiziert werden konnten.

Die dreiräumlichen Mechanik der Erzeugung von Protonen und Neutronen aus den nur zwei möglichen Kombinationen von Triaden von Elektronen und Positronen, die in ausreichend enger Nachbarschaft wechselwirken, ohne dass ihre Impulsenergie ausreicht, um dem gegenseitigen Einfangen zu entkommen, ist in Referenz ([32], [8] Kapitel 14) beschrieben.

Da Up- und Down-Quarks bei allen derartigen Streuexperimenten mit Elektronen oder Positronen immer das gleiche Punkt-ähnliche Verhalten wie Elektronen und Positronen zeigen, wird in der Fachwelt seit langem vermutet, dass diese Up- und Down-Quarks, die die innere streubare Struktur der Nukleonen bilden, möglicherweise Positronen und Elektronen sein könnten, deren Massen und Ladungseigenschaften durch die Belastungen dieser energetischste Gleichgewichtszustände der kleinsten Wirkung, die diese Teilchen in der Natur möglicherweise erreichen können, in diese potenziell veränderten Zustände verzerrt werden ([34], [8] Kapitel 19) ([32], [8] Kapitel 14) ([43], [8] Kapitel 2).

Diese Möglichkeit bringt sofort eine mögliche Erklärung ans Licht auf die beobachtete Tatsache, dass man nie beobachten konnte, dass sich ein Up- oder Down-Quark, nachdem sie aus einem Nukleon durch ausreichend energetische

Streuung heraus gestreut wurden, getrennt im Raum bewegt. In der Tat, wenn sie wirklich Elektronen und Positronen sind, deren Eigenschaften durch ihre intensiv angespannte nukleonische elektromagnetische Umgebung in die für Up- und Down-Quarks beobachteten Eigenschaften verzerrt werden, würden sie natürlich sofort ihre normalen Elektron- oder Positroneigenschaften wiedererlangen, sobald sie diesen Verzerrungsspannungen entkommen.

Die spezifischen Elektron- und Positroneigenschaften, die durch diese intensiven Belastungen aus ihrem Normalzustand heraus verformt würden sind zunächst ihre Massen, die für das Up-Quark zwischen 1 und 5 MeV/c^2 und für das Down-Quark zwischen 3 und 9 MeV/c^2 bestimmt wurden, und ihre elektrischen Ladungen, die für das Up-Quark mit 2/3 der Ladung des Positrons und für das Down-Quark mit 1/3 der Ladung des Elektrons bestimmt wurden ([73], S. 382).

Es kommt vor, dass die dreiräumlichen Geometrie es erlaubt, eine klare Mechanik der Erzeugung von Nukleonen aus den nur zwei möglichen Kombinationen von Triaden von Elektronen und Positronen zu definieren, was eine logische Erklärung für diese stressbedingten Veränderungen der Eigenschaften, aber auch für die Natur dieser elektromagnetischen Belastungen liefert ([32], [8] Kapitel 14).

In der dreiräumlichen Geometrie variieren Masse und Ladung stabiler Elementarteilchen als inverse Funktion voneinander in Abhängigkeit von ihrem Abstand von der koplanaren Y-z-Achse innerhalb des elektrostatischen Y-Raums ([34], [8] Kapitel 19) ([32], [8] Kapitel 14).

Der Abstand von der Y-z-Achse innerhalb des Y-Raums, bei dem sich ein Elektron-Positron-Paar von einem destabilisierten 1.022 MeV-Photon entkoppelt, ist durch Struktur 3,861592641E-13 m ([31], [8] Kapitel 11), was dem *klassischen Radius* des Elektrons geteilt durch die Feinstrukturkonstante ($r'=r_e/\alpha$) entspricht.

In diesem Abstand von der Y-z-Achse entspricht seine Ladung genau der bekannten Einheitsladung von 1.602176462E019 C und einer Masse von 9,10938188E-31 kg. Mit diesen experimentell gut bekannten Werten lassen sich für die Up- und Down-Quarks wie in **Tabelle 2.2** ([32], [8] Kapitel 14) (Siehe auch Abschnitt 1.25) die entsprechenden Werte ermitteln, die genau innerhalb der experimentell abgeschätzten Grenzen für diese Massen liegen.

Table 2.2: Beziehung zwischen den Ladungen und Massen der Up- und Down-Quarks in Bezug auf ihren Abstand von der Y-z-Achse im elektrostatischen Y-Raum.

Tabelle der effektiven Ladungen und Massen des Elektrons, des Up-Quarks und des Down-Quarks, geschätzt unter der Annahme, dass die Einheitsladung des Elektrons die Ladungsmenge wäre, die im Abstand von der Y-z-Achse induziert wird, bei der sich Elektron-Positron-Paare während des Paarherstellungsprozesses trennen.			
Teilchen	$r' = r_e/\alpha$	Ladung	Masse
Elektron	r'_e = 3.861592641E-13 m	1.602176462E-19 C	9.10938188E-31 kg
Up-Quark	r'_{eu} = 2.574395094E-13 m	1.068117641E-19 C	2.04961092E-30 kg
Down-Quark	r'_{ed} = 1.287197547E-13 m	5.340588207E-20 C	8.19844378E-30 kg

Dies ermöglicht die Aufstellung der folgenden allgemeinen Gleichung zur Berechnung der invarianten effektiven Massen der nur drei stabilen massiven und elektrisch geladenen elektromagnetischen Elementarteilchen, die sich in allen verstreuten Begegnungen Punktähnlich verhalten, die die einzigen elektromagnetischen Elementarteilchen aller im Universum existierenden Atome sind, mit Hilfe *der elektrostatischen Energieinduktionskonstante* K=1.220852596E-38 jm², die aus der Coulomb-Gleichung in Referenzen ([34], [8] Kapitel 19) ([31], [8] Kapitel 11) ([32], [8] Kapitel 14) ermittelt wurde. Natürlich kann das Positron bis auf das Zeichen seiner Ladung als identisch mit dem Elektron betrachtet werden.

$$m_{i[d,u,e]} = K\left(\frac{3\alpha}{nr_0c}\right)^2 \qquad (n = 1,2,3) \tag{2.61}$$

Tabelle 2.3: Energien und Wellenlängen der Ruhemassen der Up- und Down-Quarks.

Tabelle der Energien und Wellenlängen der effektiven Massen der Up- und Down-Quarks, geschätzt unter der Annahme, dass die Einheitsladung des Elektrons der Ladungsmenge entspricht, die in dem Abstand von der Y-z-Achse induziert wird, bei dem sich Elektron-Positron-Paare während des Paarherstellungsprozesses trennen.			
Teilchen	$r' = r_e/\alpha$	$E = K/r^2$	$\lambda = hc/E$
Elektron	$r'_e = 3.861592641E\text{-}13$ m	0.5109989027 MeV	2.426310215E-12 m
Up-Quark	$r'_{eu} = 2.574395094E\text{-}13$ m	1.149747531 MeV	1.078360096E-12m
Down-Quark	$r'_{ed} = 1.287197547E\text{-}13$ m	4.598990173 MeV	2.69590021E-13 m

In der dreiräumlichen Geometrie ist dies eine Verminderung der Ladungen der Up- und Down-Quarks, aufgrund der elektromagnetischen Belastungen, denen sie im Inneren der Nukleonen ausgesetzt sind, die aber nicht vorkommen kann ohne durch eine Erhöhung des Magnetfeldes des Teilchens und seines Träger-Photons kompensiert zu werden, wie für die magnetische Drift der Elektron-Träger-Photon-Energie gezeigt wird, sogar so weit vom Kern im Grundzustand des Wasserstoffatoms ([60], [8] Kapitel 8).

Da sich die Up- und Down-Quarks in der dreiräumlichen Geometrie in so präzisen relativen Abständen von der Y-z-Achse stabilisieren, wird es möglich, ihre magnetischen Driftkonstanten aus diesen Abständen zu bestimmen:

$$S_U = \frac{r'_{eu}}{r'_e} = \frac{2}{3} \qquad \text{und} \qquad S_D = \frac{r'_{ed}}{r'_e} = \frac{1}{3} \tag{2.62}$$

Diese magnetischen Driftkonstanten und Wellenlängen erlauben nun die Aufstellung der dreiräumlichen LC-Gleichungen sowohl von Up- als auch von Down-Quarks:

$$m_U = \frac{E_U}{c^2} = \frac{1}{c^2}\left\{ S_U\left[\frac{hc}{2\lambda_U}\right]_Y + (2 - S_U)\left[2\left(\frac{(e')^2}{4C_U}\right)_X \cos^2(\omega t) + \left(\frac{L_U i_U^2}{2}\right)_Z \sin^2(\omega t) \right] \right\} \tag{2.63}$$

$$m_D = \frac{E_D}{c^2} = \frac{1}{c^2}\left\{ S_D\left[\frac{hc}{2\lambda_D}\right]_Y + (2 - S_D)\left[2\left(\frac{(e')^2}{4C_D}\right)_X \cos^2(\omega t) + \left(\frac{L_D i_D{}^2}{2}\right)_Z \sin^2(\omega t) \right] \right\} \qquad (2.64)$$

Das Träger-Photon jedes Up- und Down-Quarks innerhalb der Nukleonen hätte natürlich die gleiche interne dreiräumlichen LC-Struktur wie das Elektron-Träger-Photon, d.h. die mit Gleichung (2.55) gezeigte, und würde sich auf sein getragenes Teilchen in der gleichen Weise beziehen, wie in **Tabelle 2.1** für das sich bewegende Elektron beschrieben, wobei die einzigen Unterschiede die immens höheren Energieniveaus sind, die diese nukleonischen Träger-Photonen erreichen, und die Menge der magnetischen Drift, die sie selbst unter der Anstrengung durch die nukleonischen elektromagnetischen Umgebung erleiden ([32], [8] Kapitel 14).

Diese Beziehung zwischen jedem Up-Quark und jedem Down-Quark mit jeweils einem eigenen Träger-Photon macht sie für eine Darstellung durch eine Wellenfunktion ähnlich der des Elektrons im Wasserstoffatom-Grundzustand zugänglich, wie wir weiter unten sehen werden.

2.17. Parallele und antiparallele relative Magnetspin-Ausrichtungen

In der Quantenmechanik (QM) ist das Konzept des *Spins* so schwach mit dem Magnetfeld verbunden, dass, obwohl es technisch mit dem magnetischen Moment geladener Teilchen verbunden ist, sogar dieses magnetische Moment von den meisten in der Gemeinschaft als ein einfacher mechanischer Drehimpuls ($S_z = \pm\frac{1}{2}\hbar$) gesehen wird, ohne klare Erinnerung daran, dass es sehr spezifisch die relative Ausrichtung der magnetischen Polaritäten, entweder parallel oder antiparallel, der Magnetfelder der elementaren elektromagnetischen Quanten relativ zueinander betrifft. Für alle praktischen Zwecke wird sie als eine mechanische *Drehbewegung* in zwei möglichen Querrichtungen senkrecht zur Bewegungsrichtung im Sinne der klassischen Mechanik wahrgenommen, die keinen wirklichen Bezug zum Elektromagnetismus hat.

Aber, die Vorstellung eines *magnetischen Spins* der Elementarteilchen, der dem klassischen/relativistischen Mechanikkonzept des *Drehimpulses* ähnelt, kollidiert direkt mit der zuvor experimentell bestätigten Tatsache dass egal wie nahe zwei Elektronen bei absolut allen Streuungsbegegnungen zum Zentrum des anderen kamen, keine unüberschreitbare Grenze wurde jemals in irgendeiner Entfernung von den Elektronzentren festgestellt, denn die Idee eines *Drehimpulses* impliziert die Existenz eines drehbaren Volumens, was im Falle eines elementaren elektromagnetischen Quants wie dem Elektron bedeutungslos ist, bei denen kein Volumen gemessen werden kann da es sich bei allen verstreuten Begegnungen systematisch punktähnlich verhält.

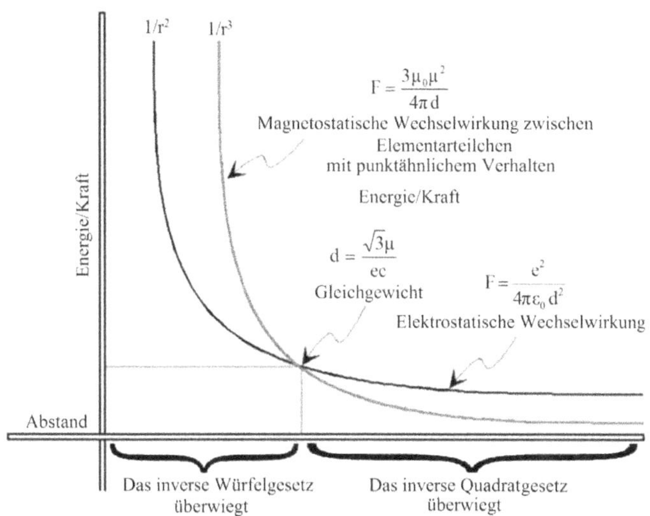

Abbildung 2.6: Schnittpunkt zwischen inversen Quadrat- und inversen Würfel-Wechselwirkungskurven.

Die Trennung zwischen dem QM-Konzept des *Spins* und den physikalisch relativ polaren magnetischen Orientierungen elementarer elektromagnetischer Quanten ist so groß, dass viele davon überzeugt bleiben, dass *Spin* eine *intrinsische* Drehimpulseigenschaft der Teilchen wäre, statt dessen, was es nur sein kann, nämlich eine *relative* Eigenschaft, die bedeutungslos bleibt, wenn nicht mindestens zwei elektromagnetische Quanten beteiligt sind, was die unumgängliche Voraussetzung dafür ist, dass die eigentlichen Ideen der *magnetischen Parallelorientierung* und der *magnetischen Antiparallelorientierung* überhaupt einen Sinn ergeben.

Die Tatsache, dass zwei Elektronen so einfach miteinander in einer so starken und intimen antiparallelen kovalenten magnetischen Bindung der kleinsten Wirkung verbunden werden können, um zwei Wasserstoffatome zu einem H_2-Molekül zu vereinen trotz ihrer elektrischen Abstoßungsfunktion des inversen

Quadrats der Entfernung, *de facto* zeigt, dass ein Wechselwirkungsgesetz höherer Ordnung als die inverse quadratische Coulomb-Wechselwirkung gleichzeitig im Spiel ist, um so leicht eine so mächtige magnetische kovalente Bindung der kleinsten Wirkung zwischen zwei Elektronen zu initiieren und aufrechtzuerhalten.

Interessanterweise haben Experimente, die erst 2014 von Kotler et al. durchgeführt wurden [64], experimentell gezeigt, dass das Wechselwirkungsgesetz, das wenn 2 Elektronen gezwungen werden, in paralleler Magnetspinausrichtung zu wechselwirken, die Funktion des inversen Würfelwechselwirkungsgesetz des Abstandes ist, d.h. die Wechselwirkung, die das inverse quadratische Abstoßungs-Coulomb-Gesetz überwindet, wenn zwei Elektronen gezwungen werden, in antiparalleler Magnetspinausrichtung ausreichend nahe aneinander zu kommen. Die Beziehung zwischen diesen beiden Wechselwirkungsgesetzen ist in **Abbildung 2.6** beschrieben.

Auch, ein bereits 1998 durchgeführtes Experiment bestätigte diese magnetische Wechselwirkungsfunktion des inversen Würfels zwischen Magneten mit der gleichen Magnetfeldkonfiguration wie die der elektromagnetischen Elementarquanten, was es erlaubte, dieses Gesetz der magnetischen Wechselwirkung in Bezug auf die oszillierende Natur der magnetischen Energie der elektromagnetischen Quanten zu analysieren, die sich in der dreiräumlichen Geometrie zeigt ([49], [8] Kapitel 9), was die Tatsache ans Licht brachte, dass sich die Magnetfelder der elektromagnetischen Elementarquanten zu jedem Zeitpunkt wie magnetische Monopole verhalten, die ihre Polarität als Funktion der Zeit entsprechend ihrer Energiefrequenz ständig umkehren ([11], Siehe auch Kapitel 3).

Diese Schlussfolgerung macht schließlich aufmerksam die Schlüsselfunktion der relativen Frequenzverhältnisse, die zwischen elementaren elektromagnetischen Quanten existieren, um zu erklären, warum sich zwei Elektronen so leicht in kovalenter Begrenzung magnetisch stabilisieren können, trotz ihrer gleichen elektrischen Ladungen abstoßende Zeichen, aufgrund des Verhältnisses gleich 1 der synchronen Frequenzen der sphärischen Ausdehnung und Regression ihrer jeweiligen magnetischen Energien; auch warum ein Elektron und ein Positron, die in metastabiler Positroniumkonfiguration gefangen sind, sich kombinieren können, um in elektromagnetische Photonenzustände umzuwandeln, genau aufgrund des Verhältnisses gleich 1 ihrer synchronen magnetischen Umkehrfrequenzen in Kombination mit ihren entgegengesetzten Anziehungszeichen für elektrische Ladungen [11]; und schließlich, warum ein Elektron und ein Proton sich trotz ihrer entgegengesetzten elektrischen Ladungszeichen ([11], Siehe auch Kapitel 3) ([49], [8] Kapitel 9) so systematisch magnetisch abstoßen können, dass sie sich trotz ihrer anziehenden gegensätzlichen elektrischen Ladungszeichen auf dem bekannten Elektrongrundzustands-Orbital-Mittelabstand stabilisieren, aufgrund des asynchronen Frequenzverhältnisses der sphärischen Ausdehnung und der Regression ihrer magnetischen Energiepräsenz, deren Mechanik in Referenzen ([43], [8] Kapitel 2) ([11], Siehe auch Kapitel 3) ([49], [8] Kapitel 9) summarisch analysiert wurde und die im Zusammenhang mit den resultierenden Resonanzzuständen weiter detailliert analysiert werden wird.

Aber lassen Sie uns zunächst analysieren, wie die asynchrone magnetische Wechselwirkung zwischen der invarianten Frequenz der Energie der Elektron-Ruhemasse und der variablen Frequenz der Energie ihres Träger-Photons es beiden Quanten erlaubt, den unter dem Namen Zitterbewegung des sich bewegenden Elektrons bekannten unregelmäßigen Resonanzzustand zu definieren.

2.18 Zitterbewegung

Betrachten wir nochmals **Tabelle 2.1**, die die Tatsache relativiert, dass das sich bewegende Elektron zwei verschiedene Energiequanten enthält, die nicht nur elektromagnetisch mit unterschiedlichen Frequenzen schwingen, sondern deren harmonische Schwingungszentren $\otimes$ physikalisch durch Struktur auf einer Ebene quer zur Bewegungsrichtung des Systems im Raum getrennt sind (siehe See **Abbildung 2.7**).

Der Vergleich zwischen die Elektron-Ruhemasse-Gleichung (2.53) und deren Träger-Photon-Gleichung (2.55) zeigt in der Tat dass jedes Quant seinen eigenen dreiräumlichen $\otimes$-Übergang besitzt, die durch Struktur von der einfachen Tatsache getrennt sind, dass ihre Energie zwischen verschiedenen Raumpaaren in verschiedenen dreiräumlichen Komplexen oszillieren, die des Elektrons zwischen Z-Raum und X-Raum oszilliert, während die seines Träger-Photons zwischen Z-Raum und Y-Raum oszilliert, zusätzlich zum Oszillieren mit verschiedenen Frequenzen. Dies bedeutet, dass, außer in dem Fall, dass das Träger-Photon genau 0,511 MeV Energie besitzen würde, beide Komponenten des sich bewegenden Elektrons physikalisch nicht in der Lage sind, sich in exakt synchronisierter, attraktiver, relativ antiparalleler Magnetspin-Ausrichtung zu assoziieren, was den Kontrast zwischen diesen vorhersagbaren und messbaren asynchronen Resonanz-Wechselwirkungen und den unvorhersagbaren spontanen stochastischen Fluktuationen des Nullpunkt-Energieniveaus der QFT, von denen derzeit angenommen wird, dass sie für die Zitterbewegung verantwortlich sind, verdeutlicht.

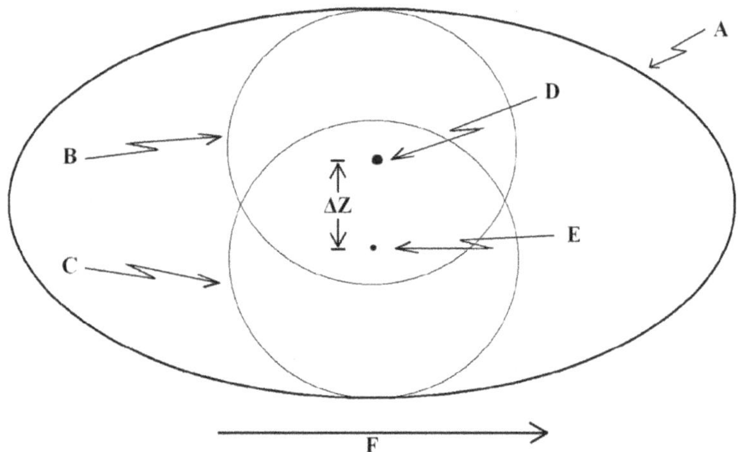

Abbildung 2.7: Frei bewegendes Elektron.

Symbole der **Abbildung 2.7**:

A - Symbolische Darstellung des Resonanzvolumens der Elektronenergie in freier Bewegung, wie es durch eine Wellenfunktion mit der zyklischen magnetischen Spinnumkehrwechselwirkung im Z-Raum der beiden elektromagnetischen Quanten des sich bewegenden Elektrons "B" und "C" definierbar ist, die mit der in **Abbildung 2.8** und **Tabelle 2.1** symbolisch dargestellten Resonanzmechanik korreliert werden soll.

B – Symbolische Darstellung des kugelförmigen Volumens der schwingenden magnetischen Energie des Elektrons im Z-Raum, Referenz **Abbildung 2.5-c** wie sie auf die innere schwingende Struktur des Elektrons und Gleichung (2.53) angewendet wird. Dieses Volumen entspricht seiner magnetischen Energie, die von Null Anwesenheit bis zum Maximum Anwesenheit variiert, berechnet mit Gleichung (2.22), und der Hälfte seiner invarianten Masse, wie in Referenz ([30], [8] Kapitel 4) bestimmt.

C – Symbolische Darstellung des kugelförmigen Volumens der oszillierenden magnetischen Energie des Elektron-Träger-Photons im Z-Raum, Referenz **Abbildung 2.5-c**, wie sie auf die innere schwingende Struktur des Träger-

Photons angewendet wird und Gleichung (2.55). Dieses Volumen entspricht seiner magnetischen Energie, die von Null Anwesenheit bis zu einem Maximum Anwesenheit variiert, berechnet mit Gleichung (2.23), und dem geschwindigkeitsbezogenen Elektron-Magnetischenmasse-Inkrement Δm_m, berechnet mit Gleichung (2.10). Dieses Volumen entspricht auch der Energie, die in dem durch die Schrödingerwellenfunktion definierten Volumen enthalten ist.

D - Zentraler Resonanz-Ankerpunkt der magnetischen Energie des Elektrons innerhalb des Resonanzvolumens "A", d.h. sein dreiräumlichen $\otimes$-Verbindungspunkt, an dem der Ursprung des dreiräumlichen Komplexes für das Elektron Energiequant liegt (**Abbildung 2.4**).

E - Zentraler Resonanz-$\otimes$-Verankerungspunkt der magnetischen Energie des Elektron-Träger-Photons innerhalb des Resonanzvolumens "A", d.h. sein dreiräumlichen Verbindungspunkt, an dem der Ursprung des dreiräumlichen Komplexes für das Träger-Photon-Energie-Quant liegt (**Abbildung 2.4**).

Beachten Sie, dass realistischerweise das kombinierte magnetische Volumen beider magnetischer Quanten ein einziges Sphäroid ergeben sollte, dessen Dimensionen sich als Funktion der ständig variierenden Summe der magnetischen Energien, die zu jedem Zeitpunkt im Z-Raum vorhanden sind, aufgrund ihres konstanten Wechsels zwischen maximaler Präsenz und Null-Präsenz bei verschiedenen Frequenzen ändern würden, und innerhalb dessen die beiden Verankerungspunkte "D" und "E" physikalisch in einem variierenden Abstand ΔZ voneinander bleiben würden, während sie aufeinander zu- und voneinander weg schwingen, wie mit **Abbildung 2.8** analysiert wird. Diese explodierte Darstellung soll nur helfen, zu veranschaulichen, dass beide Quanten getrennt mit ihren jeweiligen Frequenzen schwingen.

F - Unidirektionale Orientierung entlang der X-x-Achse im X-Raum der ΔK Energie des Elektronimpulses.

ΔZ -Zitterbewegung Abstand zwischen den beiden räumlichen $\otimes$-Übergängpunkten "D" und "E.

In Wirklichkeit kann ein Frequenzunterschied zwischen den beiden Komponenten die beiden dreiräumlichen $\otimes$-Übergänge nur dazu zwingen, oszillierenden Trajektorien zu folgen, die quer zur Bewegungsrichtung des Zwillingskomponentensystems erratisch erscheinen, da die ununterbrochene asynchrone Abfolge des zyklischen Wechsels zwischen attraktiven antiparallelen Spinausrichtungszuständen und abstoßenden parallelen Spinausrichtungszuständen nur den Resonanzzustand erzeugen kann, der als Zitterbewegung des sich bewegenden Elektrons identifiziert wurde.

Wir werden weiter sehen, dass ein dritter Schwingungsprozess, diesmal axial innerhalb der atomaren Strukturen, involviert wird, wenn das Elektron in einem elektromagnetischen Gleichgewicht in Atomorbitalen eingefangen wird, das das eigentliche dreikomponentige komplexe Resonanzvolumen erzeugt, innerhalb dessen de Broglie schloss, dass das Elektron im Wasserstoffatom eingefangen werden muss und das Schrödinger mit der Wellenfunktion beschreiben wollte.

Tatsächlich kann die relative Bewegungsfreiheit der beiden dreiräumlichen $\otimes$-Übergänge zueinander nur senkrecht zur Bewegungsrichtung des Systems sein, da die Stabilität durch Struktur der Menge der Translationsenergie des Träger-Photons zu jedem Zeitpunkt eindeutig von der Coulomb-Wechselwirkung zwischen dem transportierten Elektron und anderen geladenen Teilchen abhängt. Dieser Zwang verhindert somit, dass eine Längsverzögerung oder -beschleunigung relativ zueinander in deren Bewegung involviert ist.

Abbildung 2.7 sollte mit **Abbildung 2.8** korreliert werden, die das transversale Wechselspiel darstellt, das den tatsächlichen Resonanzzustand der Zitterbewegung bestimmt.

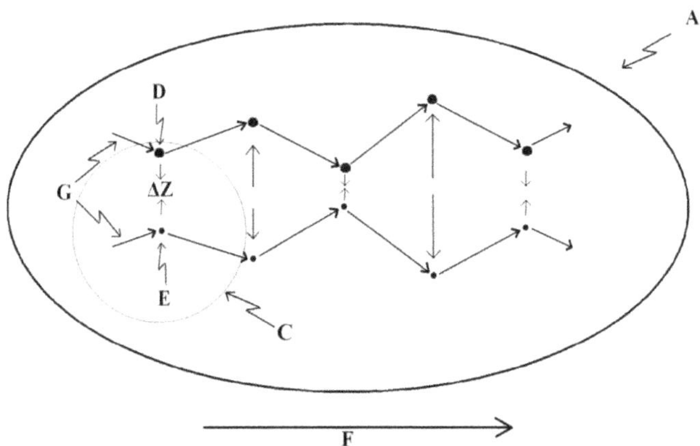

Abbildung 2.8: Zitterbewegung.

Zusätzliches Symbol für **Abbildung 2.8**, die die für **Abbildung 2.7** definierten ergänzen:

G - Die transversale Zitterbewegungs-Resonanz-Oszillation, die sich aus der zyklischen relativen Spinumkehr der magnetischen Energiekugeln "B" und "C" entsprechend ihrer jeweiligen Frequenz ergibt (siehe **Abbildung 2.7**), führt zu einer ununterbrochenen Folge von aufeinanderfolgenden Annäherungen und Entfernungen der beiden zentralen Resonatorverankerungspunkte "D" und "E". Die Unregelmäßigkeit der aufeinanderfolgenden zyklisch umgekehrten Abstände soll nur verdeutlichen, dass die beiden Magnetkugeln der **Abbildung 2.7** bei unterschiedlichen Frequenzen von maximaler Präsenz bis zur Nullpräsenz zyklisch verlaufen, was zu einer Unregelmäßigkeit der Resonanzzyklen führt die die beobachtete Zitterbewegung erzeugt.

Die einzig verbleibende mögliche Bewegungsrichtung der beiden dreiräumlichen Übergänge zueinander ist also quer zur Bewegungsrichtung des Systems, was bedeutet, dass sich beide dreiräumlichen Übergänge zu jedem Zeitpunkt in einem Abstand ΔZ (Zitterbewegungsabstand) voneinander befinden (siehe **Abbildung 2.7**), der in Abhängigkeit vom Zustand der elektromagnetischen harmonischen Schwingungsparameter beider Quanten zu diesem Zeitpunkt berechnet werden kann.

Haben wir hier nicht gerade die Ursache der *Zitterbewegung* identifiziert, die Schrödinger in seiner Analyse der Dirac-Wellengleichung [69] diskutierte und die er als eine unregelmäßige kreisförmige Fluktuationsbewegung des Elektrons fand, die sich seiner Translationsbewegung überlagert? Der Unterschied zu Schrödingers Beschreibung besteht darin, dass die QM zwar behauptet, dass das magnetische Spinmoment durch die Zitterbewegung verursacht wird (beobachtet, aber unerklärt), dass aber der Ansatz der dreiräumlichen Geometrie voraussagt und mechanisch erklärt, dass es die Zitterbewegung wäre, die auf die erzwungene Wechselwirkung zwischen der vorher existierenden zyklischen magnetischen Energie des Elektrons und der vorher existierenden zyklischen magnetischen Energie seines Träger-Photons zurückzuführen wäre, aufgrund ihrer Frequenzunterschiede.

Also, zusätzlich zu der Erkenntnis, dass das tatsächliche Resonanzvolumen, das von den beiden wechselwirkenden oszillierenden elektromagnetischen Quanten des sich bewegenden Elektrons "besucht" wird, mit der variierenden Frequenz der zunehmenden oder abnehmenden Energie des Träger-Photons aufgrund der unterschiedlichen Nähe des sich getragenen Elektrons zu anderen geladenen Teilchen in seiner Umgebung variiert, zeigt diese Analyse, dass, wenn die Energie des Träger-Photons genau gleich der der invarianten

Ruhemasse des Elektrons wird, das sind 0,511 MeV, die Amplitude ΔZ der Zitterbewegungsschwingung aufgrund der perfekt übereinstimmenden antiparallelen Magnetspinausrichtung sollte auf null fallen, während sich das Resonanzvolumen in einfacher harmonischer Schwingung synchronisiert, was experimentell verifiziert werden konnte.

2.19. Die Wellenfunktion und der Resonanzzustand des sich bewegenden Elektrons

Das bringt uns in die richtige Perspektive zur Analyse des Resonanzvolumens die definiert ist als die feste Menge der harmonischen schwingenden Energie des sich bewegenden Elektrons mit der variierenden Menge seiner harmonischen schwingenden Träger-Photon-Energie wechselwirkt, während sich das Elektron im Raum bewegt, im Hinblick auf die traditionelle Form der Wellenfunktion, die zur Darstellung verwendet wird.

Wie zu Beginn der Arbeit erwähnt, wurde die Wellenfunktion zunächst eingeführt, um das von de Broglie ermittelte Resonanzvolumen darzustellen, in das das Elektron bei seiner Stabilisierung im Grundzustand des Wasserstoffatoms gefangen werden musste [58]. Die Methode wurde dann erweitert, um Elektronen und elektromagnetische Photonen in freier Bewegung darzustellen.

Die Schrödinger-Wellenfunktion in ihrer heutigen Form beinhaltet die komplexe harmonische Schwingung eines unklar definierten Einzelresonators, der einen Real- und einen Imaginärteil mathematisch kombiniert, während wir aus der Perspektive der dreiräumlichen Geometrie beobachten, dass das sich bewegende Elektron zwei sehr klar definierte elektromagnetische Resonatoren in getrennter einfacher harmonischer Schwingung beinhaltet.

Selbst wenn, so wie es aussieht, obwohl die Schrödinger-Wellenfunktion es erlaubt, die vollständige Ergänzung der Impulsenergie ΔK des sich bewegenden oder in Atomorbitalen gefangenen Elektrons zu berücksichtigen, ist sie nicht in der Lage, die Zitterbewegung des Elektrons als von den elektromagnetischen Eigenschaften des Elektrons und seiner Trägerenergie herrührend zu erklären.

In der Tat erlaubt sein klassischer mechanischer Ursprung, der unvollständig mit dem Elektromagnetismus zusammenhängt, nicht die Rückwärtsentwicklung ("*reverse engineering*") der elektromagnetischen Eigenschaften des resonierenden Elektrons aus dieser Wellenfunktionseigenschaften, was die

Trennung ist, die Feynman 1964 beobachtete und die verhinderte, dass die Quantenmechanik vollständig mit dem Elektromagnetismus synchronisiert werden konnte [26]:

> *"There are difficulties associated with the ideas of Maxwell's theory which are not solved by and not directly associated with quantum mechanics...when electromagnetism is joined to quantum mechanics, the difficulties remain."*

Übersetzung:

> *"Es gibt Schwierigkeiten, die mit den Ideen der Maxwellschen Theorie verbunden sind, die nicht durch die Quantenmechanik gelöst werden und nicht direkt mit der Quantenmechanik verbunden sind...wenn der Elektromagnetismus mit der Quantenmechanik verbunden wird, bleiben die Schwierigkeiten."*

Wir möchten hier festhalten dass das Reverse-Engineering der Art und Weise, wie beobachtete Phänomene erklärt werden können ist eine in wissenschaftlichen Kreisen durchaus übliche Methode der Erforschung. In der Tat, sie ist möglicherweise die einzige wirksame Methode, aber ihre minimale Erfolgsbedingung hängt davon ab, dass möglichst wenige willkürliche axiomatische Erdungsprämissen berücksichtigt werden, aber unter Berücksichtigung so vieler verwandter bestätigter experimenteller Beobachtungen, wie gesammelt werden können, und schließlich kein nicht verwandtes Element zu berücksichtigen.

Angesichts dieser Sackgasse, wenn man von den Eigenschaften der Wellenfunktion ausgeht, erschien es logisch, die elektromagnetische Resonanzstruktur des Elektrons und seines Träger-Photons rückzuentwickeln, nicht von den Eigenschaften der Wellenfunktion, wie es de Broglie zu tun versuchte, aber sie sondern von den gut etablierten und bekannten Eigenschaften der elektromagnetischen Energie rückzuentwickeln, was zu der vorliegenden Lösung führte, die aus der Perspektive der dreiräumlichen Geometrie ausgearbeitet wurde.

Um eine Vorstellung von der Herausforderung zu bekommen, mit der de Broglie konfrontiert war, wollen wir untersuchen, wie die Natur des Resonators, der ein in der klassischen Mechanik gut verstandenes Resonanzvolumen erzeugt, durch Reverse-Engineering recht einfach verstanden werden kann.

Wer hat nicht schon einmal mit ein wenig Neugierde beobachtet, wie eine gerade gegriffene Gitarrensaite vor allem in der Mitte ihrer Länge beim

Schwingen praktisch *verschwindet*, während sie quer dazu sozusagen ein sehr charakteristisches Raumvolumen *besucht*, das ihr eigentliches *Resonanzvolumen* ist, das sich durch eine Wellenfunktion darstellen lässt?

In diesem Fall wissen wir natürlich im Voraus, dass der Resonator eine kontinuierliche elastische Saite ist, die an beiden Enden gebunden ist, weil wir die Saite im Ruhezustand tatsächlich sehen können, und obwohl sie beim Schwingen zu verschwinden scheint, wissen wir auch, dass die Saite physisch noch existiert, auch wenn wir sie nicht sehen, da sie momentan zu schnell quer schwingt, als dass wir sie sehen könnten.

Wir können uns auch vorstellen, dass jemand, der noch nie eine Gitarre oder ein anderes Saiteninstrument gesehen hätten, aber Experte in Mathematik wäre und dem die sehr charakteristische Wellenfunktion gezeigt wird, die das stationäre Resonanzvolumen der Saite vollständig beschreibt, nach sorgfältiger Beobachtung der symmetrisch gegen Null abnehmenden Amplitude des Resonanzvolumens auf beiden Seiten seines Maximalwertes, durchaus in der Lage sein könnte, daraus abzuleiten, dass dieses Resonanzvolumen nur durch eine kontinuierliche elastische Saite, die an beiden Enden fest verankert ist, erzeugt worden sein kann, und so die Natur eines Resonators zu entdecken und zu verstehen, von dem er vorher nichts wusste.

Aber kein solches Glück mit der Schrödingerschen Wellenfunktion, denn, wie wir im vorigen Abschnitt gesehen haben, liegen die elektromagnetischen Resonanz-Verankerungspunkte seiner Wellenfunktion, die es erlauben würden, zu verstehen, wie ihre Resonanzmechanik festgestellt werden kann, nicht bequem außerhalb des Resonanzvolumens wie im Fall der Gitarrensaite, sondern innerhalb dieses Volumens, was keinerlei Anhaltspunkte liefert, die helfen könnten, ihre Existenz und damit ihre Beziehung zum Elektromagnetismus überhaupt zu erkennen. Deshalb war die einzig mögliche Reverse Engineering-Richtung, die den Zusammenhang zwischen Schrödingers Wellenfunktion und Elektromagnetismus aufdecken konnte, die bestätigte Eigenschaft der elektromagnetischen Energie.

In der Tat, die Identifizierung der elektromagnetischen Lokalisierungsparameter, die durch die dreiräumlichen Mechanik ermöglicht wird, zeigt dass die Schrödinger-Wellenfunktion das Resonanzvolumen des ΔK impulsbezogenen Halbquants des Elektron-Träger-Photons abgebildet hat, was bedeutet, dass wenn die Wellenfunktion theoretisch *zusammenbricht*, es ist der momentane Ort im Raum, an dem sich der Elektron-Träger-Photon-

Dreiräumlicheübergang "E" physikalisch befindet [18], und seine momentane ΔK Impulsenergie, die offenbart werden. Siehe **Abbildungen 2.7, 2.8** und **2.9**.

Die relative Position des Elektron-Dreiräumlichen-Kreuzungspunkt "D" kann dann so festgelegt werden, dass es im Abstand ΔZ (momentaner Zitterbewegungsabstand zwischen den beiden dreiräumlichen Kreuzungspunkte) vom Träger-Photon-Dreiräumlichen-Kreuzungspunkt "E" im gleichen senkrechten Abstand vom Atomkern liegt, wenn das Elektron in einem Atomorbital gefangen ist (siehe **Abbildung 2.9**).

Mit Hilfe der **Abbildung 2.7** zur mentalen Darstellung der verwandten "B"/"C" magnetischen Wechselwirkungen beobachten wir also, dass beide elektromagnetischen Komponenten durch die Abfolge zyklischer transversaler magnetischer Anziehungs-/Abstoßungsumkehrungen zusammengehalten werden, da ihre getrennte magnetische Energie "B" und "C" ständig zwischen gegenseitigen, relativ parallelen und antiparallelen Ausrichtungen ihrer magnetischen Spins bei unterschiedlichen Frequenzen umschaltet ([43], [8] Kapitel 2) ([11], Siehe auch Kapitel 3) ([30], [8] Kapitel 4); die sphärische magnetische Ausrichtung der Elektronenenergie "B", die sich mit der mit Gleichung (2.15) berechneten unveränderlichen Frequenz zyklisch umkehrt, während sich diejenige ihres Träger-Photons "C", die mit der Menge der kinetischen Energie, aus der sie besteht, variiert, mit der mit Gleichung (2.14) berechenbaren Frequenz zyklisch umkehrt.

Jede Annäherungssequenz zwischen den dreiräumlichen Junctions "D" und "E" entspricht der Dauer einer Phase der magnetischen antiparallelen Ausrichtung der Spins der beiden magnetischen Sphären "B" und "C", was der Tatsache entspricht, dass die Summe ihrer im Z-Raum vorhandenen Energien progressiv in Richtung eines momentanen minimalen Präsenzwertes abnimmt, während jede Entfernungssequenz einer Phase der magnetischen parallelen Ausrichtung ihrer Spins entspricht, was der Tatsache entspricht, dass die Summe ihrer im Z-Raum vorhandenen Energien progressiv in Richtung eines momentanen maximalen Präsenzwertes zunimmt.

Da beide Magnetkugeln mit unterschiedlichen Frequenzen schwingen, variieren diese Minima und Maxima entsprechend der ausgedehnten Resonanzsequenz, die für ihre Kombination spezifisch ist, in Abhängigkeit von der Variation der adiabatischen Energie, aus der das Träger-Photon besteht, während es sich im Raum bewegt, in Bezug auf unterschiedliche Abstände zwischen diesem sich bewegenden Elektron und den umgebenden anderen geladenen Teilchen, wodurch die scheinbar zufällig beobachtete Zitterbewegung vollständig berücksichtigt wird.

2.20. Die Resonanzzustände des Elektrons in den Atomorbitalen

Wie in Referenzen ([43], [8] Kapitel 2) ([11], Siehe auch Kapitel 3) analysiert, ist der einzige Weg für ein Elektron, um seiner Bewegung gestoppt zu werden, wenn es sich frei in der Natur bewegt, ist in einigen axialen elektromagnetischen Gleichgewichtszuständen der kleinsten Wirkung in einem der autorisierten Orbitale in einem Atom eingefangen zu werden.

Schon während seiner analysierten freien Bewegung, können die beiden getrennten elektromagnetischen Quanten, aus denen das sich bewegende Elektron besteht, das ist, das der invarianten Energie seiner Ruhemasse "D" und das der Energie seines Träger-Photons "E", nur gemeinsam aufrechterhalten werden, weil die Wechselwirkung in hochfrequenter zyklischer Inversion ihrer magnetischen Energie "B" und "C", deren attraktive Präsenzphasen, obwohl sie als Funktion des inversen Würfels der Entfernung intermittierend und asynchron sind, bei so kurzen Entfernungen ausreichend stark sind, um einen Zusammenhalt zu gewährleisten, der per Definition nur ein Zustand der kleinsten Wirkung sein kann.

Aber so stark diese Wechselwirkung bei so kurzen Abständen zwischen den magnetischen Energiekugeln "B" und "C" sein kann, ist sie in Bezug auf die Stärke der Wechselwirkung zwischen diesen magnetischen Energiekugeln und den magnetischen Energiekugeln "N" der Träger-Photonen der Up- und Down-Quarks, aus denen das Proton besteht, das den Kern eines Wasserstoffatoms bildet, aus allen Proportionen in den Schatten gestellt (siehe **Abbildungen 2.9 und 2.10**).

So mächtig tatsächlich, dass selbst bei der *relativ astronomischen* Entfernung von ca. 5.29E-11 m vom Proton entfernt, die komplexe Resultierende ihrer kombinierten zyklischen abstoßenden parallelen magnetischen Wechselwirkung ausreicht, um das Elektron buchstäblich auf seinen Bahnen zu stoppen, wenn es sich im letzten Schenkel seiner Beschleunigungsbewegung zum Proton befindet, die letztere aufgrund der Coulombschen Kraftanziehung zwischen seiner negativen Ladung und den positiven kombinierten Ladungen der drei Quarks, und dass die komplexe Resultierende ihrer kombinierten zyklischen anziehenden antiparallelen magnetischen Wechselwirkung ausreicht, um es am Entweichen zu hindern und in einem stabilisierten axialen elektromagnetischen Gleichgewichtszustand der kleinsten Wirkung gefangen zu halten. Siehe Abschnitt 1.28.

Die Parameter der **Tabellen 2.2** und **2.3** und der Gleichungen (2.61) bis (2.64) erlaubten tatsächlich in Referenzen ([43], [8] Kapitel 2) ([11], Siehe auch Kapitel 3) ([32], [8] Kapitel 14) ([49], [8] Kapitel 9) zu berechnen, dass die magnetische Energiekomponente "N" der Energie jedes der Träger-Photonen der Quarks mehr als 600 Mal stärker ist als die der invarianten magnetischen Energie der Ruhemasse des Elektrons "B", die ihre kombinierte Stärke gegenseitig auf das etwa 2000-fache der des Elektrons und seines Träger-Photons aufbauen.

Während des eigentlichen Stoppvorgangs hatte das Vorwärtsbewegende ΔK impulsbezogene Energie-Halbquant "F" des Elektron-Träger-Photons aufgrund seiner Vorwärtsträgheit keine andere Möglichkeit, als ein bekanntes elektromagnetisches Bremsstrahlungs-Photon zu entkommen, dessen Energiemenge im Falle der Etablierung des Elektrons im Wasserstoff-Grundzustandsorbital "H" 13,6 eV beträgt. Siehe Abschnitt 1.28 für die detaillierte Emissionsmechanik dieses Photons in dreiräumlicher Geometrie.

Wenn diese Impulsenergie entweicht, wird genau die gleiche Menge an Ersatz ΔK Impulsenergie "F" gleichzeitig adiabatisch durch die Coulomb-Wechselwirkung, wie in Referenz ([43], [8] Kapitel 2) beschrieben, wieder-induziert, denn es ist gut verifiziert, dass die Coulomb-Wechselwirkung zwischen den Ladungen es verbietet, in Ladungseinheiten, die durch diesen Abstand von 5,29E-11 m getrennt sind, eine von 27,2 eV verschiedene Menge als Träger-Photon zu induzieren.

Dieses neue Halbquant der ΔK Impulsenergie "F", das nun direkt und unbeirrt durch Struktur auf das Proton ausgerichtet ist, wird weiterhin einen kontinuierlichen "Druck" ausüben, um die negative Ladung des Elektrons in Richtung der Resultierenden mit entgegengesetztem Zeichen der Ladungen der nuklearen Subkomponenten zu halten, auch wenn seine Vorwärtsbewegung durch den magnetischen Gegendruck, der zwischen seiner magnetischen Energie "B" und der der inneren Proton-Träger-Photonen "N" besteht, behindert wird.

Und es ist das *Druck/Gegendruck-Wechselspiel* zwischen der Elektron-Träger-Photon-Impulsenergie ΔK "F" und der komplexen Wechselwirkung zwischen den beteiligten schwingenden Magnetkugeln "B" und "N", die das durch die Schrödinger-Wellenfunktion beschriebene Resonanzvolumen bestimmen, wie wir sehen werden.

Es muss gesagt werden, dass der Einfang eines Elektrons durch ein Proton zur Bildung eines Wasserstoffatoms möglicherweise der am besten verstandene Prozess ist, bei dem die Elementarteilchen in einem axialen elektromagnetischen Gleichgewicht der kleinsten Wirkung stabilisiert werden. Er wurde jedoch im letzten Jahrhundert nur mit Hilfe der beiden traditionellen, deutlich unterschiedlichen und nicht direkt miteinander zu vereinbarenden Filterparadigmen, nämlich der klassischen/relativistischen Mechanik und der Quantenmechanik, untersucht und verstanden.

Vom klassischen/relativistischen Mechanik-Paradigma, das von der Newtonschen Mechanik geerbt wurde, kann die Stabilisierung des Elektrons in der berechneten Entfernung von 5,291772083E-11 m nur mit der Idee in Verbindung gebracht werden, dass das Elektron eine lokalisierte Masse ohne interne Struktur wäre, die das Proton in dieser Entfernung mit der Geschwindigkeit umkreist, die seiner ΔK Impulsenergie entspricht, einer Geschwindigkeit, die entweder vom klassischen oder vom relativistischen Standpunkt aus berechnet werden kann, je nachdem, ob der Gamma-Faktor in seiner Berechnung berücksichtigt wird oder nicht.

Aus dieser Perspektive ist es nicht denkbar, dass das Elektron seine mit Gleichung (2.11) berechnete ΔK kinetische Impulsenergie konservieren könnte, wenn es in diesem axialen Abstand zum Proton langsamer und unbeweglich würde, da die Existenz der kinetischen Energie aus der Perspektive der klassischen/relativistischen Mechanik von der Geschwindigkeit eines massiven Körpers abhängt ([11], Siehe auch Kapitel 3). Wenn ein massiver Körper sich auf diese Weise verlangsamt, wird davon ausgegangen, dass sich seine kinetische Energie in eine äquivalente Menge an *potentieller* Energie umwandelt, was gleichbedeutend damit wäre, dem Elektron jede Möglichkeit zu nehmen, *auf der Umlaufbahn* zu bleiben, und es wird angenommen, dass dies dazu führen würde, dass das Elektron theoretisch auf das Proton *fällt*.

Aber da wir aus unzähligen Experimenten des vergangenen Jahrhunderts mit Sicherheit wissen, dass dies in der physikalischen Realität nie geschieht, wissen wir natürlich auch, dass diese Schlussfolgerung, die in Bezug auf makroskopische massive Körper gezogen wurde, bevor die Existenz elektrischer Ladungen und der Coulomb-Kraft entdeckt wurde, irgendwie zumindest teilweise irreführend ist, wenn sie auf das Verhalten elektrischer Ladungen angewandt wird, auch wenn sie zufriedenstellend erscheint, wenn sie auf massive Körper auf unserer makroskopischen Ebene angewandt wird.

Aus der Sicht der Quantenmechanik außerdem, die von der Etablierung der Schrödinger-Wellenfunktion und der statistischen Verteilung nach Heisenberg in den 20er Jahren des letzten Jahrhunderts übernommen wurde, wird das im Wasserstoff-Grundzustand stabilisierte Elektron mit 100%iger Wahrscheinlichkeit in einem klar definierten Resonanzvolumen des Raumes um das Proton gesehen, in dem die Energie des Elektrons, ohne jegliche interne Struktur wie in der klassischen/relativistischen Mechanik, statistisch konzentrierter (oder häufiger vorhanden) um diesen mittleren Abstand von 5,29E-11 m vom Proton geschätzt wird, ein Volumen, innerhalb dessen das Elektron nicht als sich auf einer klaren Flugbahn bewegend angesehen werden kann, was im Gegensatz zur klassischen/relativistischen Mechanik steht, obwohl eindeutig feststeht, dass es bei der Berechnung eines theoretischen Wellenfunktionskollapses axial überall innerhalb dieses Volumens lokalisiert werden kann und dass seine wahrscheinlichste Position mit der klassischen Darstellung der Bohrschen Umlaufbahn zusammenfällt, die als Wahrscheinlichkeit einer erhöhten Dichte der Energie des Elektrons innerhalb des von der statistischen Methode Heisenbergs beschriebenen Volumens ausgedrückt wird.

Seine Gesamtenergie wird allgemeiner definiert, wobei das vom klassischen Mechanik-Paradigma geerbte Hamiltonsche Konzept die Summe der kinetischen Energie und der potentiellen Energie, die den Impuls in der klassischen/relativistischen Mechanik ausmacht, in einem einzigen konservativen Konzept kombiniert, faszinierend noch immer auf dem gleichen $p=mv$ Newtonschen konservativen Impulskonzept ($p=\gamma mv$ aus der relativistischen Perspektive) intern geerbt, das bewirkt, dass die Menge der zugehörigen kinetischen Energie von ΔK immer noch von der Geschwindigkeit abhängt, auch wenn keine Geschwindigkeit mit der Ausbreitungsenergie des Elektrons assoziiert werden kann, wie sie derzeit durch die Wellenfunktion Resonanzvolumen repräsentiert wird.

Obwohl beide traditionellen Paradigmen den Betrag der kinetischen Impulsenergie ΔK aus Gleichung (2.11) berücksichtigen, berücksichtigt keines der beiden Paradigmen die Energie, die dem Masseinkrement Δm_m aus Gleichung (2.2) entspricht, obwohl ihre Existenz durch die Kaufman-Experimente [36] experimentell bestätigt wurde, wie sie mit Hilfe der transversalen Wechselwirkung gemessen wurde, und deshalb weist kein

Paradigma den Magnetfeldern geladener Teilchen oder ihren magnetischen Masseinkrementen in der submikroskopischen Wechselwirkung eine Funktion zu.

Dies zeigt genau wobei die Trennung zwischen der klassischen/relativistischen Mechanik und der Quantenmechanik einerseits und der elektromagnetischen Mechanik andererseits liegt und die Bedeutung der adiabatischen Natur der Energieinduktion ([43], [8] Kapitel 2) durch die Coulomb-Wechselwirkung, wie sie mit **Abbildung 2.1** und Gleichung (2.20) gezeigt wird, offenbart, die als Gleichung (2.13) die Gesamtmenge der adiabatisch in geladenen Teilchen induzierten Energie, berechnet mit Gleichung (2.11) für die Translationsimpuls-Komponente und mit Gleichung (2.2) für das magnetische Masseinkrement, kombiniert.

Die kritische Abweichung liegt genau darin, dass die Hälfte der kinetischen Energie des ΔK Impulses des gesamten Energiequants adiabatisch durch die Coulomb-Wechselwirkung induziert wird (Gleichung (2.12), in einer solchen Weise, dass es nur in der Richtung des Protons physikalisch vorhanden und vektoriell aktiv bleiben kann, auch wenn experimentell nachgewiesen wird, dass es das Elektron weder in seiner Richtung zum Proton hin noch entlang der von der klassischen Mechanik vorgeschriebenen Bahn vorwärts bewegen kann, da seine vektorielle Orientierung durch Struktur senkrecht zu dieser klassischen Bahn unveränderlich festgelegt ist.

Dies macht darauf aufmerksam, dass die relativistische Impulsenergie ΔK von Gleichung (2.6) und die relativistische Massezunahme von Δm_m aus Gleichung (2.2), wie sie in Gleichung (2.13) kombiniert ist, zu berücksichtigen sind, die die durch das Kaufmann-Experiment [36] bestätigte relativistische Geschwindigkeit und relativistische Massezunahme vollständig erklären, bleiben auch dann vollständig adiabatisch induziert, wenn bei der Stabilisierung des Elektrons im Grundzustand des Wasserstoffatoms die zugehörige relativistische Geschwindigkeit durch *etwas* verhindert wird.

Dies wiederum führt zu der Schlussfolgerung, dass Begriffe wie *elektromagnetischer Impuls* und *magnetisches Masseinkrement* zur Beschreibung dieser adiabatisch induzierten Energie-Halbquant besser geeignet wären als die derzeitigen Begriffe *relativistischer Impuls* und *relativistisches Masseinkrement*, da sich nachweisen lässt, dass elektromagnetische Energie streng in Abhängigkeit vom Abstand zwischen den Ladungen adiabatisch induziert wird, nach der Induktionswachstumskurve in Abhängigkeit vom Gammafaktor und der Coulomb-Kraft ([11], Siehe auch Kapitel 3) [36] ([42],

[8] Kapitel 5), und das im Gegensatz zu den Grundlagen aller traditionellen Theorien über Energie und Materie, die ausschließlich aus Experimenten auf makroskopischer Ebene erarbeitet wurden, nach der kinetische Energie nur dann existieren kann, wenn eine Translationsbewegung möglich ist, findet man bei allen Experimenten mit submikroskopisch geladenen Elementarteilchen die kinetische Energie als eine *physikalisch existierende Substanz*, deren Existenz nicht von der Geschwindigkeit abhängt, wie derzeit axiomatisch angenommen wird, sondern dass es die Geschwindigkeit ist, die von der vorherigen Existenz der kinetischen Energie abhängt, eine Geschwindigkeit, die nur dann ausgedrückt werden kann, wenn die Translationsbewegung der geladenen Teilchen nicht durch den lokalen magnetischen translatorischen Gegendruck behindert wird ([43], [8] Kapitel 2).

Die letztendliche Frage stellt sich dann heraus: Wie kann dieses *Etwas* die natürliche Bewegung des $\varDelta K$ Impulses kinetische Energie des Elektrons so effektiv und systematisch behindern, dass es unmöglich ist, das Elektron entsprechend seiner natürlichen vektoriellen Ausrichtung auf das Proton zu prallen?

Weder die klassische/relativistische Mechanik noch die Quantenmechanik bieten einen mechanischen Anhaltspunkt zur Lösung dieses Problems. Die dreiräumlichen Geometrie erlaubt jedoch die Beobachtung, dass dieses Hindernis nur durch eine überwiegend abstoßende magnetische Wechselwirkung, d.h. einen magnetischen Gegendruck, bereitgestellt werden kann, der sich aus der konstanten parallelen/antiparallelen Magnetspin-Orientierungswechselwirkung zwischen der magnetischen Energie "B" der unveränderliche Ruhemasse des Elektrons und der der 3 Quark-Träger-Photonen "N" des Protons ergibt ([43], [8] Kapitel 2) ([11], Siehe auch Kapitel 3) ([49], [8] Kapitel 9), wie symbolisch mit den **Abbilungen 2.9** und **2.10** dargestellt, die wir nun analysieren werden.

Es muss klar verstanden werden, dass es die kugelförmige Zu- und Abnahmebewegung der physikalischen Präsenz der eigentlichen *magnetischen Energiesubstanz* des Elektrons und der 3 Quark-Träger-Photonen ist, die bei dieser Analyse sichtbar gemacht werden muss, und nicht die ihrer mathematischen *E*- und *B*-Feld-Darstellungen der Maxwell-Gleichungen, wie wir intuitiv versucht wären, es zu tun.

Um die axiale Resonanzbahn, in die das Elektron gezwungen wird und die das durch die Schrödinger-Wellenfunktion definierte Volumen bestimmt, wirklich zu verstehen, müssen die relativen Kräfte der beteiligten schwingenden Magnetkugeln relativiert werden.

In diesem Prozess, das magnetische Halbquant Δm_m des Elektron-Träger-Photons "C" wird zur Vereinfachung der aktuellen Analyse ignoriert, da es bei der Definition des Grundzustands-Resonanzvolumens im Vergleich zu der Rolle, die die magnetische Masse "B" des Elektrons spielt, unendlich klein ist, wie aus seinem mit Gleichung (2.27) berechneten Wert und dem folgenden Verhältnis, das mit der magnetischen Masse des im Wasserstoff-Grundzustand stabilisierten Elektrons ermittelt wurde, hervorgeht, und nur in Bezug auf die transversale Zitterbewegung des zuvor analysierten Elektrons von Bedeutung ist:

$$\frac{\Delta m_m}{m_e/2} = \frac{2.42533772\ 6E\text{-}35}{4.55469094\ E\text{-}31} = \frac{1}{1.87796152\ 7E4} \tag{2.65}$$

Das ΔK Impulshalbquant "F" des Elektron-Träger-Photons hat jedoch eine Rolle zu spielen, denn jedes Mal, wenn die magnetische Kugel "B" der Elektron-Ruhemasse auf Null Präsenz im Z-Raum reduziert wird, verschwindet durch Struktur der gesamte magnetische Gegendruck zwischen dem Elektron und die magnetische Energie der auf das Proton zentrierte Magnetkugeln "N", die bewirkt, dass die ΔK Impulsenergie "F" des Elektrons wieder frei wird, um das Elektron in Richtung des Protons zu treiben, bis die magnetische Energiesubstanz "B" der Elektron-Ruhemasse im Z-Raum wieder zu steigen beginnt, wenn der folgende Zyklus seiner Frequenz einsetzt.

Auf der Seite des Protons werden die magnetischen Massen "O" der Up- und Down-Quarks ignoriert, denn entgegen der Bedeutungslosigkeit des magnetischen Δm_m Halbquants "C" des Elektron-Träger-Photons in Bezug auf die magnetische Masse des Elektrons, wie sie mit Gleichung (2.65) gezeigt wird, sind die magnetischen Massen "O" der Up- und Down-Quarks unbedeutend im Vergleich zu den ungleich größeren Werten des magnetischen Δm_m Halbquants ihrer Träger-Photonen. Tatsächlich würde jedes Quark-Träger-Photon "N", wie in der Referenz ([32], [8] Kapitel 14) berechnet, eine mittlere Gesamtenergie von etwa 310,457837 MeV haben:

$$\text{Quark Träger - Photon - Energie} = \Delta K + \Delta m_m = 4.974082389E-11\,\text{j} \tag{2.66}$$

die ihre Frequenz und Wellenlänge auf die folgenden Werte setzt:

$$v = \frac{E}{h} = 7.506837869\ E22\ \text{Hz} \qquad \lambda = \frac{c}{v} = 3.99359175\ 2E-15\,\text{m} \tag{2.67}$$

und auch ohne Berücksichtigung der magnetischen Drift, die durch die so große gegenseitige Nähe der 6 inneren elektromagnetischen Quanten des Protons (Ref: Gleichung (2.62) und Referenzen ([32], [8] Kapitel 14) ([49], [8] Kapitel 9), die ihre magnetische Energie erheblich erhöht, verursacht wird, wird zur Vereinfachung dieser Analyse jede ihrer Δm_m magnetischen Halbquanten minimal den folgenden Wert haben:

$$\Delta m_m = \frac{E/2}{c^2} = 2.767206524 \ \text{E} - 20 \ \text{kg} \tag{2.68}$$

In Abhängigkeit von der in **Tabelle 2.2** verfügbaren Up-Quark-Masse lässt sich das folgende Verhältnis ermitteln:

$$\frac{\Delta m_m}{m_U/2} = \frac{2.76720652 \ 4\text{E} - 20}{1.02480546 \ 2\text{E} - 30} = \frac{2.700226166 \ \text{E}10}{1} \tag{2.69}$$

und für das Down-Quark:

$$\frac{\Delta m_m}{m_D/2} = \frac{2.76720652 \ 4\text{E} - 20}{4.09922189 \ \text{E} - 30} = \frac{0.6750565347 \ \text{E}10}{1} \tag{2.70}$$

Also, vergleicht man die beiden letztgenannten Verhältnisse mit dem mit Gleichung (2.65) berechneten Verhältnis der magnetischen Masse des Elektrons, so stellt man nicht nur fest, dass diese beiden Verhältnisse in Bezug auf das Verhältnis zwischen die magnetische Masse des Elektrons und der seines Träger-Photons umgekehrt sind, sondern man stellt auch fest, dass die Quarks Träger-Photonen 10 Größenordnungen energiereicher sind als die Quarks, die sie tragen, was es rechtfertigt, nur die Magnetkugeln "N" dieser 3 Träger-Photonen zu berücksichtigen, um das Elektron-Resonanzvolumen summarisch zu erklären.

Schließlich wird das Verhältnis der magnetischen Masse "B" des Elektrons $m_e/2$ zur minimalen Δm_m magnetischen Masse "N" auch nur eines der Träger-Photonen der Quarks einen Eindruck davon geben, wie leicht und stark das Elektron wie eine Feder in einem Hurrikanwind in Resonanz gebracht werden kann, wenn es selbst von der minimal elfmal größeren magnetischen Energie des auch nur einen Quark-Träger-Photons, das auf den Ort des Protons zentriert ist, axial herumgeschoben wird:

$$\frac{m_e/2}{\Delta m_m} = \frac{4.55469094 \ \text{E} - 31}{2.76720652 \ 4\text{E} - 20} = \frac{1.64595266 \ \text{E}11}{1} \tag{2.71}$$

Gegenüber der ein Elektron schwingenden magnetischen Energiekugel "B" materialisiert sich die kombinierte magnetische Energie der inneren Protonkomponenten als zwei relativ konzentrische antiparallele Energiekugeln mit ungleichem Kugelvolumen (siehe **Abbildung 2.10**). Die größte besteht aus der zyklisch variierenden Summe der magnetischen Energie zweier Quark-Träger-Photonen (2 x "N") in permanenter gegenseitiger paralleler Spinausrichtung, die zwischen Null-Energie-Präsenz und maximaler Energie-Präsenz im Z-Raum zyklisch zu- und abnimmt, während die kleinste Magnetkugel aus der magnetischen Energie "N" des verbleibenden dritten Träger-Photons besteht, die durch Struktur nur in antiparalleler Spinausrichtung mit den ersten beiden sein kann, und deren Energie in konstanter Schwingung gegen die Summe der Kugelbewegung der magnetischen Energie der ersten beiden ist, d.h. in zunehmender Energiepräsenzphase, während die Energiepräsenz der ersten beiden abnimmt, und in abnehmender Energiepräsenz, während die Energie der ersten beiden zunimmt.

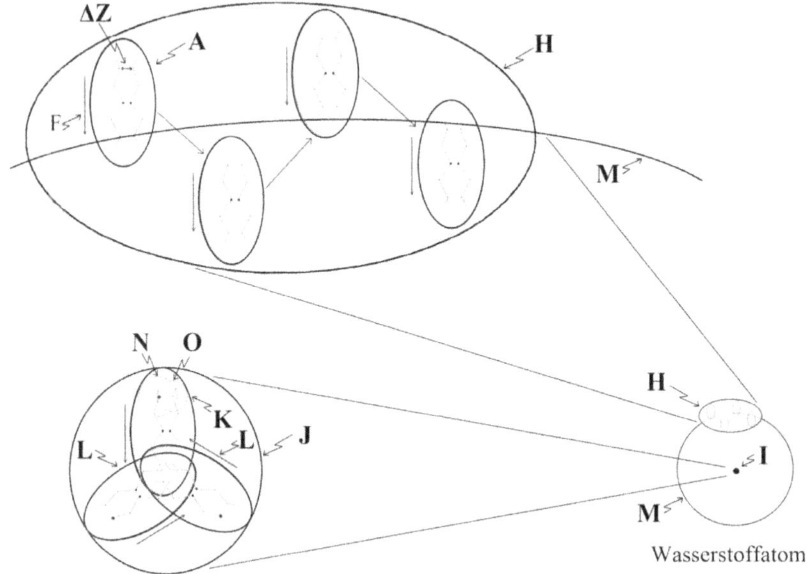

Abbildung 2.9: Die Wasserstoff-Atom-Resonanzzustände.

Zusätzliche Symbole für **Abbildung 2.9**, die die für die **Abbildungen 2.7** und **2.8** definierten ergänzen.

H - Symbolische Darstellung des Resonanzvolumens, innerhalb dessen die Elektron Punkt-ähnliche sich verhaltende Dreiräumliche-Kreuzung und die seines Träger-Photons im Wasserstoff-Grundzustandsorbitale gefangen bleiben.

I - Proton.

J - Symbolische Darstellung des Protonenergie-Resonanzvolumens, das sich aus der zyklischen Spin-Umkehrwechselwirkung zwischen allen 6 inneren Komponenten der Protonstruktur ergibt, die 2 Up-Quarks, 1 Down-Quark und ihre 3 Träger-Photonen sind.

K - Symbolische Darstellung des Zitterbewegungs-Resonanzvolumens, innerhalb dessen die sich punktähnlich verhaltende Down-Quark-Dreiräumliche-Kreuzung und die seiner gegenseitigen zyklischen magnetischen Spinumkehr-Wechselwirkung im Z-Raum beteiligte Träger-Photon gefangen bleiben, wie in den **Abbildungen 2.7** und **2.8** dargestellt, jedoch mit wesentlich höheren Frequenzen als das Zitterbewegungs-Resonanzvolumen des Elektrons.

L - Symbolische Darstellung des Zitterbewegungs-Resonanzvolumens, innerhalb dessen die sich punktähnliche verhaltende Dreiräumliche-Kreuzung des Up-Quarks und die seines Träger-Photons nach der gleichen Mechanik gefangen bleiben, wie für das Down-Quark mit der vorherigen Darstellung K.

M - Wasserstoff-Grundzustand mittlerer orbitaler Abstand zwischen dem Elektron und dem Proton, entsprechend dem theoretischen Bohr-Radius, bei dem die Impulsenergie des Elektrons genau auf ΔK eingestellt ist, außerhalb dieses Abstandes nimmt diese Impulsenergie bei weiterem Abstoßen des Elektrons auf $\Delta K - \Delta(\Delta K)$ ab und steigt auf $\Delta K + \Delta(\Delta K)$ an, wenn es während seiner zyklischen axialen Resonanzbewegungssequenzen näher an das Proton gezogen wird.

N - Symbolische Darstellung des kugelförmigen Volumens der oszillierenden magnetischen Energie des Träger-Photons eines Quarks im Z-Raum (siehe **Abbildung 2.5-c**), angewandt auf die innere oszillierende Struktur des Träger-Photons und Gleichung (2.55). Dieses Volumen entspricht seinem Magnetfeld, das von Null bis zu einem Maximum variiert, das mit Gleichung (2.23) unter Verwendung der mit Gleichung (2.67) erhaltenen Träger-Photon-Wellenlänge berechnet werden kann, und dem geschwindigkeitsbezogenen quark-magnetischen Masse-Inkrement Δm_m, das mit Gleichung (2.68) erhalten wird.

O - Symbolische maximale Ausdehnung des kugelförmigen Volumens der oszillierenden magnetischen Energie eines Up- oder Down-Quarks im Z-Raum (siehe **Abbildung 2.5-c**), angewandt auf die innere Schwingungsstruktur des Quarks und die Gleichungen (2.63) und (2.64).

Da alle drei Quark-Träger-Photonen die gleiche Frequenz haben, bleiben sie in einer der beiden möglichen Konfigurationen "U ∥ U ≠ D" oder "U ∥ D ≠ U" permanent synchronisiert. Siehe **Abbildung 2.10**.

Das Ergebnis ist, dass unabhängig davon, in welcher zunehmenden oder abnehmenden Präsenzphase seiner magnetischen Schwingung "B" sich das Elektron befindet, entweder die größere oder die kleinere magnetische Kugel, die auf den Ort des Protons zentriert ist, mit ihm in paralleler Spinausrichtung steht und es abstößt, was permanent verhindert, dass das Elektron auf natürliche Weise das Proton erreichen kann, es sei denn, es wurde von außen, zufällig oder künstlich, mit einem ausreichend energetischen Träger-Photon induziert, wie es in Hochenergiebeschleunigern üblich ist.

In der symbolischen Darstellung der **Abbildung 2.9** ist das Elektron-Zitterbewegungs-Resonanzvolumen "A" orientiert als ob es sich auf das Proton zubewegen würde, um die Tatsache zu reflektieren, dass das 13,6 eV Halbquant der Impulsenergie ΔK im Elektron-Träger-Photon wieder induziert wird, wenn das Elektron eingefangen wird, bleibt dauerhaft auf das Proton ausgerichtet, auch wenn seine Vorwärtsbewegung ständig gehemmt ist durch die Tatsache, dass sich seine magnetische Schwingungskugel unabhängig von der zu- oder abnehmenden Präsenzphase in der sie sich befindet (Eigenschaft "B" in den **Abbildungen 2.7** und **2.10**), die letztere wird abgestoßen, da sich entweder die eine oder die andere der beiden antiparallelen Magnetkugeln, die auf den Ort des Protons zentriert sind (siehe **Abbildung 2.10**), immer in abstoßender paralleler Spinausrichtung in Bezug auf die elektronmagnetische Energiekugel "B" befindet.

Diese konstante, relativ parallele abstoßende Spinorientierung der Elektron-Magnetkugel in Bezug auf mindestens eine der beiden konzentrisch angeordneten Proton-Magnetkugeln ist jedoch nicht die Erklärung für den durch die Schrödinger-Wellenfunktion definierten Grundzustand der axialen Orbitalresonanz des Elektrons. Darauf werden wir gleich noch eingehen, aber analysieren wir zunächst die Proton-Magnetischestruktur.

Es kann erscheinen, ein Trennung zu sein zwischen der Idee, dass die Energie der magnetischen Schwingungskugeln der Quark-Träger-Photonen so weit in den Raum reichen könnte wie das Grundzustandsorbitale, das sich in 5.29E-11 m Entfernung vom Proton befindet, und mit ausreichender Stärke, um einen elektromagnetischen Gleichgewichtszustand der kleinsten Wirkung herzustellen, der das Elektron in diesem relativ großen Abstand von dem relativ winzigen

Volumen mit dem Radius 1.2E-15 m hält, in dem wir wissen, dass die 6 inneren elektromagnetischen Quanten, aus denen das Proton besteht, gefangen sind.

Dies lässt sich leichter relativieren, wenn man bedenkt, dass das Magnetfeld der Sonne bis zu den äußeren Grenzen des Sonnensystems reicht, vermutlich bis zur Oort-Wolke, auch wenn die Materie, aus der die Sonne besteht, in einer Kugel enthalten ist, deren Radius deutlich kürzer ist als der Radius der Umlaufbahn des Merkurs, seines innersten Planeten. Tatsächlich kann das riesige Magnetfeld der Sonne nur aus der Summe der einzelnen Magnetfelder der unzähligen Elementarteilchen und Träger-Photonen bestehen, aus denen die Materie der Sonne besteht. Für alle existierenden Himmelskörper lässt sich offensichtlich die gleiche Schlussfolgerung ziehen, wie sie in der Referenz ([45], [8] Kapitel 16) relativiert wird.

Es gibt also keine Trennung zwischen dieser Schlussfolgerung auf submikroskopischer Ebene und dem, was selbst auf astronomischer Ebene beobachtet werden kann, denn wenn ein Wasserstoffatom theoretisch so weit vergrößert würde, dass sein Protondurchmesser die Dimension der Sonne erreicht, wie oft bei diesen Analysen in Erinnerung gerufen wurde, dann würde sich das Elektron bis zur Umlaufbahn des Neptuns stabilisieren, was dem Magnetfeld des Protons relativ gesehen die gleiche Größenordnung wie das der Sonne verleihen würde.

Erinnern wir uns auch daran, dass in der dreiräumlichen Geometrie diese magnetische Energie nicht im normalen X-Raum, sondern im magnetostatischen Z-Raum expandiert und kontrahiert, und dass nur das ΔK Impulsenergie Halbquant und die punktähnlichen dreiräumlichen Junctions $\otimes$ jedes Elementarteilchens, frei sich bewegenden Photons und Träger-Photons, die sozusagen wirklich innerhalb des normalen X-Raums *leben*, die sind die einzigen beiden Aspekte der elektromagnetischen Energie der Elementarteilchen, die physikalisch durch frontale Längskollisionen nachweisbar sind, die die Gesamtsumme der elektromagnetischen Energie sind, die in den beiden anderen orthogonalen Räumen Y und Z vorhanden ist, und deren physikalische Präsenz wir nur durch diese dreiräumlichen Verbindungsstelle $\otimes$, die sich im X-Raum Punkt-ähnlich verhalten, und ihre ΔK Translationsenergie erkennen können; und der einzige Aspekt der elektromagnetischen Energie, der durch transversale Kollision oder Wechselwirkung nachgewiesen werden kann, nämlich nur die elektromagnetische Energie, die in den beiden anderen orthogonalen Räumen vorhanden ist und die wir durch diese dreiräumlichen Verbindungsstelle $\otimes$, die sich im X-Raum immer Punkt-ähnlich verhalten, feststellen können, nämlich die Energie der Ruhemassen m des Elektrons, des Positrons, des Up- und des Down-Quarks und die Energie der magnetischen Masseinkremente Δm_m der Träger-Photonen und schließlich das elektromagnetischen Energie-Halbquant Δm_m der frei sich bewegenden Photonen.

Tatsächlich sind es nicht die Magnetfelder der 6 inneren Komponenten des Protons, die in seinem physikalisch gemessenen Volumen gefangen sind, sondern die sich punktähnlich verhaltenden dreiräumlichen Kreuzungen $\otimes$, die die einzelnen Verankerungsorte dieser magnetischen Energie im normalen X-Raum sind und durch die ihre elektromagnetische Energie zyklisch schwingt, die paarweise in Zitterbewegungstransversalresonanzzuständen gefangen sind, und auch kollektiv im gemeinsamen Resonanzvolumen der kleinsten Wirkung, die sich aus ihrer gegenseitigen dreiräumlichen elektromagnetischen Wechselwirkung ergibt, die zum Aufbau der stabilen Protonstruktur führt.

Das Neutron, das in diesem Dokument nicht dargestellt wird, hat eine innere elektromagnetische Struktur, die dieselben Up- und Down-Quarks und ihre Träger-Photonen mit etwas höherer Energie enthält, mit dem Unterschied, dass es statt 2 Up- und 1 Down-Quark (uud) 2 Down-Quarks und 1 Up-Quark (udd) enthält. Die Details der dreiräumlichen Strukturen beider Nukleonen sind in der Referenz ([32], [8] Kapitel 14) verfügbar.

Hinsichtlich des Grundzustands des orbitalen Resonanzvolumens relativiert **Abbildung 2.10** die Tatsache, dass dieses Resonanzvolumen auf die wesentlich höhere Schwingungsfrequenz der Quarks-Träger-Photonenenenenergie tragen, im Vergleich zu der wesentlich langsameren Schwingungsfrequenz der magnetischen Energie der Ruhemasse des Elektrons zurückzuführen ist.

Die Zuordnung dieser Frequenzen des Elektrons aus Gleichung (2.15) und eines Quark-Träger-Photons aus Gleichung (2.67) erlaubt die Bestimmung, dass die magnetische Polaritätsumkehrung jedes Quark-Träger-Photons minimal mehr als 600 Mal während jedes Auftretens der magnetischen Polaritätsumkehrung der magnetischen Energie des Elektrons auftritt, d.h. während jedes magnetischen Anwesenheitszyklus der magnetischen Energie des Elektrons im Z-Raum:

$$\frac{\nu_{Quark\text{-}Träger\text{-}Photon}}{\nu_{Elektron}} = \frac{7.506837869\,E22}{1.235589976\,E20} = \frac{607.5508878}{1} \tag{2.72}$$

Das ständige Wechselspiel aufgrund der Frequenzdifferenz der verschiedenen Magnetkugeln, das das inverse Würfel-Wechselwirkungsgesetz mit der

Entfernung beinhaltet, das der ΔK unidirektionalen Impulsenergie "F", die ständig dazu neigt, das Elektron in Richtung Proton zu treiben, eine ununterbrochene Folge von magnetischen Anziehungs- und Abstoßungsphasen darstellt, die kann dann nur zur Herstellung des stabilen axialen Resonanzzustandes führen, den de Broglie identifiziert hat [58].

In **Abbildung 2.10** stellt die zentrale Sequenz "B" symbolisch ein beliebiges Muster von 6 Vorkommnissen der Intensitätsvariation der sphärischen Präsenz der magnetischen Elektronenergie in Abhängigkeit von ihrer Frequenz dar. In vereinfachter Weise wird jedes dieser 6 Vorkommen in der unteren Sequenz mit den mehr als 600 Vorkommen der Intensitätsvariation der sphärischen Präsenz der magnetischen Energie der 3 Träger-Photonen der Up- oder Down-Quarks des Protons in Abhängigkeit von ihrer eigenen Frequenz konfrontiert.

Der Zustand des Bahngleichgewichts der kleinsten Wirkung wird folglich dadurch hergestellt, dass das ΔK Impulsenergie-"F"-Halbquant des Elektron-Träger-Photons abwechselnd in ihrer Vorwärtsbewegung behindert wird, wenn die magnetische Wechselwirkungsfunktion des inversen Würfelgesetzes abstoßend wird – parallele magnetische Spinausrichtung zwischen den magnetischen Energiekugeln des Elektrons und einer der magnetischen Energiekugeln des Protons – und dann von diesem Gegendruck befreit wird, während die magnetische Wechselwirkung anziehend wird – antiparallele magnetische Spinausrichtung zwischen den beteiligten Magnetkugeln.

Wie in **Abbildung 2.10** dargestellt, wird während jedes der 600 magnetischen Zyklen des Träger-Photons "N" eines Quarks die Elektron-Magnetkugel "B" während der Hälfte des magnetischen Präsenzzyklus des Träger-Photons "N" axial vom Proton um den Abstand Δd abgestoßen, wobei ihre Spinausrichtung parallel ist – also abstoßend, und da sich das Elektron weiter vom Proton entfernt befindet, wenn die Beziehung für die gleiche Dauer antiparallel wird, ist es physikalisch unmöglich, es axial bis auf den Abstand $-\Delta d$ zurückzubringen, da die inverse Würfelkraft an diesem weiter vom Proton entfernten Ort zu Beginn der antiparallelen Phase schwächer ist.

Daher und durch Struktur, angesichts der schwächer wirkenden inversen Würfelanziehung zu Beginn der Anziehungsphase, kann das Elektron axial nur bis zum Abstand $-(\Delta d - \Delta(\Delta d))$ zurückgebracht werden, was es veranlasst, sich bei jedem "B"/"N" relativen Magnetspin Polaritätsumkehrsequenz progressiv schrittweise vom Proton wegzubewegen, bis seine eigene magnetische Energiepräsenz "B" auf Null fällt, Moment, in dem nur das Elektron-Träger-Photon ΔK Halbquant-Impulsenergie aktiv ist, wodurch sich das Elektron nun so nahe an das Proton heranbewegt, wie es das umgekehrte Coulomb-Kraft-Quadrat-Gesetz bringt, bis sein nächster magnetischer Anwesenheitszyklus "B" beginnt und die gesamte überwiegend abstoßende magnetische Sequenz "B"/"N" wieder eingeleitet wird, wie in **Abbildung 2.10** dargestellt.

Natürlich wird der tatsächliche Resonanzzustand des Elektrons in das Orbital der kleinsten Wirkung des Wasserstoffatoms oder in jedem anderen Atom viel komplexer ist, als mit diesem begrenzten Beispiel angedeutet, das nur die fundamentale Mechanik der magnetischen Wechselwirkung zwischen der magnetischen Energie des Elektrons "B" und seiner ΔK Impulsenergie einerseits und der magnetischen Energie der Quark-Träger-Photonen des Protons andererseits beschreiben soll. Es ist offensichtlich, dass das genaue Resonanzvolumen, in dem jedes elementare elektromagnetische Massivteilchen im Wasserstoffatom, das ein Elektron, ein Down- und zwei Up-Quarks ist, schließlich nur durch eine sorgfältige Untersuchung aller elektromagnetischen Wechselwirkungen zwischen ihnen und ihren Träger-Photonen bestimmt werden kann.

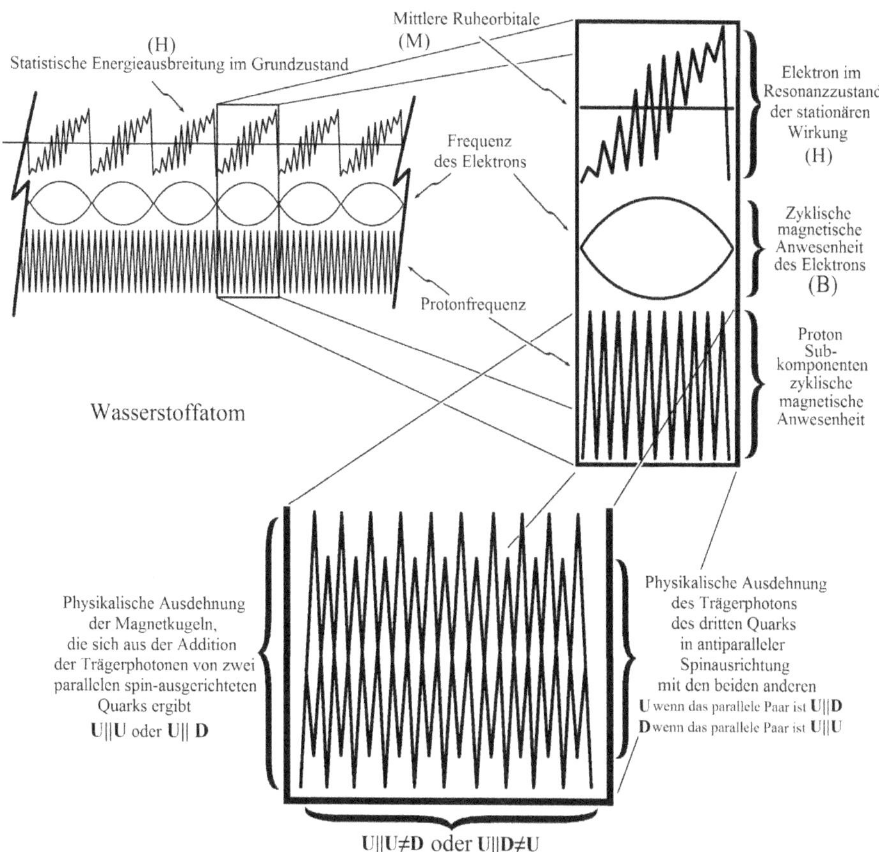

Abbildung 2.10: Herstellung des Resonanzzustandes der kleinsten Wirkung des Elektrons im Wasserstoffatom.

Da der mittlere Gleichgewichtsabstand, den dieser Prozess das sich bewegende Elektron im Wasserstoffatom zur Stabilisierung zwingt, mit der dichtesten Flächenwahrscheinlichkeitsverteilung der statistischen Methode nach Heisenberg zusammenfällt, scheint die axiale Flugbahn des Elektrons um diesen mittleren Abstand innerhalb des Volumens, das das Elektron somit als Funktion seiner variierenden relativistischen Masse und der damit verbundenen Trägheit zu jedem Zeitpunkt besuchen kann, zu stimmen, es sollte direkt mit Heisenbergs Wahrscheinlichkeitsverteilung aller möglichen momentanen Orte korrespondieren, an denen das Elektron stochastisch berechnet werden kann, um bei wiederholtem theoretischen Kollaps der Wellenfunktion in seiner aktuellen Form lokalisiert zu werden [36] [67], und deren quantisierte axiale Schwebung zweifellos mit den Gesetzmäßigkeiten der Feinstruktur des

Wasserstoffspektrums zusammenhängen kann, die Sommerfeld zunächst mit einer hypothetischen elliptischen Bahn assoziierte, der das Elektron folgen würde, in seinem Versuch, die feine Aufspaltung der Hauptspektrallinien zu erklären ([18], S.114).

Damit lässt sich das sehr begrenzte Resonanzvolumen im X-Raum darstellen, in dem der ΔK Impuls und die dreiräumlichen Kreuzungen $\otimes$ eines sich bewegenden Elektrons lokalisiert werden:

$$\int_{-d}^{+d}|\psi|^2\,dxdydz=1$$

(2.73)

während das theoretische Resonanzvolumen im Z-Raum, in dem die dynamisch oszillierende magnetische Energiekugel desselben bewegten Elektrons kann so dargestellt werden, dass sie Resonanz-Auswirkungen haben, aufgrund gegenseitiger Kontakte zwischen ihr und allen anderen dynamisch oszillierenden magnetischen Energiekugeln, die im Universum existieren, wäre:

$$\int_{-\infty}^{+\infty}|\psi|^2\,dxdydz=1 \qquad (2.74)$$

Es scheint auch ganz vernünftig zu denken, dass die elementar geladenen Up- und Down-Quarks, aus denen die streubare innere Struktur der Protonen und Neutronen und ihrer Träger-Photonen besteht, die bekanntermaßen die einzigen existierenden elementaren elektromagnetischen Unterkomponenten aller Atomkerne sind, wie in der Referenz [36] ([32], [8] Kapitel 14) analysiert, und ähnlichen Resonanzzuständen innerhalb ihrer eigenen lokalen elektromagnetischen Gleichgewichtszustände der kleinsten Wirkung unterliegen sollten, die dann möglicherweise auch mit den verschiedenen Methoden der Quantenmechanik in einer Weise beschrieben werden könnten, die zufriedenstellender ist, als es die Quantenchromodynamik (QCD) erreicht hat.

2.20.1. Wechselwirkung der Resonanzvolumen von Atomen und Molekülen im magnetostatischen z-Raum

Es wird angenommen, dass es die elektronischen Orbitale sind, die das reale kugelförmige Volumen definieren, das von den Atomen im normalen X-Raum eingenommen wird, aber aus der Sicht des magnetostatischen Z-Raums scheint es eher, dass es das intensive elastische Magnetfeld in Resonanz der Atomkerne ist, das die Atomvolumina in diesem Raum wirklich definiert, wie man aus der Stabilisierungsmechanik des Elektrons in seinem Ruheorbital im gerade analysierten Wasserstoffatom entnehmen kann, während die elastischen magnetischen Doppelkugeln des Elektrons in Bezug auf die sechs elastischen Magnetkugeln des Protons in den erlaubten Orbitalen, die sich in bestimmten mittleren Abständen vom Zentrum der magnetischen Kernfelder befinden, in einen stabilen Resonanzzustand übergehen, so wie die Planeten im Sonnensystem in den verschiedenen stabilen Bahnen stabilisiert werden, die innerhalb des Magnetfeldes der Sonne, deren Größe das gesamte Sonnensystem umfasst, erlaubt sind.

Nach dieser Perspektive würde das gesamte Universum, von der subatomaren bis zur astronomischen Ebene, von unzähligen magnetischen Kugeln aus Elementarteilchen bevölkert sein, die elektromagnetisch schwingen, in antiparalleler magnetischer Ausrichtung elastisch wechselwirken und sich gegenseitig einfangen oder in erzwungener paralleler magnetischer Ausrichtung zu makroskopischen statischen Magnetfeldern verschmelzen, deren Wechselwirkungen die vollständige Hierarchie stabiler axialer stationärer Gleichgewichtsresonanzzustände herstellen, in Verbindung mit dem Gegendruck, der von der Impulsenergie der Trägerphotonen dieser Teilchen ausgeübt wird, die immer vektoriell orientiert ist, um der standardmäßigen gegenseitigen Abstoßung entgegenzuwirken, die sich aus den parallelen Spinorientierungen aufgrund ihrer unterschiedlichen Schwingungsfrequenzen ergibt. Siehe Abschnitte 3.19 bis 3.21.

Zum Beispiel verbinden sich die Elektronen zweier Wasserstoffatome auf natürliche Weise in einem Zustand antiparallelen magnetischen Spins, da dies ihr Zustand mit der kleinsten Wirkung ist, um dank dieser sehr starken kovalenten Bindung ein H_2-Wasserstoffmolekül zu bilden. Das erhaltene Ergebnis ist die Assoziation der beiden zusammengesetzten Magnetkugeln der beiden Protonen, die sich auf beiden Seiten der kovalenten elektronischen Bindung aufgrund ihrer sich gegenseitig abstoßenden elektrischen Ladungen mit gleichem Vorzeichen abstoßen, und ihre vermutlich dominierenden, sich permanent gegenseitig abstoßenden Standard-Parallel-Spin-Zustände.

Die Resonanzfrequenzen eines Wasserstoffgasvolumens – zusammengesetzt aus zahlreichen H_2-Molekülen in gegenseitiger Wechselwirkung, oder eines Heliumgases – zusammengesetzt aus Heliumatomen in gegenseitiger Wechselwirkung, in dem die nuklearen Magnetfelder vollständig der

Wechselwirkung mit anderen Atomen oder Molekülen ausgesetzt sind, bleiben nach dieser Perspektive noch zu analysieren.

Das Gleiche gilt auch für alle Moleküle, die Wasserstoffatome enthalten, deren Proton ebenfalls anderen Atomen oder Molekülen ausgesetzt ist, im Gegensatz zu Atomen mit höherem Atomgewicht und Molekülen, deren umgebende elektronische Eskorte vorwiegend, das ist, was mit anderen Atomen oder Molekülen in Wechselwirkung tritt, wie zum Beispiel das Wassermolekül, das sowohl zwei exponierte Protonen als auch eine exponierte vorwiegend elektronische Kugel verbindet.

2.21. Schlussfolgerung

Obwohl er nicht die progressive mechanische Erklärung der Übergänge zwischen stationären Zuständen liefert, an deren Lösung de Broglie und Schrödinger arbeiteten und die in den Abschnitten 1.28 und 1.29 weiter analysiert werden, schlägt der in diesem Kapitel wiedergegebene Artikel [10] eine Stabilisierungsmechanik des Elektrons im Grundzustand des Wasserstoffatoms vor, die, wenn sie bestätigt wird, dies möglicherweise erlauben könnte. Kapitel 1 dieses Buches, das den Artikel [9] wiedergibt, schlägt jedoch tatsächlich eine Mechanik der Emission und Absorption elektromagnetischer Photonen aus der dreiräumlichen Perspektive vor, die zur Klärung dieser Übergänge beitragen kann.

Unerwartet bringt diese Mechanik auch die Möglichkeit ans Licht, mit den verschiedenen Methoden der Quantenmechanik Wellenfunktionen zur Beschreibung der Resonanzzustände der Elementarteilchen, aus denen die innere streubare Struktur der Protonen und Neutronen besteht, zu ermitteln.

Diese Mechanik der Etablierung des durch eine Wellenfunktion darstellbaren Resonanzvolumens beruht auf der Identifizierung der Verankerungspunkte ⊗ innerhalb dieses Volumens der beiden Quanten der elektromagnetischen Energie, die ein elektromagnetisches Elementarteilchen bilden, d.h. der dreiräumlichen Übergänge, durch die die beteiligten Quanten der kinetischen Energie harmonisch schwingen, um dieses Volumen zu etablieren.

Die dreiräumlichen Geometrie zeigt, dass jedes stabile elektromagnetische Elementarteilchen in der Tat ein Paar separater elektromagnetischer Quanten beinhaltet, d.h. ein massives stabiles elektromagnetisches Elementarquant, das im X-Raum translationsinert ist – Elektron, Positron, Up- und Down-Quark – und eine messbare elektrische Ladung und ein messbares Magnetfeld besitzt, begleitet von einem Träger-Photon, das ein Paar elektrischer Ladungen, deren entgegengesetzte Zeichen sich gegenseitig aufheben, und ein messbares Magnetfeld besitzen, und die die Impulsenergie ΔK liefert die das inerte Partikel im Raum vorantreibt, sowie dessen elektromagnetische Massezunahme Δm_m.

Diese Geometrie zeigt weiterhin, dass der Spin der Elementarteilchen eine Eigenschaft der relativen Ausrichtung der magnetischen Polarität zwischen den elektromagnetischen Teilchen und nicht eine intrinsische Eigenschaft des Drehmoments dieser Teilchen ist, und dass das Halbquant der magnetischen Energie jedes elektromagnetischen Quants zwischen einem Zustand maximaler Präsenz und einem Zustand der Null-Präsenz im Z-Raum bei der Frequenz seiner Energie oszilliert.

Schließlich zeigt die dreiräumlichen Geometrie, dass es die Unterschiede der Schwingungsfrequenzen der Halbquanten der magnetischen Energie der Elementarquanten sind, die die Stabilität aller Orbitale der kleinsten Wirkung in den Atomen, sowie alle ihre Resonanzzustände erklären.

3. Gravitation/Schwerkraft, Quantenmechanik und die elektromagnetischen Gleichgewichtszustände der stationären Wirkung

3.1. Einführung

Die jahrhundertealte Herausforderung der fundamentalen Physik war es, die Quantenmechanik (QM), die sich mit submikroskopischen Wechselwirkungen zwischen Elementarteilchen aus der Quantisierungsperspektive befasst, mit der relativistischen Mechanik, die sich mit der Gravitation auf der makroskopischen Ebene aus der infinitesimal progressiven Perspektive befasst, die hauptsächlich durch die Allgemeine Relativitätstheorie (GR) verkörpert wird, in Einklang zu bringen. Die Leichtigkeit, mit der infinitesimal progressive Bewegungsabläufe mathematisch dargestellt werden können durch eine unbestimmte Anzahl momentaner angeregter Zustände eines postulierten neutralen Energie-Quanten-Vakuumfeldes, das die Grundlage der Quantenfeldtheorie (QFT) ist, hat natürlich diese Quantisierungsperspektive in allen bisherigen Versuchen, QM mit der Gravitation in Einklang zu bringen, privilegiert. Aber, da alle in atomaren Strukturen identifizierbaren streuenden Elementarteilchen eine elektrische Ladung haben und somit elektromagnetischer Natur sind, untersucht dieser Artikel die Möglichkeit, die Quantenmechanik mit der relativistischen Mechanik aus elektromagnetischer Sicht in Einklang zu bringen, indem die Wellenfunktion mit den elektromagnetischen Resonanzzuständen der stationären Wirkung, in die die geladenen Elementarteilchen in atomaren und nuklearen Strukturen gefangen werden, und schließlich mit der Gravitation in Einklang gebracht wird.

Dieses Kapitel reproduziert Artikel [11], der der letzte Teil einer Reihe von Artikeln war, die in den Jahren 2000, 2007, 2013, 2016 und 2017 veröffentlicht wurden und die die verschiedenen Aspekte eines völlig neuen Paradigmas der Fundamentalphysik beschreiben, die alle in einer Monographie zusammengefasst werden, die 2017 auf Einladung der Herausgeber im Scholars' Press [8] veröffentlicht war.

Die Notwendigkeit, sich auf klare und präzise Erläuterungen zu jedem spezifischen Aspekt dieser neuen Perspektive beziehen zu können, führte zur schrittweisen Veröffentlichung zahlreicher separater Papiere, die alle einzeln begutachtet und zur Veröffentlichung angenommen wurden, die jeweils in sich geschlossen einen spezifischen Aspekt des neuen Paradigmas mit dem traditionellen Paradigma in Beziehung setzen.

Der Leser wird sicherlich verstehen, dass der Inhalt einer 600 Seiten umfassenden Monographie, die die Texte von etwa 20 Einzelpapieren zusammenfasst und vervollständigt, durch einen vereinfachten Gesamtüberblick, den die vorliegende Arbeit bieten soll, sicherlich leichter zu erforschen wäre.

Wie im Vorwort erwähnt, Artikel [11], der als das vorliegende Kapitel wiedergegeben wird, wurde 2020. als Referenz [12] ausgewählt, um als ein Kapitel in dem hinzugefügten eBook mit dem Titel "*Prime Archives in Space Research*" von der Gruppe *Vide Leaf Prime Archives*, wiederveröffentlicht zu werden, deren Ziel ist, die wissenschaftliche Forschung in der Welt zu fördern, indem Artikel, die als wertvoll erachtet werden, neu gruppiert werden, um jungen Forschern in den entsprechenden Bereichen dabei zu helfen, diese Erkenntnisse in ihrer Forschungspraxis anzuwenden.

3.2. *Maxwell-Gleichungen und die gegenseitige Induktion von elektrischen und magnetischen Feldern*

Das neue Paradigma gründet sich vollständig auf einen Aspekt der elektromagnetischen Theorie die im Laufe der Zeit verdunkelt worden ist, aufgrund der verallgemeinernden Perspektive, die sich durch die Verwendung des elektromagnetischen Tensors ergibt, der sowohl das elektrische als auch das magnetische Feld als eine Einheit, d.h. *das elektromagnetische Feld*, darstellt.

Der Nachteil der ansonsten nützlichen Tensorbehandlung ist, dass sie konzeptionell die Tatsache verdeckt, dass sowohl E- als auch B-Felder unterschiedliche Eigenschaften haben und unterschiedliche Aspekte der elektromagnetischen Energie repräsentieren; insbesondere die Tatsache, dass sich in der physikalischen Realität nach der Maxwellschen Theorie der kontinuierlichen Welle beide Felder nur gegenseitig induzieren können, was sich unter anderem dadurch zeigt, dass der Poynting-Vektor durch Struktur den Mittelwert der Intensität des Produkts der Intensitäten beider zeitlich veränderlicher Schwingungsfelder liefert ([57], S. 989). Der Poynting-Vektor zeigt tatsächlich, dass das zeitveränderliche Produkt der beiden Felder im Vakuum nur konstant sein kann:

$$\mathbf{S} = \frac{\mathbf{EB}}{2\mu_0} \tag{3.1}$$

Wie in den traditionellen Lehrbüchern für Studenten wie "*University Physics*" von Sears, Zemansky und Young [17] oder "*Physics*" von Halliday und Resnick [57] deutlich erklärt wird, schreibt das Faradaysche Gesetz vor, dass ein zeitlich veränderliches Magnetfeld als Quelle für ein elektrisches Feld wirkt. Dieser Prozess wird bei der Induktion von elektromotorischer Kraft (emK) in Induktionsgeräten und Transformatoren in die Praxis umgesetzt. In ähnlicher Weise zeigt das Ampere-Gesetz, das bei der Aufladung von Kondensatoren und bei der Stromerzeugung in Stromleitern verwendet wird, dass wechselnde elektrische Felder eine Quelle von Magnetfeldern sind.

"Thus, when either field is changing with time, a field of the other kind is induced in adjacent regions of space. We are thus led naturally to consider the possibility of an electromagnetic disturbance, consisting of time-varying electric and magnetic fields, which can propagate through space from one region to another, even when there is no matter in the intervening region." ([17], S. 696).

Übersetzung:

"Also, wenn sich eines der beiden Felder mit der Zeit ändert, wird in angrenzenden Regionen des Raums ein Feld der anderen Art induziert. Wir werden also auf natürliche Weise dazu veranlasst, die Möglichkeit einer elektromagnetischen Störung, bestehend aus zeitveränderlichen elektrischen und magnetischen Feldern, in Betracht zu ziehen, die sich durch den Raum von einer Region zur anderen ausbreiten kann, selbst wenn in der dazwischen liegenden Region keine Materie vorhanden ist."

Leider sind solche allgemeinen und vollständigen Lehrbücher, die dazu dienten, den Studenten ein allgemeines Wissen über alle Aspekte der fundamentalen Physik zu vermitteln, insbesondere um sie auf den reibungslosen Übergang von den klassischen kontinuierlichen Prozessen zur Quanten- und relativistischen Physik vorzubereiten, nach und nach aus der Mode gekommen und wurden durch Lehrbücher ersetzt die kaum die klassischen Konzepte überfliegen, die direkt aus den klassischen Gleichungen extrapoliert wurden, die von den großen Entdeckern der Vergangenheit aus physikalischen Experimenten, die sie tatsächlich durchgeführt haben, aufgestellt wurden, und die einen Pool von sich gegenseitig konvergierenden Schlussfolgerungen über elektromagnetische Energie bilden, deren Vernachlässigung nur zu einer Verminderung unseres Verständnisses der physikalischen Realität führen kann.

3.3. Kinetische Energie und das Coulombgesetz

In traditionellen Lehrbüchern wie "*Physics*" von Halliday & Resnick wird der Zusammenhang zwischen der impulsabhängigen kinetischen Energie und der Wechselwirkung zwischen Ladungen aufgrund der Coulomb-Kraft auf folgende Weise hergestellt.

Aus der elektromagnetischen Coulomb-Gleichung zur Berechnung der Kraft zwischen den Ladungen des Elektrons und des Protons in einem Wasserstoffatom, die als traditionelles Beispiel genommen wird, und der Kraft, die aus dem zweiten Newtonschen Bewegungsgesetz für die sich bewegende Elektronmasse berechnet wird ([57], S. 1192) und ([44], [8] Kapitel 7):

$$F = \frac{e^2}{4\pi\varepsilon_0 r^2} \quad \text{und} \quad F = ma = m\frac{v^2}{r} \tag{3.2}$$

wird bei Halliday & Resnick die folgende Beziehung gezogen:

$$\frac{e^2}{4\pi\varepsilon_0 r^2} = m\frac{v^2}{r} \tag{3.3}$$

die es erlaubt, die impulsbezogene kinetische Energie des Elektrons entweder mit der Newtonschen kinetischen Energiegleichung oder mit der Coulomb-Gleichung gleich gut zu berechnen (ref: Gleichung 47-19 in Referenz [57]):

$$K = \frac{1}{2}mv^2 = \frac{e^2}{8\pi\varepsilon_0 r} \tag{3.4}$$

wodurch die kinetische Energie, die den Impuls geladener Teilchen aufrechterhält ist mit der Coulomb-Kraft als Funktion des Abstandes zwischen den Ladungsteilchenpaaren verbunden, da die einzige Variable in der Coulomb-Gleichung r ist, welches ist der mittlere Abstand die das Elektron trennt, die im Grundzustand orbital stabilisiert ist, und das Proton im Wasserstoffatom, die bewirkt, dass jede Menge kinetischer Impulsenergie, die ein geladenes Teilchen besitzen kann, nur von den Abständen abhängt, die es von anderen Ladungen trennen. Je näher die Ladungen einander kommen, desto mehr impulsbezogene kinetische Energie wird ihnen also zugeführt, da die Kraft in Abhängigkeit vom "umgekehrten" Quadrat des Abstandes wirkt.

Die Frage der potentiellen Energie wird weiter unten im Abschnitt 3.23 über den Impuls, die Lagrange-Dichte und die Hamiltonian verwandte Energie behandelt und wird in Bezug auf die Energieerhaltung in geschlossenen Systemen vollständig in Referenz [43] analysiert.

Aber es gibt noch mehr! 1903 war Walter Kaufmann der erste Experimentalphysiker, der den Gamma-Faktor mit der Energieinduktion in Verbindung brachte, als er mit Elektronen experimentierte, die sich mit relativistischen Geschwindigkeiten in einer Blasenkammer bewegten durch Beschleunigung und Ablenkung mit einer Kombination aus elektrischen und magnetischen Feldern [36], durch den Nachweis, dass ihre Quermasse mit der Geschwindigkeit gemäß der relativistischen Gleichung variiert [74]; Experimente, die er in Zusammenarbeit mit den Theoretikern Max Abraham [39] und Woldemar Voigt durchführte, der der Physiker ist, der den Gamma-Faktor [72], besser bekannt als Lorentz-Faktor, ursprünglich konzipiert hat.

Es scheint also, dass der Gamma-Faktor zunächst experimentell streng auf die Energie- und Masseinduktion mit der Geschwindigkeit bezogen wurde, ein experimentelles Ergebnis, mit dem Henri Poincare einverstanden war:

"Les calculs d'Abraham et les expériences de Kaufmann ont alors montré que la masse mécanique proprement dite est nulle et que la masse des électrons est d'origine exclusivement électrodynamique. Voilà qui nous force à changer la définition de la masse; nous ne pouvons plus distinguer la masse mécanique et la masse électrodynamique, parce qu'alors la première s'évanouirait; il n'y a pas d'autre masse que l'inertie électrodynamique; mais dans ce cas, la masse ne peut plus être constante, elle augmente avec la vitesse, et un corps animé d'une vitesse notable n'opposera pas la même inertie aux forces qui tendent à le dévier de sa route, et à celles qui tendent à accélérer ou à retarder sa marche." Henri Poincare ([75], S. 137).

Übersetzung:

"Abrahams Berechnungen und Kaufmanns Experimente zeigten dann, dass die eigentliche mechanische Masse Null ist und dass die Masse der Elektronen ausschließlich elektrodynamischen Ursprungs ist. Dies zwingt uns, die Definition von Masse zu ändern; wir können nicht mehr zwischen mechanischer Masse und elektrodynamischer Masse unterscheiden, denn dann würde die erstere verschwinden; es gibt keine andere Masse als die elektrodynamische Trägheit; aber in diesem Fall kann die Masse nicht mehr konstant sein, sie nimmt mit der Geschwindigkeit zu, und ein Körper, der sich mit einer signifikanten Geschwindigkeit bewegt, wird nicht die gleiche Trägheit den Kräften

entgegensetzen, die dazu neigen, ihn von seiner Bahn abzulenken, und denen, die dazu neigen, seinen Fortschritt zu beschleunigen oder zu bremsen."

Es ist eine historische Tatsache, dass diese Physiker, die eng mit dem Entdecker der Methode zusammenarbeiteten, nie die Interpretation akzeptierten, dass der Gamma-Faktor später axiomatisch mit der Zeitdilatation und der Längenkontraktion von Körpern mit der Geschwindigkeit in Verbindung gebracht werden könnte.

Das bedeutet, dass nicht nur wird die impulsgebundene kinetische Energie des Elektrons durch die Coulomb-Kraft induziert, sondern dass die Energie, die zur Erhöhung der Masse eines sich bewegenden Elektrons dient, auch durch mindestens eines der umgebenden elektrischen und magnetischen Felder, vermutlich im Zusammenhang mit dem elektrischen Feld, induziert wird, da sie in Beziehung zur Coulomb-Kraft steht, was bedeutet, dass die gesamte Energie, die in einem geladenen Teilchen durch die auf das elektrische Feld bezogene Coulomb-Kraft induziert wird, mit der folgenden Gleichung berechnet werden kann, die direkt aus Gleichung (3.3) abgeleitet ist:

$$K_{Total} = mv^2 = \frac{e^2}{4\pi\,\varepsilon_0 r} \tag{3.5}$$

welche die Gesamtmenge der induzierten Energie ist, die Leibnitz bereits zu Newtons Zeiten als die tatsächliche Wirkung der Krafteinwirkung betrachtete ([57], S. 222).

3.4. Spezielle Relativitätstheorie und der Gamma-Faktor

Wie bereits erwähnt, wurde der Gamma-Faktor seinerseits erstmals 1887 von Woldemar Voigt festgestellt [72], für den es aktenkundige Briefkontakte zu Larmor, Lorentz und Poincare gibt, denen auch die Entwicklung der Methode zugeschrieben wird. Diese Methode ist in einer sehr gut gemachten Arbeit von Richard E. Haskell [71] aus dem Jahr 2003 übersichtlich dargestellt. Tatsächlich geht aus dieser Beschreibung hervor, dass der Gamma-Faktor strikt aus formal-geometrischen und trigonometrischen Überlegungen, die nichts mit dem Elektromagnetismus zu tun haben, ermittelt wurde.

Auf Seite 10 des Dokuments [71] ist das erste Postulat der Speziellen Relativitätstheorie zusammengefasst als Auflösung der folgenden Aussage:

"Absolute uniform motion cannot be detected by any means." (*"Absolut uniforme Bewegung kann auf keine Weise erkannt werden"*) und das zweite Postulat ist formuliert als *"Light is propagated in empty space with a velocity c which is independent of the motion of the source"* (*"Licht pflanzt sich im leeren Raum mit einer Geschwindigkeit c fort, die unabhängig von der Bewegung der Quelle ist"*).

Es muss hier angemerkt werden, dass diese Postulate als axiomatisch dargestellt werden, da sie nicht als Ableitung von zugrundeliegenden, experimentell nachgewiesenen physikalischen Ursachen dargestellt werden.

Es ist hier auch nützlich zu erwähnen, dass diese Postulate in dieser axiomatischen Weise von Einstein 1905 vorgeschlagen wurden, ohne die Tatsache zu erwähnen, dass die konstante Lichtgeschwindigkeit im Vakuum und ihre bekannte exakte Geschwindigkeit von $c=299792458$ m/s 40 Jahre zuvor von Maxwell aus zweiten partiellen Ableitungen der Gauß- und Ampere-Gleichungen ermittelt wurde, die sowohl elektrische als auch magnetische Felder als sich gegenseitig induzierend in einer Weise verbanden, die nur zu dieser stabilen Geschwindigkeit der elektromagnetischen Energie im Vakuum führen konnte.

Seinerseits, das erste Postulat wurde kurz mathematisch demonstriert von Poincaré geerdet auf der Lorentz-Transformation in einem 4 Seiten Note im Juni 1905 veröffentlicht [76], bald gefolgt von einer vollständigen Demonstration im Januar 1906 veröffentlicht, mit dem Titel *"Sur la dynamique de l'électron"* (*"Über die Dynamik des Elektrons"*) [77], die zum Schluss kam, dass die Lorentz-Theorie die Unmöglichkeit, eine absolute Bewegung nachzuweisen, vollständig erklären würde, wenn alle Kräfte elektromagnetischen Ursprungs wären. Es scheint also damals einen allgemeinen Konsens in der Gemeinschaft gegeben zu haben, dass beide Postulate gültig waren, noch bevor Einstein seine Spezielle Relativitätstheorie auf sie gründete, was erklärt, warum seine beiden Theorien zu Beginn des vergangenen Jahrhunderts so schnell populär wurden.

Man muss also erkennen, dass die völlig schlüssigen experimentellen Verifikationen der Geschwindigkeit der elektromagnetischen Energie im Vakuum mit verschiedenen Mitteln im Laufe des vergangenen Jahrhunderts tatsächlich in erster Linie die Berechnungen Maxwells bestätigen, die nicht axiomatisch zustande gekommen sind, sondern aus experimentell aufgestellten Gleichungen von Gauß und Ampere abgeleitet wurden. Tatsächlich ist die Konstanz der Lichtgeschwindigkeit experimentell so gut belegt, dass 1983 das

SI-Meter als die experimentell bestätigte und feste Entfernung, die das Licht in 1 Sekunde zurücklegt, geteilt durch 299792458, neu definiert wurde.

Seinerseits die angebliche Unmöglichkeit, die absolute Bewegung der Erde nachzuweisen, wie mathematisch durch eine Analyse der Lorentz-Transformation von Henri Poincaré [76] [77] nachgewiesen wurde, wird jetzt stark in Frage gestellt durch die Entdeckung, dass die Impulsenergie jedes Elementarteilchens, aus dem die Erde besteht, physikalisch existiert und dass es strikt das zu jedem Zeitpunkt leicht messbare Niveau dieser adiabatischen Energie ist, das ihren Zustand der absoluten Bewegung bestimmt. Dies wird in Abschnitt 3.5.1 diskutiert.

Um die Konstanz der Lichtgeschwindigkeit als Grundlage der SR-Theorie in Beziehung zu setzen, nutzt das traditionelle Verfahren die berühmte Beziehung zwischen zwei verschiedenen Bezugssysteme, die sich mit unterschiedlichen konstanten Geschwindigkeiten trägheitsartig bewegen, wobei jeder einen in seinem eigenen Bezugssystem unbeweglichen Beobachter beherbergt und beide die Aufgabe haben, die Geschwindigkeit eines Lichtstrahls zu messen, der für beide Beobachter gleich würde.

Wie wieder auf Seite 10 beschrieben, besteht der traditionelle Aufbau darin, dass einer der Trägheitsbezugssysteme ein Zug ist, der sich mit einer festen Geschwindigkeit bewegt, und dass, wenn ein Lichtsignal von der Rückseite des Zuges nach vorne ausgesendet wurde, sowohl ein Beobachter im Zug als auch ein Beobachter am Boden in der Lage sein sollte, die Geschwindigkeit des Lichtsignals als c zu messen.

Dann wird das logisch gut geerdete geometrische Konstrukt ausgesetzt, das es erlaubt, mit Gleichung (5) der Referenz [71] ein quadratisches Geschwindigkeitsverhältnis v^2/c^2 zur *sin*-Komponente in der bekannten trigonometrischen Funktion $sin^2\ \theta + cos^2\ \theta = 1$ zu assoziieren, um dann einen Vorläufer des Gammafaktors als zeitbezogen (aber auch axiomatisch zum Konzept der Zeitdilatation) mit Gleichung (6) der Referenz [71] zu etablieren. Interessant ist an dieser Stelle, dass diese spezielle trigonometrische Funktion auch zur Beschreibung der gegenseitigen Induktion der elektrischen und magnetischen Felder von lokalisierten Quanten wie z.B. elektromagnetischen Photonen verwendet werden kann ([15], [8] Kapitel 6), wie wir weiter unten sehen werden.

Es ist auch zu beachten, dass c in dieser Beziehung axiomatisch eingeführt wird, ohne Bezug auf seine vorherige Aufstellung aus experimentell definierten elektromagnetischen Gleichungen von Maxwell. Das gleiche Verfahren wird dann verwendet, um das gleiche quadratische Verhältnis der Geschwindigkeiten auf die *cos*-Komponente der gleichen trigonometrischen Funktion zu beziehen, um die Länge des Zuges (also die Längenkontraktion) auf diesen anderen Vorläufer des Gammafaktors als Gleichung (8) der Referenz [71] zu beziehen.

Der Gamma-Faktor wird dann formal mit der Gleichung (14) der Referenz [71] als mit der Zeitdilatation und der Längenkontraktion von sich bewegenden Körpern in Beziehung gesetzt. Der Rest von Teil II und Teil III beschreibt die Lorentz-Transformation und die relativistische Dynamik aus der Perspektive der Speziellen Relativitätstheorie.

3.5. Entkoppelung zwischen der Abstandsabhängigkeit der Energieinduktion und dem Konzept der SR-Längenkontraktion

Es ist an diesem Punkt dass die Abstandsabhängigkeit der kinetischen Energieinduktion in geladenen Teilchen durch die Coulombsche Kraft, wie sie mit Gleichung (47-19) der Referenz [57] aufgestellt wurde, die zuvor als Gleichung (3.4) wiedergegeben wurde, muss man sich wieder ins Gedächtnis rufen, denn es gibt eine klare Trennung zwischen dieser Eigenschaft der Coulomb-Kraft, die ständig zwischen geladenen Teilchen wirkt, und dem Konzept der Längenkontraktion, wie es in der Speziellen Relativitätstheorie auf sich bewegenden makroskopischen Körpern angewandt wird.

Um diese Frage richtig zu relativieren, ist es wichtig, sich die physikalischen Abstände zwischen den elektronischen Begleitern und den Kernen innerhalb der Atome bewusst zu machen. Wenn, zum Beispiel, ein Wasserstoffatom wurde so vergrößert, dass das Proton so groß wie die Sonne wurde, dann würde sich das Elektron bis zur Neptunumlaufbahn stabilisieren, was das ganze Atom so groß wie das Sonnensystem machen würde! Das bedeutet dass, wenn alle Proportionen berücksichtigt sind, die Abstände zwischen den elektronischen Begleitern und den Kernen innerhalb der Atome sind relativ astronomisch in Bezug auf die Größe der Elementarteilchen.

Da alle makroskopischen Körper aus solchen praktisch *leeren* Strukturen bestehen, wird der Begriff der *Länge* in Bezug auf ihre innere Zusammensetzung bedeutungslos, und was bei einer möglichen *Längenkontraktion* eines makroskopischen Körpers involviert wäre, wäre in Wirklichkeit eine *Abstandskontraktion* zwischen den elektronischen Begleitern und den Kernen der konstituierenden Atome, was die einzige Möglichkeit ist, die physikalische Länge eines steifen makroskopischen Körpers ohne Verformung zu verringern.

Allerdings würde eine solche Abstandskontraktion strukturell nicht nur für die Länge makroskopischer Körper gelten, sondern auch für ihre anderen Dimensionen, also ihre Breite und Dicke, und eine solche Verkürzung der Abstände zwischen den geladenen Elektronen der elektronischen Begleitern und ihren geladenen Atomkernen innerhalb von Körpern, die einer *Längenkontraktion* unterworfen sind, würde dann strukturell eine entsprechende Energieerhöhung innerhalb der Masse des Körpers aufgrund der nun erhöhten Intensität der Coulombkraft bei diesen kürzeren Abständen zwischen den Ladungen mit sich bringen.

Aber, eine solche Energieerhöhung wird bei der SR in Bezug auf die *Längenkontraktion* eines sich bewegenden makroskopischen Körpers gar nicht berücksichtigt, was bedeutet, dass trotz der allgemeinen Annahme, dass die SR dem Elektromagnetismus entspricht, dies in Wirklichkeit nicht der Fall ist, denn das Coulombsche Gesetz ist das Herzstück der Gauß-Gleichung für das elektrische Feld, welches ist tatsächlich die erste Gleichung von Maxwell, aus der die Coulombgleichung (3.2) leicht abgeleitet werden kann ([32], [8] Kapitel 14).

Eine weitere wichtige Frage kann auch in Bezug auf die Beziehung zwischen dem Gamma-Faktor, der axiomatisch aus streng geometrischen und trigonometrischen Überlegungen ermittelt wurde, die ihn mit der Zeitdilatation und der Längenkontraktion in Verbindung bringen, und seine Verwendung, um zu schließen, dass die Maxwell-Gleichungen und die Lorentz-Kraft-Gleichung aus der SR abgeleitet werden können, wie in Teil IV der Referenz [71] beschrieben. Da der Gamma-Faktor anscheinend nie aus einer elektromagnetischen Gleichung abgeleitet wurde, ist eine solche Verbindung von Elektromagnetismus mit Zeitdilatation und Längenkontraktion bestenfalls axiomatisch.

In der Tat scheint trotz einer langen und fruchtlosen Suche in der formalen Literatur nach einer solchen Ableitung die Evidenz zu zeigen, dass eine erstmalige Ableitung des Gammafaktors aus einer elektromagnetischen Gleichung tatsächlich erst 2013 durchgeführt und veröffentlicht wurde, als Gleichung (66) in der Referenz ([42], [8] Kapitel 5), abgeleitet von Gleichung (51) derselben Referenz, selbst eine Umrechnung aus der streng elektromagnetischen Gleichung (34) derselben Referenz, und aus der alle relativistischen Gleichungen abgeleitet werden können ([42], [8] Kapitel 5).

Gleichung (34) aus der Referenz ([42], [8] Kapitel 5) wird tatsächlich in direkter Linie aus der Biot-Savart-Gleichung durch eine nahtlose Ableitung von Paul Marmet abgeleitet, die die relativistische Massezunahme eines sich bewegenden Elektrons direkt mit einer gleichzeitigen Zunahme seines Magnetfeldes mit der Geschwindigkeit in Beziehung setzt ([42], [8] Kapitel 5) [29].

Und selbst wenn eine vorherige Ableitung des Gamma-Faktors aus einer elektromagnetischen Gleichung durchgeführt worden wäre, ohne Kenntnis von dieses Autors entzogen hat, wäre das Ergebnis das gleiche, weil effektiv verifiziert werden kann, dass aus elektromagnetischer Sicht der in Referenz ([42], [8] Kapitel 5) abgeleitete *Gamma-Faktor* nichts mit Zeitdilatation oder Längenkontraktion zu tun hat, sondern ist strikt mit der impulsabhängigen kinetischen Energiezunahme der geladenen Teilchen mit der Geschwindigkeit und der Nähe zwischen den geladenen Teilchen gemäß dem Coulombschen Gesetz, gemäß Gleichung (3.5) und in Übereinstimmung mit den Schlussfolgerungen von Voigt, Abraham und Poincare bezüglich der Kaufmannschen Experimente verbunden [36] [39] [72] [75].

Also, unabhängig von den Dimensionen, die mit dem unterschiedlichen Verhältnis des Gammafaktors, m/s, Joule oder kg verbunden sein können, vereinfachen diese Dimensionen immer vollständig, egal in welche Berechnung der Gammafaktor einbezogen wird, was bedeutet, dass der Lorentz-Faktor nur ein Spezialfall einer an sich dimensionslosen mathematischen Funktion ist, die in allgemeiner Weise dazu verwendet werden kann, den Nenner des Verhältnisses als asymptotische Grenze einer Wachstumskurve einzuführen, die der Potenz des Verhältnisses, im vorliegenden Fall dem quadrierten Verhältnis und der asymptotischen Grenze, die aus einer elektromagnetischen Gleichung abgeleitet ist, gehorcht.

Folglich scheint es reichlich Gründe zu geben, die Übereinstimmung der SR in Bezug auf die Maxwell-Gleichungen in Frage zu stellen, und es gibt auch Grund, die Realität der Zeitdilatation und der Längenkontraktion in axiomatischer Beziehung zum Gamma-Faktor in Frage zu stellen, wie sie aus streng geometrischen und trigonometrischen Erwägungen festgestellt wurde, wenn man sie in Bezug auf die direkte Ableitung desselben Gamma-Faktors aus einer elektromagnetischen Gleichung in Beziehung setzt, die sie streng auf die

Variation der durch die Coulomb-Kraft induzierten Energie als Funktion der Abstände zwischen den geladenen Teilchen setzt.

Es versteht sich von selbst, dass eine solche Infragestellung der Realität der Zeitdilatation und Längenkontraktion, die axiomatisch als Grundlage der SR etabliert wurde, auch die Raum-Zeit-Krümmung der Allgemeinen Relativitätstheorie und alle axiomatischen Schlussfolgerungen, zu denen die Theorie führt, in Frage stellt. Es muss hier betont werden, dass Einstein selbst gegen Ende seines Lebens zu der Überzeugung gelangt war, dass die Gravitation den Mustern des Elektromagnetismus folgt ([7], S. 391), was bedeutet, dass er auch an der Gültigkeit seiner eigenen Hirnkinder SR- und GR-Theorien zu zweifeln begann. Siehe auch Abschnitt 1.7.1 und das Vorwort über dieses Thema.

Diese Überlegungen stehen im Mittelpunkt der Entwicklung der gegenwärtigen möglichen Alternativlösung, die vollständig aus dem konvergierenden Satz elektromagnetischer Gleichungen abgeleitet wurde, die experimentell von Coulomb, Ampere, Gauss, Faraday, Maxwell, Lorentz, Biot und Savart, die ohne irgendwelche axiomatischen Annahmen, aufgestellt wurden.

Eines seiner Hauptziele war es, zu versuchen, eine der Haupthürden der fundamentalen Physik anzugehen, die in dieser Bemerkung von Feynman zusammengefasst ist, die während seiner berühmten *"Feynman Lectures on Physics"* [26] erwähnt wurde:

> *"There are difficulties associated with the ideas of Maxwell's theory which are not solved by and not directly associated with quantum mechanics...when electromagnetism is joined to quantum mechanics, the difficulties remain"*

Übersetzung:

> *"Es gibt Schwierigkeiten, die mit den Ideen der Maxwellschen Theorie verbunden sind, die nicht durch die Quantenmechanik gelöst werden und nicht direkt mit der Quantenmechanik verbunden sind...wenn der Elektromagnetismus mit der Quantenmechanik verbunden wird, die Schwierigkeiten bleiben."*

Dieser Autor ist überzeugt dass durch eine klare Definition der sich selbst erhaltenden gegenseitigen Induktion der elektrischen und magnetischen Felder des Energiequants, aus denen sich lokalisierte elektromagnetische

Elementarteilchen wie das elektromagnetische Photon und das Elektron zusammensetzen, diese Hürde gelöst wird.

Die permanente Lokalisierung des Elektrons während der Bewegung wird in diesem neuen Paradigma beibehalten, indem eine klare Resonanzbahn des sich bewegenden Elektrons innerhalb des durch die Wellenfunktion definierten Volumens definiert werden kann.

3.5.1. Relative Bezugssysteme und absolute Bewegung

Diese Analyse der Grundlagen der SR-Theorie wirft nun die alte Frage nach der Rolle auf, die die Verwendung relativer Bezugssysteme spielt, um Schlussfolgerungen in der fundamentalen Physik zu ziehen, die durch Einsteins berühmtes Gedankenexperiment, das bereits erwähnt wurde, popularisiert wurde, mit zwei verschiedenen Bezugssystemen, die sich trägheitsmäßig mit unterschiedlichen konstanten Geschwindigkeiten bewegen, wobei sich der eine als ein Zug materialisiert, in dem sich ein Beobachter mit der gleichen Geschwindigkeit wie der Zug bewegt, und der andere als ein stationärer Beobachter, der auf dem Boden steht, während sich der Zug vorbeibewegt.

Die Schlussfolgerungen, die aus diesem Gedankenexperiment gezogen werden, sind das, was dem traditionellen Konzept der *Relativität* vollständig zugrunde liegt, das zur Ausarbeitung der Speziellen Relativitätstheorie geführt hat, d.h. die Definition der von Poincaré vorgeschlagenen *Relativbewegung* [76], wie sie von *Beobachtern* wahrgenommen wird, aber nicht in Bezug auf Daten, die aus physikalisch durchgeführten Experimenten gesammelt wurden, wie es bei der Aufstellung des Satzes wechselseitig konvergierender elektromagnetischer Gleichungen der Fall war, der erfolgreich allen technologischen Errungenschaften zugrunde liegt, von denen wir derzeit profitieren.

Es versteht sich von selbst, dass solche trägen Bezugssysteme, die sich mit festen Geschwindigkeiten bewegen, nur idealisierte mathematische Konzepte sein können, da es unmöglich ist, dass solche festen Geschwindigkeiten in der physikalischen Realität natürlich vorkommen, weshalb es schwierig ist, die aus solchen idealisierten Gedankenexperimenten gezogenen Schlussfolgerungen mit den tatsächlich auftretenden physikalischen Prozessen abzugleichen.

Die Transposition von der Verwendung des Gammafaktors als idealisiertes mathematisches Konzept, wie es von Voigt definiert wurde, was führt zu der beobachteten Diskrepanz zwischen dem *idealisierten Konzept der Längenkontraktion* von Massen und den *physikalisch vorhandenen Abständen* zwischen Elementarteilchen innerhalb der Atome führt, aus denen diese realen makroskopischen Massen bestehen, die in Abschnitt 3.5 analysiert wurde; zu, es zu verwenden, als von einer elektromagnetischen Gleichung abgeleitet ([42], [8] Kapitel 5), die ihrerseits aus einer Kette von Gleichungen abgeleitet ist, die ursprünglich aus der Analyse von Daten, die während physikalisch durchgeführter Experimente gesammelt wurden, erstellt wurde, die sich eher auf die Art und Weise bezieht, in der Energie in Elementarteilchen durch die Coulomb-Wechselwirkung adiabatisch induziert wird, hebt definitiv die Vorteile hervor, Theorien auf Gleichungen zu gründen, die sich aus der Analyse von wiederholbar gewonnenen Daten aus physikalisch durchgeführten Experimenten ergeben, statt auf idealisierten axiomatischen Prämissen.

Diese Gewohnheit, träge Bezugssysteme zu hypothetisieren in unzähligen anderen Versuchen um den experimentell gewonnenen Daten einen Sinn zu geben hat sich dann seit Beginn des 20. Jahrhunderts tief in der Gemeinschaft verwurzelt. Die grundlegende Frage, die mit dieser Methode angegangen werden wollte, lautet wie folgt:

Was ist die Bewegung von Massen relativ zu in der physischen Realität?

Ist sie relativ zum Medium? Zum Ausgangspunkt? Zum Punkt der Ankunft? Zum Beobachter? Zu einem Bezugssystem, mehrfache Bezugssysteme, Trägheits-Bezugssystem, bewegend oder nicht, usw.?

Die jahrhundertealte Linie der Forschung und Entwicklung von Konzepten der *Bewegung relativ zum Beobachter* mit all ihrer Komplexität hat ihre Wurzeln in der etablierten Gewissheit, dass es unmöglich ist, *absolute Bewegung* im Universum nachzuweisen.

Aber die Art und Weise, wie die vorliegende Analyse zeigt, dass die kinetische Energie in allen geladenen Teilchen adiabatisch induziert wird, führt zu der Beobachtung, dass sie alle nur entsprechend der Menge an ΔK Impulsenergie, die sie physisch besitzen, selbst antreibend sein können. Ihre Bewegung, folglich ihre Geschwindigkeit, kann also nur von einem einzigen Kriterium abhängen, nämlich dem tatsächlichen Vorhandensein ihres Translationsimpulses ΔK kinetische Energiekomponente. Wie in Referenz ([15], [8] Kapitel 6) analysiert, wenn der lokale elektromagnetische Gleichgewichtszustand es zulässt, wird es zwangsläufig eine Geschwindigkeit des Teilchens geben, die im Vakuum ausgedrückt wird, unabhängig von einem oder mehreren hypothetischen Bezugssystemen.

Folglich ist die Bewegung im Universum nur relativ zu der ständig messbaren Menge an Impulsenergie, die jedes geladene Teilchen lokal (in seinem eigenen Bezugssystem) zu jedem gegebenen Zeitpunkt besitzt.

Traditionell wird angenommen, dass ein Elementarteilchen wie ein Elektron oder ein Photon in seinem eigenen Bezugssystem keine Geschwindigkeit hat, was nach den klassischen Konzepten bedeutet, dass sein Impuls auf Null fallen würde. Die aktuelle Analyse bestätigt jedoch, dass aus elektromagnetischer Sicht die ΔK und Δm_m Tragerenergiekomponenten des Teilchens dauerhaft als eine *physikalisch existierende Substanz* existieren, d.h. aus der Struktur des Teilchens selbst und seiner ständig variierenden Menge seiner ΔK und Δm_m Energiekomponenten, kann der Zustand der *absoluten Bewegung* des Teilchens immer kontinuierlich innerhalb seines eigenen Trägheitsbezugsrahmens, mit der dreiräumlichen Energie-Impuls-Gleichung (1.50) bestimmt werden (siehe Anhang A), sowohl für ein massives Elementarteilchen wie zum Beispiel das Elektron, und durch Setzen von m_o auf Null in der Gleichung, auch für ein frei bewegendes Photon:

$$E_e = \Delta K + \Delta m_m c^2 + m_0 c^2 \qquad (1.50)$$

Aus diesen Energiewerten kann seine Geschwindigkeit dann mit folgenden Gleichungen (1.33) berechnet werden, und dies, ausschließlich anhand von Informationen, die im eigenen Bezugssystem des Teilchens verfügbar sind:

$$v = c \frac{\sqrt{\lambda_c(4\lambda + \lambda_c)}}{(2\lambda + \lambda_c)} \quad \text{oder} \quad v = c \frac{\sqrt{4EK + K^2}}{2E + K} \qquad (1.33)$$

Außerdem, aus dem Bezugssystem des Teilchens heraus wird die zeitliche Variation der Gesamtmenge der Trägerenergie eines Elektrons *seinen Zustand der absoluten Bewegung* im Verhältnis zu seiner Umgebung, *und damit seinen Zustand der absoluten Bewegung im Universum*, offenbaren. Rasche Zu- und Abnahmen seiner Gesamtenergiemenge werden zeigen, dass es in einem Resonanzzustand der stationären Wirkung stabilisiert ist. Langsames Zu- und Abnehmen seiner maximalen Trägerenergie über längere Zeitspannen zeigt, dass es zu einem Atom gehört, das Teil einer makroskopischen Masse ist, die auf einer elliptischen makroskopischen Umlaufbahn in einem Planetensystem stabilisiert ist, und so weiter.

<u>Die absolute untere Geschwindigkeitsgrenze</u>, aus dieser Perspektive betrachtet, wäre ein Elektron, das keine translatorische kinetische Energie

besitzt. Aber ein solches Elektron, dem die translatorische kinetische Energie vollständig entzogen ist, kann nur theoretisch sein, da alle geladenen Teilchen in der physikalischen Realität von dem Moment an, in dem sie zu existieren beginnen, einer elektrodynamischen Beschleunigung unterliegen, und es ist dann physikalisch nicht möglich, dass sie nicht durch die umgebende Coulomb-Wechselwirkung mit einer gewissen Menge an Trägerenergie induziert werden.

Die absolute obere Geschwindigkeitsgrenze, die eine elektromagnetische Oszillation beinhaltet, ist erreicht, wenn ein ΔK Betrag an translatorischer kinetischer Energie einen gleichen Betrag an Δm_m kinetischer Energie antreibt, die in einer transversalen elektromagnetischen Oszillation gefangen ist, d.h. ein frei bewegendes elektromagnetisches Photon. Seine bekannte Geschwindigkeit c ist die Lichtgeschwindigkeit, die mit der zweiten Gleichung (1.33) berechnet werden kann, wenn E, die Energie, aus der die invariante Ruhemasse des mitgeführten geladenen Teilchens besteht, auf Null gesetzt wird. Siehe Gleichungen (2.43) und (2.44).

Der einzige andere mögliche Fall zwischen diesen beiden Grenzwerten, der elektromagnetische Oszillation betrifft, gilt für eine Menge kinetischer Energie, die in einer transversalen elektromagnetischen Oszillation gefangen ist und durch eine geringere Menge kinetischer Translationsenergie angetrieben wird, wie z.B. die kinetische Energie, die die $m_o c^2$-Ruhemasse eines Elektrons ausmacht, plus die transversal oszillierende Δm_m Hälfte der kinetischen Energie seines Träger-Photons, wobei beide Mengen durch die ΔK unidirektionale Hälfte des Quants kinetischer Energie des Träger-Photons angetrieben werden. Die Geschwindigkeit eines solchen Systems wird zwangsläufig zwischen Null und asymptotisch nahe der Lichtgeschwindigkeit liegen, ein Prozess, dessen Mechanik in Referenz ([42], [8] Kapitel 5) beschrieben wird, und kann mit beiden Gleichungen (1.33) berechnet werden.

Endlich, der verbleibende Fall der kinetischen Energie, deren Bewegung keine transversale elektromagnetische Schwingung zu beinhalten scheint und für die es folglich auch keinen begrenzenden Faktor für die Geschwindigkeit zu geben scheint, ist der Fall der entweichenden Neutrinoenergie, deren Befreiungsmechanik im dreiräumlichen Modell in Referenz ([33], [8] Kapitel 12) beschrieben wird.

__3.6. Aufstellung der Fundamentalgleichungen aus physikalisch erhobenen Daten__

Eine der größten Schwierigkeiten in der fundamentalen Physik ist die Macht an sich der Mathematik als eine beschreibende Sprache. Wenn man nicht aufpasst um die Verwendung von axiomatischen Postulaten so weit wie möglich zu vermeiden, eine unbestimmte Anzahl von Theorien kann mit voller mathematischer Unterstützung ausgearbeitet werden die immer völlig in sich geschlossen werden können, in Bezug auf die Prämissen, die jeder Theorie zugrunde liegen. Aber die Selbstkonsistenz an sich aller gut durchdachten Theorien ist so ansprechend für unseren rationalen Verstand dass es die Infragestellung der erdenden Fundamente solch schöner und intellektuell befriedigender Strukturen sehr schwierig macht und folglich die Identifizierung möglicherweise unangemessener axiomatischer Annahmen.

Angesichts der Tatsache, dass es nur eine physikalische Realität gibt, scheint es jedoch, dass nur eine Erklärung jeden ihrer Aspekte korrekt adressieren würde und dass die damit verbundenen Theorien sie wahrscheinlich besser beschreiben, wenn axiomatische Annahmen bei der Begründung ihrer Ausarbeitung so weit wie möglich vermieden werden.

Bevor ein Rückschluss auf die physikalische Realität gezogen werden kann, müssen natürlich zunächst experimentelle Daten über diese physikalische Realität gesammelt werden, die dann die Extrapolation von Hypothesen erlauben, die diese Daten erklären würden. Obwohl es relativ einfach ist, die Gültigkeit dieser Daten zu bestätigen, indem man immer wieder die gleichen Ergebnisse mit verschiedenen experimentellen Mitteln erhält, kann man nicht dasselbe von den Theorien sagen, die aus der Interpretation dieser Daten aufgestellt wurden.

So wurden beispielsweise die Ladungseinheit des Elektrons und seine absolute Unveränderlichkeit im Laufe des letzten Jahrhunderts zweifelsfrei und eindeutig gemessen. Daher wird diese Eigenschaft des Elektrons als objektiv gültiger Bestandteil jeder Prämisse betrachtet, um daraus Rückschlüsse auf seine Natur zu ziehen. Die Schlussfolgerung, ob das Elektron während seiner Bewegung lokalisiert bleibt, wie es aus der Perspektive der relativistischen Mechanik behandelt wird, oder ob seine *Substanz* sich ausbreitet aus, wenn es sich gemäß der Wellenfunktion bewegt, wie es aus der Perspektive der Quantenmechanik behandelt wird, hängt jedoch vollständig von den anderen Elementen der Prämissenmenge ab, auf die sich jede Theorie gründet.

Weitere schlüssig bestätigte Eigenschaften des Elektrons sind die Invarianz seiner Ruhemasse, die Tatsache, dass es sich bei streuenden Begegnungen immer punktähnlich verhält und dass es vermutlich eine unbestimmte Lebensdauer besitzt, sofern es nicht bei ganz bestimmten zufälligen Wechselwirkungsereignissen mit anderen Elementarteilchen physikalisch in Energie umgewandelt wird, was es als *stabil* zu betrachten erlaubt.

Da alle existierende Materie aus massiven Atomen besteht, muss die Gravitation logischerweise aus den Eigenschaften dieser Atome hervorgehen. Da wiederum alle Atome letztlich aus einer sehr begrenzten Menge geladener und massiver Elementarteilchen bestehen, die in gegenseitiger Wechselwirkung eingeschlossen sind, bedeutet dies logischerweise, dass die Eigenschaften der Atome letztendlich aus den Eigenschaften dieser elementaren Unterkomponenten hervorgehen müssen.

Diese letztendliche Menge an stabilen, geladenen und massiven Elementarteilchen, die die innere Struktur aller Atome bilden, ist sehr begrenzt und ihre Existenz wurde durch zerstörungsfreie Streuung zweifelsfrei bestätigt. Es gibt nur 3 von ihnen, nämlich das Elektron, das die elektronische Begleitung der Atome um ihre Kerne herum festlegt, das die Atomvolumina bestimmt; und die Up- und Down-Quarks, die sich als die ultimativ geladenen und massiven elementaren Unterkomponenten aller Nukleonen im Inneren von Atomkernen herausgestellt haben, die ihr Volumen bestimmen und die in den ersten Betriebsjahren des Stanford Linearbeschleunigers (SLAC), von 1966 bis 1968, erstmals durch tiefe zerstörungsfreie Streuung nachgewiesen wurden [21].

Diese drei geladenen Teilchen werden als elementar angesehen, weil kein Streuexperiment jemals die Existenz einer unüberwindbaren Grenze in einiger Entfernung von ihrem Zentrum aufgedeckt hat, die sie mit einem messbaren Volumen in Verbindung gebracht hätte, wie es bei Protonen und Neutronen der Fall war, wenn sie mit unzureichender Energie gestreut wurden, was der untrügliche Hinweis darauf war, dass Nukleonen nicht elementar sind und eine innere Struktur haben, die kleinere Teilchen beinhaltet, die sich als die gerade erwähnten Up- und Down-Quarks herausstellten, von denen beobachtet wurde, dass sie als Triaden beider Arten wechselwirken, d.h. *uud* für das Proton und *udd* für das Neutron. Siehe Abschnitte 1.23 und 2.16.

Da diese drei Teilchen elementar sind, müssen ihre Massen dann logischerweise aus einer undifferenzierten Substanz bestehen, die im Fall des Elektrons aufgrund seiner elektrischen und magnetischen Eigenschaften als elektromagnetische Energie identifiziert wurde, und die gleiche Schlussfolgerung kann durch Ähnlichkeit für die Up- und Down-Quarks aus dem gleichen Grund gezogen werden.

Wir wissen auch, dass die elektromagnetische Energie eng mit der impulsabhängigen kinetischen Energie verbunden ist, weil wir unbestreitbare Beweise dafür haben, dass die genauen Mengen an kinetischer Energie, die von den Elektronen angesammelt werden, die zwischen den Elektroden einer Coolidge-Röhre beschleunigt werden, z.B. aufgrund der Coulomb-Kraft, die zwischen den beschleunigenden negativ geladenen Elektronen und den positiv ionisierten Atomen der Anode wirkt, als elektromagnetische Röntgenphotonen freigesetzt werden, wenn sie plötzlich in ihrer Translationsbewegung gestoppt werden, wenn sie kurzzeitig von den positiv ionisierten Atomen der Anode (oder Anti-Kathode) eingefangen werden.

Wir beobachten also, dass aus der Perspektive des Elektromagnetismus, die Coulomb-Kraft, von der wir wissen, dass sie zwischen allen existierenden geladenen Teilchen kontinuierlich wirkt, zur tiefsten Schicht der physikalischen Realität gehört, was die Induktion von kinetischer Energie bei der Beschleunigung geladener Elementarteilchen betrifft. Daher kann diese Kraft als die ultimative Ursache für die Existenz von kinetischer Energie auf submikroskopischer Ebene identifiziert werden. Wir wissen auch aus dem experimentellen Nachweis der Coolidge-Röhrenoperation, dass diese induzierte kinetische Energie, da sie als Bremsstrahlungsphotonen entweicht, die gleichen elektromagnetischen Eigenschaften aufweist, die bereits mit der begrenzten Menge der drei geladenen und massiven elektromagnetischen Elementarteilchen, die die einzigen Bausteine aller existierenden Atome sind, verbunden sind.

3.7. Verfahren

Dieser Artikel wird zunächst einen Aspekt der elektromagnetischen Energie ins rechte Licht rücken, der in allen derzeit nützlichen physikalischen Theorien noch ungeklärt ist, nämlich die Tatsache, dass keine dieser Theorien eine mechanische Beschreibung der sich selbst erhaltenden gegenseitigen Induktion der elektrischen und magnetischen Felder der Energie liefert, aus der die Ruhemasse der Elementarteilchen besteht, die mit ihrer Punkt-ähnlichen Lokalisierung konsistent wäre, die während ihrer gegenseitigen Streuungsbegegnungen beobachtet wurde, d.h. die gegenseitige Induktion ihrer elektrischen und magnetischen Felder, die die bloße Existenz der elektromagnetischen Energie in Maxwells Theorie rechtfertigt.

Eine mögliche Beschreibung dieser gegenseitigen Induktion im Rahmen einer erweiterten orthogonalen Raumgeometrie wird vorgeschlagen, die eine Reihe von Eigenschaften ans Licht bringt, die eine mechanische Erklärung der Stabilität elektronischer und nukleonischer Orbitale in Atomen ermöglicht. Eine solche Mechanik wird in Abschnitte 2.20 ausführlicher erklärt.

Die Funktion der Coulomb-Kraft bei der Induktion elektromagnetischer Energie wird analysiert, und folgt eine Analyse der Unterbrechung der Verbindung dass diese neue Perspektive offenbart zwischen den aktuellen, auf dem Energieerhaltungsprinzip basierenden Impuls-/Lagrangian-/Hamiltoniankonzepten und die derzeit nicht berücksichtigte bewegungsbehinderte adiabatische kinetische Energie die permanent in diesen drei geladenen Elementarteilchen induziert wird die in verschiedenen Resonanzzuständen innerhalb von Atom- und Nukleonenstrukturen gefangen sind.

Der Zusammenhang zwischen diesen elektromagnetischen Resonanzzuständen der kleinsten Wirkung und der Wellenfunktion sowie mit der Gravitation wird schließlich relativiert, sowie die Möglichkeit aufgezeigt, dass die Methoden der Quantenmechanik direkt auf die inneren Strukturen der Nukleonen angewendet werden können.

3.8. Die innere elektromagnetische Struktur der Elektronen

Eine noch nicht erwähnte Eigenschaft des Elektrons wurde von Louis de Broglie in den 1920er Jahren vermutet und in den 1930er Jahren experimentell bestätigt. Es ist die Tatsache, dass die Substanz, aus der seine unveränderliche Ruhemasse besteht, in Wirklichkeit elektromagnetische Energie ist, wie durch die wiederholt bestätigte Tatsache festgestellt wurde, ursprünglich von Blackett und Occhialini [78] entdeckt, dass massefreie elektromagnetische Photonen von 1.022 MeV oder mehr destabilisiert werden können um zu massiven Elektron-Positron-Paaren umzuwandeln und dass die Massen eines Paares von Elektronen und Positronen, die sich in Positronium-Konfiguration metastabilisieren, wieder in den massenlosen elektromagnetischen Photonenzustand zurückkehren werden als die letzte einwärts gerichtete Spiralstufe des Positronium-Zerfallsprozesses, was im gleichen Zeitraum auch von Blackett und Occhialini zunächst bestätigt wurde. Der bestätigende Beweis der elektromagnetischen Natur der Masse dieser beiden Teilchen ist natürlich, dass sie elektrisch geladen sind und schlüssig bekannt sind, dass sie ein magnetisches Moment besitzen.

Diese intrinsischen elektromagnetischen Eigenschaften der Energie, die die Ruhemasse des Elektrons ausmacht, sind jedoch weder eindeutig in seine Wellenfunktionsdarstellungen integriert, noch sind sie in das Konzept der lokalisierten Masse integriert, das von der relativistischen Mechanik angesprochen wird.

3.9. Keine Beschreibung der inneren elektromagnetischen Struktur des Elektrons in der klassischen und relativistischen Mechanik

Die relativistische Mechanik behandelt alle massiven Körper, einschließlich der Elektronen, als ob sie keine innere Struktur hätten, was manchmal zu Ergebnissen führt, die sich nur schwer mit ansonsten gut etablierten Gesetzen in Verbindung bringen lassen.

In der traditionellen klassischen und relativistischen Mechanik beispielsweise wird diese Schwierigkeit besonders deutlich im Hinblick auf die Drehbewegung massiver Körper, deren Drehimpuls als konservativ angesehen wird, was eine Schlussfolgerung ist, die die Tatsache außer Acht lässt, dass in der physikalischen Realität alle makroskopischen rotierenden Massen nur aus der Summe der Massen einer Anzahl gefangener massiver Elementarteilchen bestehen können, die sich auf kreisförmigen Bahnen um die Drehachse des Körpers bewegen, die alle einzeln dem 2. Prinzip der Thermodynamik unterliegen, das besagt, dass die ständige Richtungsänderung, die diesen massiven Teilkomponenten *de facto* auferlegt wird, einen Energieaufwand als Arbeit mit sich bringt, was im Widerspruch dazu steht, die Rotation makroskopischer Körper als konservativ zu definieren, da es nach dem 2. Prinzip der Thermodynamik unmöglich ist, dass sich der Bewegungszustand von massiven Körpern wie diesen massiven Elementarteilchen auf diese Weise ohne Energieaufwand ständig ändern könnte.

Könnte dies mit der unerklärlichen beobachteten Verlangsamung der Rotation aller Körper zusammenhängen, die im tiefen Vakuum für längere Zeit rotieren, nachdem sie von einem anfänglichen Impuls in Rotation versetzt wurden, wie z.B. sowohl die Pioneer 10 als auch die Pioneer 11 Raumschiffe ([79], S. 23)? Oder das Kugellager des Experiments von J.C. Keith aus dem Jahr 1963 [80], das im tiefen Vakuum reibungslos mit hohen Geschwindigkeiten rotieren konnte, während es in Magnetfeldern schwebte? Oder das Kugellager in einem ähnlichen bestätigenden Experiment von J.K. Fremerey 1973 [81]? Oder sogar von einzelnen Elektronen, die bei J.P. Blewetts Experimenten 1946 auf perfekt kreisförmigen Bahnen im Betatron zur Translation gebracht wurden ([82], S. 87)?

Leider wurde der Fall der noch ungeklärten Elektronen-Translationsverlangsamung, die von Blewett beobachtet wurde, nicht weiter untersucht und wurde bis heute vernachlässigt, nachdem das G.E. 100 MeV Betatron stillgelegt wurde, bevor er weitere Untersuchungen durchführen konnte. Für alle anderen Fälle der Verlangsamung wurden verschiedene beruhigende Rationalisierungen angewandt, die nicht zu einem Überdenken der angenommenen *konservativen* Natur der Drehbewegung zwangen.

In der CERN-Referenz [83] wurde der Fall der überschüssigen Energie, die im GE-Betatron ständig zur Verfügung gestellt werden musste, damit die Elektronen auf ihrer angenommenen *konservativen*, perfekt kreisförmigen Flugbahn gehalten werden konnten, ohne dass eine Strahlung zur Erklärung der erforderlichen überschüssigen Energie festgestellt wurde, auf diese Weise rationalisiert:

"Then in 1946 Blewett measured the energy loss due to SR in the G.E. 100 MeV Betatron and found agreement with theory, but failed to detect the radiation after searching in the microwave region of the spectrum [4]. It was later pointed out by Schwinger however that the spectrum peaks at a much higher harmonic of the orbit frequency and that the power in the microwave region is negligible [5]." ([83], S. 463)

Übersetzung:

"1946 maß Blewett dann den im Sinne der SR verstanden Energieverlust im G.E. 100 MeV-Betatron und fand Übereinstimmung mit der Theorie, konnte aber die Strahlung nach der Suche im Mikrowellenbereich des Spektrums nicht nachweisen [4]. Später wies Schwinger jedoch darauf hin, dass das Spektrum bei einer viel höheren Harmonischen der Umlaufbahnfrequenz Spitzenwerte aufweist und dass die Leistung im Mikrowellenbereich vernachlässigbar ist [5]."

Der Fall der von Blewett gemessenen *Verlustenergie* wurde dann durch die erste Beobachtung der *Synchrotronstrahlung* im G.E. 70 MeV-Synchrotron, das 1947 in Betrieb genommen wurde, als geklärt betrachtet:

"The first direct observation of the radiation as a "small spot of brilliant white light" occurred by chance in the following year at the G.E. 70 MeV synchrotron, when a technician was looking into the transparent vacuum chamber [6]." ([83], S. 463)

Übersetzung:

"Die erste direkte Beobachtung der Strahlung als ein "kleiner Fleck mit strahlend weißem Licht" erfolgte zufällig im folgenden Jahr am G.E. 70 MeV-Synchrotron, als ein Techniker in die transparente Vakuumkammer blickte [6]."

Es kann jedoch mit Nachdruck behauptet werden, dass der Fall nicht geklärt ist, weil Synchrotrons von ihrer Konstruktion her nicht fähig sind, eine *perfekte Kreisbahn* zu reproduzieren, in Bezug auf die Blewett seine Messungen durchgeführt hat und die nur in einem Beschleuniger vom Betatron-Typ realisiert werden kann, weil die geringste Querschwingung aus der perfekten Kreisbahn in einem Synchrotron offensichtlich transversale Bremsstrahlung erzeugt, egal wie nahe an der perfekten Kreisbahn Elektronen in einem Synchrotron auch immer eingezwängt werden können. Schwingers Argument mag natürlich stichhaltig sein, aber ein wirklich schlüssiger Test kann nur in einem Betatron durchgeführt werden, das es die einzige existierende Beschleunigerkonstruktion ist, die durch Struktur in der Lage ist, vereinzelte Elektronen auf *perfekte Kreisbahnen* zu zwingen, auf denen ein Energieverlust beobachtet wurde, *ohne dass Energieabgabe festgestellt werden kann.*

Folglich muss noch ein Experiment durchgeführt werden, das eine tatsächliche Bestätigung des *Energieverlustes ohne Strahlung bei perfekter Kreisbewegung, die nicht natürlich kompensiert wird* ([52], [10] Kapitel 10), für elementare elektromagnetische Teilchen, wie von Blewett gemessen, bringt.

Dennoch ist zu beobachten dass alle elementaren massiven Teilchen, die in makroskopischen Rotationskörpern gefangen sind, übersetzen auf perfekt kreisförmigen, makroskopischen Bahnen, die identisch sind mit denen der isolierten Elektronen, die von Blewett im Betatron beobachtet wurden, der der einzige Beschleunigertyp ist, die perfekt kreisförmige Bahnen für isolierte Elektronen ermöglicht. Es wäre in der Tat höchst interessant, ob die noch zu untersuchende und zu erklärende Verlangsamung der Betatron-Elektronen würde schließlich eingehend untersucht und korrelierte mit der für rotierende Körper beobachteten Verlangsamung, unter Berücksichtigung der identischen Kreisbahnen in die elementare geladene und massive Teilchen gezwungen werden innerhalb makroskopischer Körper.

Interessanterweise würde es niemandem in den Sinn kommen, das Sonnensystem als einen massiven Körper ohne innere Struktur zu betrachten, denn wir können direkt beobachten, dass es ein stabilisiertes System von kleineren Körpern ist und dass seine Gesamtmasse die Summe der Massen dieser einzelnen kleineren Körper ist. Dies geschieht jedoch, wenn man keine innere Struktur zu makroskopischen massiven Körpern annimmt, denn nicht die makroskopischen Körper selbst sind massiv, sondern die einzelnen submikroskopischen Elementar-Massivteilchen, deren Summe der Einzelmassen sich zur Gesamtmasse eines jeden makroskopischen massiven Körpers addiert.

Da die klassische und relativistische Mechanik für makroskopische Massen keine innere Struktur annimmt, nimmt sie auch für die Ruhemasse von elementaren elektromagnetischen massiven Teilchen wie dem Elektron keine innere Struktur an, was zu der unausgesprochenen Standardannahme führte, dass das Elektron ein solches *Volumen* hat, einfach dadurch, dass man keinen Fehler im Konzept des magnetischen Spins als einem Drehimpuls entsprechend findet, da das Konzept der *Rotation* selbst das Vorhandensein eines solchen Volumens voraussetzt, was die Tatsache außer Acht lässt, wie bereits erwähnt, dass kein Streuexperiment jemals eine unüberschreitbare Grenze in einiger Entfernung vom punktähnlichen Zentrum der Elektronen entdeckt hat, die sie mit einem solchen messbaren Volumen in Verbindung gebracht hätte, wie es bei Protonen und Neutronen der Fall war.

Tatsächlich scheint der einzige logisch mögliche zyklische Prozess, der ein volumenloses Objekt wie das Elektron, das sich bei allen streuenden Begegnungen Punkt-ähnlich verhält, beleben könnte, eine Art innere Hin- und Herbewegung zu sein, eine Hypothese, die durch die Art und Weise unterstützt wird, in der die sich selbst erhaltende innere gegenseitige Induktion der elektrischen und magnetischen Felder des elektromagnetischen Energiequants, aus denen sich die invariante Ruhemasse zusammensetzt, in einer erweiterten orthogonalen Raumgeometrie dargestellt werden kann, wie weiter unten gezeigt wird.

3.10. Keine Beschreibung der inneren elektromagnetischen Struktur der Elektronen in der Quantenmechanik

Die Quantenmechanik ihrerseits bietet derzeit drei verschiedene Beschreibungen des sich bewegenden Elektrons, das die Energie seiner Ruhemasse plus seine Impulsenergie umfasst, bietet aber keine getrennten Darstellungen dieser beiden Größen an.

Die erste Darstellung stammt aus Schrödingers Wellenfunktionsbeschreibung, die er zur Darstellung der Resonanzzustände aufstellte, in die de Broglie zuvor geschlussfolgert hatte, dass Elektronen gefangen sein müssen, wenn sie um Atomkerne stabilisiert werden [4]. Allgemein gesagt, beschreibt diese Darstellung die Elektronenergie als in den mit der Wellenfunktion definierbaren Volumina verteilt.

Die zweite Darstellung wurde gleichzeitig und unabhängig voneinander von Heisenberg entwickelt, die die Energie des Elektrons innerhalb des sonst durch die Wellenfunktion definierten Volumens nach statistischen Wahrscheinlichkeiten der Dichteanwesenheit der Energie, aus der das Elektron besteht, verteilt, was zum Beispiel erlaubt, die Fläche der größten wahrscheinlichen Dichte der Elektronen-*Substanz* im Wasserstoff-Grundzustand als entsprechend der Grundzustandsumlaufbahn des klassischen Bohr-Atoms zu definieren.

Die dritte Darstellung ist das nachfolgend von Feynman entwickelte Wegintegral, das die theoretisch Flugbahn der kleinsten Wirkung eines sich bewegenden Elektrons durch die Unendlichkeit der möglichen Flugbahnen ersetzt, die das Elektron innerhalb des durch die Wellenfunktion definierten Volumens möglicherweise durchlaufen könnte.

Es kann auch beobachtet werden abgesehen davon, dass sie nicht getrennt die Trägerenergie des Elektrons von seiner invarianten Ruhemasse darstellen, dass keine dieser aktuellen QM-Darstellungen eine Beschreibung der sich selbst erhaltenden gegenseitigen elektrischen und magnetischen Induktion der Energiequanten, aus denen sich seine invariante Ruhemasse zusammensetzt, bietet.

Wir werden weiter sehen, wie eine mögliche vierte Darstellung, die sich einer solchen Beschreibung bedient, es erlaubt, die tatsächliche Resonanzbahn eines permanent lokalisierten Elektrons innerhalb des durch die Wellenfunktion definierten Volumens im Grundzustand des Wasserstoffatoms zu beschreiben und damit eine mögliche allgemeine Methode vorzuschlagen, die es erlaubt, Resonanzbahnen von lokalisierten geladenen Elementarteilchen innerhalb aller Atom- und Kernorbitale innerhalb der durch die Wellenfunktion definierbaren Grenzvolumina darzustellen. Diese vierte Darstellung wird in den Abschnitten 2.17 bis 2.20 vollständig analysiert.

3.11. Keine Beschreibung der internen elektromagnetischen Struktur von Elementarteilchen in der Quantenfeldtheorie

Die allgemeinere Quantenfeldtheorie (QFT) geht davon aus, dass elementare elektromagnetische Teilchen wie das Elektron als *lokal angeregte Zustände* eines zugrundeliegenden neutralen Quantenenergiefeldes entstehen. Damit wird das Konzept der Energiequantisierung eingeführt, aus dem die Quantenelektrodynamik (QED) hervorgegangen ist, die die Beschreibung von Wechselwirkungen zwischen Elementarteilchen als quantisierte *virtuelle Austauschphotonen* erlaubt.

Es kann jedoch angemerkt werden, dass die QFT, obwohl sie auf dem Elektromagnetismus beruht, auch keine Beschreibung des tatsächlichen internen gegenseitigen Induktionsprozesses sowohl der elektrischen als auch der magnetischen Felder dieser einzelnen angeregten Zustände liefert.

3.11.1 Wiederaufnahme des Fortschritts auch aus der QFT-Perspektive

Wie ganz am Anfang von Kapitel 1 erwähnt, geht die Quantenfeldtheorie aus Ludwig Lorenzs Interpretation der Art und Weise hervor, in der die elektrischen und magnetischen Felder frei bewegender elektromagnetischer Energie zueinander in Beziehung stehen müssen, um die Lichtgeschwindigkeit zu erklären.

Wie bereits perspektivisch dargestellt, war Lorenz der Ansicht, dass die E- und B-Felder der elektromagnetischen Energie zur Aufrechterhaltung dieser Geschwindigkeit gleichzeitig und synchron ihren Höchstwert erreichen müssen, während Maxwell die Ansicht vertrat, dass sich beide Felder gegenseitig zyklisch induzieren müssen, damit die Lichtgeschwindigkeit aufrechterhalten wird, wobei beide Interpretationen mit dem vollständigen elektromagnetischen Gleichungssystem gleichermaßen konsistent sind.

Obwohl Maxwells Interpretation zu einer elektromagnetischen Mechanik führt, die es erlaubt, die vollständige Abfolge der Wechselwirkungen zwischen elektromagnetischen Elementarteilchen als kontinuierlich fortschreitende Sequenzen zu beschreiben, besteht kein Zweifel daran, dass eine äquivalente elektromagnetische Mechanik, die diese Sequenzen als diskontinuierlich fortschreitend beschreiben würde, auch entwickelt werden kann, die auch die transversale magnetische Komponente der elektromagnetischen Quanten berücksichtigen würde, wenn man den Erfolg der Quantenelektrodynamik (QED) bedenkt, die bereits aus der QFT hervorgeht und die derzeit mehr Gewicht auf die elektrischen Aspekte dieser Wechselwirkungen legt.

Zufälligerweise haben Elektroingenieure mit fundierten Kenntnissen im Bereich des Elektromagnetismus, Riccardo Storti und Todd Desiato, die QFT in letzter Zeit bereits weiter geklärt [84]. Wenn man bedenkt, wie wenig überraschend es ist, dass es Ingenieure sind, die jetzt an die Grenzen der fundamentalen Physik gehen, wenn man bedenkt, dass rigorose mathematische Kompetenz in ihrem Fachgebiet keine Option ist und dass der wahre Speicher des angewandten und anwendbaren Wissens der Menschheit über alle Aspekte der Mechanik und Elektromagnetik genau die Menge der technischen Nachschlagewerke ist, wie relativiert in Referenz ([25] Abschnitt 27), wie Referenzen [85] [86] [87] [88] [89] [90], um nur einige Beispiele zu nennen, experimentelle Datenspeicher wie Referenzen [35] [51] [73], und hervorragend gemachte einführende Lehrbücher wie Referenzen [17] [18] [57] [62] [63].

3.12. Keine Beschreibung der inneren elektromagnetischen Struktur der Elektronen im Elektromagnetismus

Überraschenderweise, selbst im Elektromagnetismus, wie er derzeit formuliert ist, obwohl die eigentliche Grundlage der Maxwellschen Theorie besagt, dass sich die elektrischen und magnetischen Felder der frei sich bewegenden elektromagnetischen Energie zyklisch gegenseitig induzieren müssen, damit die elektromagnetische Energie überhaupt existiert, es hat sich bis heute nicht als möglich erwiesen, diese zyklische, sich selbst erhaltende gegenseitige Induktion in lokalisierten elektromagnetischen Photonen kohärent darzustellen, und auch nicht innerhalb lokalisierter elektromagnetischer Elementarteilchen wie dem Elektron.

Tatsächlich war es die Beobachtung, dass eine mechanische Beschreibung dieser internen wechselseitigen elektrischen und magnetischen Feldinduktion in all diesen allgemein nützlichen Theorien über Materie und Energie fehlte, die die Möglichkeit ans Licht brachte, dass die Lösung dieser speziellen Frage einige Aspekte der elektromagnetischen Energie klären könnte, die der Schlüssel sein könnte, um diese Theorien vollständig miteinander und mit der objektiven Realität in Einklang zu bringen.

Als die Quantenmechanik in den 1920er Jahren etabliert wurde, war es natürlich bereits offensichtlich, dass der Elektromagnetismus mit der neu entwickelten Wellenfunktion korreliert werden musste, da H.A. Lorentz zuvor die bahnbrechende erste Gleichung der elektromagnetischen Mechanik $F = q(E + v \times B)$ aufgestellt hatte, die es ermöglichte, die Bewegung von Elektronen auf präzisen Bahnen zu steuern, indem die relativen Dichten der elektrischen und magnetischen Felder der Umgebung variiert wurden, wobei gleiche Dichten eine geradlinige Bewegung des geladenen Teilchens ermöglicht.

Also, sehr früh nach dem Aufkommen der Schrödingerschen Wellenfunktion und der statistischen Methode nach Heisenberg führte diese Trennung zwischen QM und Elektromagnetismus schließlich zur Entwicklung der QFT, die zur Einführung der Quantisierungsperspektive führte.

Andererseits blieb Louis de Broglie fest davon überzeugt dass elektromagnetische Photonen und Elektronen dauerhaft lokalisiert bleiben mussten und mussten bei der Bewegung präzise Flugbahnen verfolgen. Er verpflichtete sich dann, die interne elektromagnetische Struktur für das lokalisierte elektromagnetische Photon zu bestimmen [91] [92] [93] [94], aber sein jahrzehntelanger Versuch in den 1930er Jahren, diese interne gegenseitige Induktion in Harmonie mit der Wellenfunktion zu korrelieren, führte ihn zu der Schlussfolgerung, dass es unmöglich sei, Elementarteilchen im Rahmen der 4-dimensionalen Raumzeitgeometrie exakt darzustellen, und fügte hinzu, dass dies schließlich möglich werden sollte, indem man diesem vermutlich zu restriktiven Raumzeitrahmen entkommt ([27], S. 273).

Auch heute wissen wir, dass Licht polarisiert werden kann, aber wir haben keine mechanische Beschreibung, die erklärt, warum elektromagnetische Energie polarisiert werden kann.

Selbst wenn wir wissen, dass die elektromagnetische Energie einen Prozess der gegenseitigen Induktion von elektrischen und magnetischen Feldern beinhaltet, haben wir immer noch keine mechanische Beschreibung, die erklärt, warum das elektromagnetische Energiequant, das die Ruhemasse eines elektromagnetischen Elementarteilchens wie des Elektrons ausmacht, lokalisiert bleiben kann, während seine internen elektrischen und magnetischen Felder sich gegenseitig auf die selbsttragende Weise, die wir beobachten können, induzieren.

Wir wissen, dass nur drei stabile, geladene und massive elektromagnetische Elementarteilchen die einzigen Bausteine aller Atome im Universum sind (Elektron, Up-Quark und Down-Quark), aber wir wissen noch nicht, warum sein elektromagnetisches Energiequant, die aus sich selbst erhaltenden und gegenseitig induzierenden elektrischen und magnetischen Feldern bestehen, lokalisiert bleiben, um das punktähnliche Verhalten zu zeigen, das wir beobachten können, wenn sie gegeneinander gestreut werden.

Da die Gravitation offenbar mit der Masse in Beziehung steht, muss sie strukturell mit den einzigen drei existierenden stabilen, sich selbst erhaltenden elektromagnetischen Elementarteilchen in Beziehung gesetzt werden, die Masse aufweisen und die offensichtlich die einzigen und ultimativen massiven Bausteine aller existierenden Atome im Universum sind.

3.13. Etablierung der inneren elektromagnetischen Struktur der Photonen

Nach de Broglies Intuition, dass die 4D-Raumzeitgeometrie zu restriktiv schien, um diese Mechanik zu etablieren, wurde schließlich eine neue erweiterte Raumgeometrie entwickelt und im Jahr 2000 vorgeschlagen [28], die die dreifache orthogonale Beziehung der elektromagnetischen Energie, die durch die Behandlung mit ebenen Wellen aufgedeckt wurde, mit der Orthogonalität des Raums selbst in Beziehung setzt, die effektiv eine mechanische Darstellung der internen gegenseitigen Induktion der elektrischen und magnetischen Aspekte der elektromagnetischen Energie eines lokalisierten Photons als Gleichung (3.6) erlaubt, wie sie von de Broglie in Übereinstimmung mit den Maxwell-Gleichungen in einer Weise angenommen wurde, die die Polarisation erklären kann ([15], [8] Kapitel 6). Diese neue, erweiterte Raumgeometrie wird im Vergleich zu anderen, bekannteren mehrdimensionalen Versuchen zur Lösung der verbleibenden Fragen in der Fundamentalphysik in Bezug gesetzt ([34], [8] Kapitel 19), und ist in der Referenz ([15], [8] Kapitel 6) vollständig beschrieben.

In wenigen Worten zusammengefasst, stammt diese erweiterte Raumgeometrie direkt aus der bekannten dreifach orthogonalen vektoriellen Beziehung des Elektromagnetismus, die jeden Punkt der Wellenfront der kontinuierlichen elektromagnetischen Welle von Maxwell als Kreuzprodukt des magnetischen Feldes gegen das elektrische Feld abbildet, beide senkrecht zur Bewegungsrichtung eines beliebigen Punktes der Wellenfront bei der Behandlung mit ebenen Wellen. Die neue Geometrie resultiert aus der metaphorischen *Explosion* jedes der drei verwandten, zueinander orthogonalen *ijk*-Vektoren in vollwertige 3D-Vektorräume, die zueinander orthogonal sind, während der zentrale Verbindungspunkt aller Einheitsvektoren solcher Vektorkomplexe im Zentrum jedes lokalisierten elektromagnetischen Quants bleibt.

Zum Beispiel beschreibt die folgende dreiräumlichen LC-Gleichung (3.6) für das sich selbst antreibende lokalisierte elektromagnetische Photon in dieser erweiterten Raumgeometrie deutlich, wie die Hälfte seiner Energie transversal zwischen einem Zustand von zwei elektrischen Komponenten, der der Schlüssel zur Erklärung der Polarisation in Übereinstimmung mit de Broglie's Hypothese ist, und einem einzigen magnetischen Zustand oszilliert, der eine permanente Lokalisierung des Quants in völliger Übereinstimmung mit den Maxwell-Gleichungen gewährleistet; während die andere Hälfte unidirektional bleibt, senkrecht zur transversal oszilierenden Hälfte, wobei die impulsbezogene Gleichgewichts-Lichtgeschwindigkeit des gesamten Quants im Vakuum erhalten bleibt, ohne dass ein darunter liegender Äther erforderlich ist, während seine standardmäßigen gleichen elektrischen und magnetischen Felddichten die Selbstführung in gerader Linie gewährleisten, wenn keine äußeren elektromagnetischen Felder diese standardmäßigen Gleichgewichtsverhältnisse der Dichten in einer Weise modifizieren, die seine Flugbahn ablenken würde ([15], [8] Kapitel 6):

$$E\,\vec{I}\,\vec{i} = \left(\frac{hc}{2\lambda}\right)_X \vec{I}\,\vec{i} + \left[\begin{array}{l} 2\left(\dfrac{e^2}{4C}\right)_Y (\,\vec{J}\,\vec{j}\,,\vec{J}\,\overleftarrow{j}\,)\cos^2(\omega t) \\[2ex] +\left(\dfrac{L\,i^2}{2}\right)_Z \overleftrightarrow{K}\ \sin^2(\omega t) \end{array} \right] \tag{3.6}$$

wobei

$$C = 2\varepsilon_0 \alpha\lambda \qquad L = \frac{\mu_0 \alpha\lambda}{8\pi^2} \qquad i = \frac{2\pi ec}{\alpha\lambda} \qquad \omega = \frac{2\pi c}{\alpha\lambda} \tag{3.7}$$

3.14. Etablierung der internen elektromagnetischen Struktur der Trägerenergie von massiven Elementarteilchen

Im Hinblick auf eine mögliche Darstellung der inneren elektromagnetischen Struktur der Energie der Ruhemasse des Elektrons in Bezug auf die relativistische Mechanik gelang Paul Marmet 2003 ein bahnbrechender Durchbruch, als es ihm gelang, aus der Biot-Savart-Gleichung eine Beziehung abzuleiten, die die relativistische Massezunahme eines beschleunigenden Elektrons direkt mit der gleichzeitigen Zunahme seines Magnetfeldes in Beziehung setzt [29], was zu der Beobachtung führte, dass das Magnetfeld des Elektrons in Ruhe genau der Hälfte seiner invarianten Ruhemasse entspricht, was wiederum zu der Schlussfolgerung führte, dass die andere Hälfte seiner invarianten Ruhemasse seinem elektrischen Feld entsprechen muss.

Das bedeutet, dass durch Struktur, das relativistische Masseinkrement, das mit der messbaren Geschwindigkeit eines Elektrons zusammenhängt, kann nur seine Trägerenergie betreffen als unterscheidbar aus der Energie, die sein invariantes Ruhemasse-Energiequant ausmacht, in einer Weise, die dazu führt, dass es die gleichen magnetischen Masseeigenschaften erhält wie die invariante Ruhemasse des Elektrons ([30], [8] Kapitel 4), d.h. eine Eigenschaft der omnidirektionalen Trägheit im Normalraum, die dem etablierten Konzept der elektromagnetischen Masse entspricht.

Tatsächlich, da die traditionelle impulsbezogene kinetische Energie, die das Elektron antreibt kann nur vektoriell unidirektional durch Struktur sein während es das Elektron translatorisch antreibt, und das in Übereinstimmung mit der grundlegenden vektoriellen Anforderung der Maxwell-Gleichungen dass ein Magnetfeld durch Struktur senkrecht zur Bewegungsrichtung der elektromagnetischen Energie orientiert ist, dann das Magnetfeld des geschwindigkeitsbezogenen Masseinkrements, die durch die Energie die über die Elektron invariante Ruhemasse hinausgeht, kann nur Teil einer transversal ausgerichteten Energiekomponente sein die sich von der translatorisch orientierten Impulsenergiekomponente der Trägerenergie unterscheidet, die somit durch Struktur getrennt von der Teilchen invarianten Ruhemasse des elektromagnetischen Energiequant existiert:

$$E_{\text{Gesamte Trägerenergie}} = E_{\text{translatorische}} + E_{\text{transversal orientierte magnetische Massekomponente}}$$

$$(3.8)$$

Da in der Maxwellschen Theorie ein Magnetfeld nicht von einem elektrischen Gegenstück getrennt werden kann und sich beide Aspekte zwangsläufig gegenseitig induzieren müssen, damit elektromagnetische Energie überhaupt existiert, kann dieser elektrische Aspekt nur eingeführt werden, wenn die transversale magnetische Masseinkrementkomponente der Trägerenergie sozusagen in eine hin- und hergehende Schwingung zwischen diesem magnetischen Zustand und einem entsprechenden elektrischen Zustand einbezogen wird:

$$E_{total} = E_{trans.} + \left[E_{elec.} \cos^2(\omega t) + E_{mag.} \sin^2(\omega t) \right] \tag{3.9}$$

Diese Form der Beziehung führt dann offensichtlich zu der folgenden LC-Darstellung:

$$E = \frac{hc}{2\lambda} + \left[\frac{e^2}{2C_\lambda} \cos^2(\omega t) + \frac{L_\lambda\, i_\lambda^2}{2} \sin^2(\omega t) \right] \tag{3.10}$$

wobei

$$E_{E(\,max\,)} = \frac{e^2}{2C} \quad \text{und} \quad E_{B(\,max\,)} = \frac{L\, i^2}{2} \tag{3.11}$$

Dann gab es kein Scheitern die Ähnlichkeit zwischen Gleichung (3.10), die aus der Biot-Savart-Gleichung stammt, und Gleichung (3.6), die der Darstellung eines lokalisierten elektromagnetischen Photons in der dreiräumlichen Geometrie entspricht, zu bemerken, was zu der Schlussfolgerung führte, dass die Trägerenergie eines sich sich bewegenden Elektrons nur die gleiche elektromagnetische Innenstruktur haben kann wie die eines frei sich bewegenden lokalisierten elektromagnetischen Photons; was es ermöglichte, Gleichung (3.10) umzustrukturieren, um die lokalen elektrischen und magnetischen Felder der Trägerenergie des Elektrons als Gleichung (3.14) weiter zu übernehmen, die gleichgültig auf die Trägerenergie von massiven Elementarteilchen und auf frei sich bewegende elektromagnetische Photonen als Ersatz für Gleichung (3.6) angewendet werden kann.

Eine weitere Analyse erlaubte es dann, mathematisch zu demonstrieren dass der Grund, warum die Geschwindigkeit des Elektronen-*Träger-Photons* auf Geschwindigkeiten unterhalb der Lichtgeschwindigkeit beschränkt war, einzig und allein darin liegt, dass die impulsbezogene, unidirektional orientierte Energiehälfte des Träger-Photons gezwungen ist, die translatorisch inerte elektromagnetische invariante Ruhemasse des Elektrons zusätzlich zu seiner eigenen translatorisch inerten elektromagnetischen anderen Hälfte anzutreiben, die es nur entsprechend verlangsamen kann, da die Lichtgeschwindigkeit eines elektromagnetischen Photons in dieser Raumgeometrie nur deshalb im Vakuum gehalten wird, dass sie nur durch Struktur aus zwei gleichen Hälften gemacht werden kann, von denen eine unidirektional bleibt, während die andere Hälfte angetrieben wird, die translatorisch inert ist, während sie quer zur Bewegungsrichtung elektromagnetisch oszilliert, wie in der Referenz ([42], [8] Kapitel 5) analysiert.

Schließlich, die Tatsache, dass das relativistische Masseinkrement eines sich bewegenden Elektrons genau der transversal schwingenden elektromagnetischen Hälfte der Trägerenergie des Elektrons entspricht, wie sie durch Gleichung (3.10) dargestellt wird, und dass dieses relativistische Masseinkrement ebenso wie die unveränderliche Ruhemasse des Elektrons eine omnidirektionale Trägheit besitzt, erlaubte dann, die gleichen omnidirektionalen Trägheitseigenschaften der transversal schwingenden elektromagnetischen Hälfte jedes frei sich bewegenden elektromagnetischen Photons zuzuordnen, wie durch die Gleichungen (3.6) und (3.14) dargestellt, was eine direkte Erklärung des beobachteten Ablenkungswinkels von Licht streifender Sternmassen liefert, ohne die Notwendigkeit, auf die gekrümmte Raumzeitlösung der Allgemeinen Relativitätstheorie zurückzugreifen ([15], [8] Kapitel 6) ([45], [8] Kapitel 16).

3.15. Etablierung der internen elektromagnetischen Struktur der Ruhemasse von lokalisierten Elementarteilchen

Aus der von Marmet verwendeten Methode zur Ableitung seiner Schlussfolgerung aus der Biot-Savart-Gleichung wurde dann eine neue alternative allgemeine Gleichung zur Berechnung der Energie der elektromagnetischen Quanten abgeleitet, die $E=hv$ entspricht, die nicht die Planck-Konstante braucht und durch sphärische Integration ihrer Energie von unendlich bis zu einer unteren Grenze erhalten wird, die ihre longitudinale Wellenlänge mit der Feinstrukturkonstante in Beziehung setzt; eine untere Grenze, die der transversalen Amplitude $(\lambda\alpha/2\pi)$ der elektromagnetischen Schwingung eines lokalisierten Photon-Energiequants in der dreiräumlichen Geometrie entspricht ([30], [8] Kapitel 4, Gleichung (11)):

$$E = hv = \frac{e^2}{2\varepsilon_0 \alpha\lambda} \tag{3.12}$$

Diese Definition von Energie erlaubt übrigens die Beobachtung, dass das Plancksche Wirkungsquantum zu einer Reihe von elektromagnetischen Konstanten gehört, die sich untrennbar miteinander verbinden: $h=(e^2/2\varepsilon_o\alpha c)=(e^2\mu_o c/2\alpha)$. Genau wie in den Fällen der Eulerschen Identität ($e^{i\pi}+1=0$) und der Ableitung der Lichtgeschwindigkeit im Vakuum aus den Maxwell-Gleichungen ($\varepsilon_o\mu_o c^2=1$) kann man beobachten, dass die gleiche logische Regel, dass jeder Wert, der durch eine Menge von Konstanten eindeutig definiert ist, selbst nur eine Konstante sein kann, nun die Invarianz der Planckschen Konstante garantiert.

Im vorliegenden Fall kann das Plancksche Wirkungsquantum als elektromagnetische Konstante bestätigt werden, indem zunächst die Invarianz der Feinstrukturkonstante ([34], [8] Kapitel 19, Gleichung (1)) in Bezug auf drei weitere, zuvor festgelegte elektromagnetische Konstanten (e, ε_o, und auch H) bestätigt wird, die eine neu definierte elektromagnetische Intensitätskonstante ist ([53], [8] Kapitel 6, Gleichung (17)), und bestätigt dann die Invarianz des Planckschen Wirkungsquantums h ([34], [8] Kapitel 19, Gleichung (4)) in Bezug auf drei zuvor festgelegte elektromagnetische Konstanten (e, ε_o, und α, die jetzt als invariant bestätigt wurden).

Diese neue Energiedefinition wiederum erlaubte es, die elektrischen und magnetischen Felder jedes lokalisierten Photons oder der Trägerenergie jedes massiven Elementarteilchens aus ihrer Wellenlänge und einem bestimmten Satz bekannter elektromagnetischer Konstanten zu definieren ([30], [8] Kapitel 4):

$$\mathbf{B}=\frac{\mu_0\pi ec}{\alpha^3\lambda^2} \qquad \text{und} \qquad \mathbf{E}=\frac{\pi e}{\varepsilon_0\alpha^3\lambda^2} \tag{3.13}$$

Gleichungen (3.13), die gleichermaßen für das Energiequant von frei sich bewegenden Photonen und für das der Trägerenergie von massiven Elementarteilchen gelten, erlaubte dann die Anpassung von Gleichung (3.6) um diese Felddefinitionen zu verwenden anstelle der weniger bekannten und weniger praktischen Kapazitäts- und Induktivitätsdefinitionen von Gleichungen (3.7) um die interne elektromagnetische Struktur der lokalisierten Photonen und auch die der Trägerenergie der massiven Elementarteilchen darzustellen:

$$E\vec{I}\vec{i}=\left(\frac{hc}{2\lambda}\right)_X \vec{I}\vec{i}+\left[\begin{array}{c} 2\left(\dfrac{\varepsilon_0\mathbf{E}^2}{4}\right)_Y (\overrightarrow{J}\overrightarrow{j},\overrightarrow{J}\overleftarrow{j})\cos^2(\omega t) \\ +\left(\dfrac{\mathbf{B}^2}{2\mu_0}\right)_Z \overleftrightarrow{K}\sin^2(\omega t) \end{array}\right]V \tag{3.14}$$

wobei

$$V = \frac{\alpha^5}{2\pi^2} \lambda^3 \tag{3.15}$$

Gleichung (3.15), die das Volumen bestimmt die mit Feldgleichungen (3.13) verknüpft sein müssen um Gleichung (14) zu implementieren, wird aus einer gründlichen Analyse gezogen die in Reference ([30], [8] Kapitel 4) durchgeführt wurde, der Gleichung, die die Energiedichte ergibt, die mit der Gleichung für das elektrische Feld (3.13) verbunden ist, wenn die Dichte der E- und B-Felder gleich ist, im Zusammenhang mit der geradlinigen Bewegung von geladenen elektromagnetischen Elementarteilchen:

$$U = \varepsilon_0 E^2 = \varepsilon_0 \left(\frac{\pi e}{\varepsilon_0 \alpha^3 \lambda^2} \right)^2 = \frac{\pi^2 e^2}{\varepsilon_0 \alpha^6 \lambda^4}$$

$$= \frac{e^2}{2\varepsilon_0 \alpha \lambda} \times \frac{2\pi^2}{\alpha^5 \lambda^3} = E \times \frac{1}{V} = \frac{e^2}{2\varepsilon_0 \alpha \lambda} \times \frac{1}{\left(\dfrac{\alpha^5 \lambda^3}{2\pi^2} \right)} \tag{3.16}$$

Es ist wichtig, hier zu beachten, dass dieses Volumen in keiner Weise ein tatsächliches Volumen des zugehörigen Partikels darstellt. Es ist durch Struktur *das theoretische stationäre isotrope Volumen*, das das inkompressible oszillierende kinetische Energiequant einnehmen würde, wenn es als eine Kugel mit isotroper Dichte immobilisiert wäre. Metaphorisch gesprochen läuft es darauf hinaus, alle Blätter eines Baumes in der kleinstmöglichen, gleichmäßig isotropen Kugel zu bündeln, um das Grenzvolumen und die Dichte des Materials, aus dem die Blätter bestehen, leichter zu berechnen, was im Zusammenhang die Bestimmung der absoluten Grenzdichteparameter der Energie eines elektromagnetischen Elementarteilchens erlaubt, über die hinaus sie unmöglich erhöht werden können.

Andererseits, die Definitionen der Gleichungen (3.13) erlaubten es, in Referenz ([30], [8] Kapitel 4) die elektrischen und magnetischen Felder zu definieren, die der invarianten Ruhemasse des Elektrons entsprechen, getrennt von denen seiner Trägerenergie, indem die Comptonwellenlänge des Elektrons auf die Felddefinitionen der Gleichungen (3.13) angewendet wurde:

$$\mathbf{B} = \frac{\mu_0 \pi e c}{\alpha^3 \lambda_C{}^2} \qquad \text{und} \qquad \mathbf{E} = \frac{\pi e}{\varepsilon_0 \alpha^3 \lambda_C{}^2} \tag{3.17}$$

Die LC-Gleichung (3.6) erlaubte dann die Aufwertung der nicht-relativistischen kinetischen Energiegleichung $K = mv^2/2$ von Newton zu einem vollständig relativistischen Status, indem sie zunächst in ihre äquivalente elektromagnetische Form in Referenz ([42], [8] Kapitel 5) umgewandelt wurde. Dies ermöglichte dann ihre Korrektur gemäß der elektromagnetischen Struktur von Gleichung (3.6), um zwei neue relativistische Gleichungen zu erhalten, die vollständig vom Elektromagnetismus abgeleitet sind und die unten als Gleichungen (3.18) angegeben sind; die erste davon erlaubt die Berechnung jedes möglichen Geschwindigkeitszustandes jedes lokalisierten elektromagnetischen Elementarteilchens von der Geschwindigkeit Null für ein Elektron in vollständiger Ruhe bis zum vollständigen Bereich der relativistischen Geschwindigkeiten eines massiven Elementarteilchens bis zur Geschwindigkeit c für sich frei bewegenden elektromagnetische Photonen ([42], [8] Kapitel 5, Gleichung (33a)), und die zweite Gleichung, die die Berechnung der Geschwindigkeit jedes lokalisierten massiven Elementarteilchens aus den getrennten Wellenlängen der Energie seiner invarianten Ruhemasse und der seiner Trägerenergie erlaubt ([42], [8] Kapitel 5, Gleichung (49)); wobei die letztere restriktivere Gleichung identisch mit Gleichung (55) der gleichen Referenz ist, die aus der Speziellen Relativitätsgleichung $E=\gamma m_o c^2$ in Referenz ([30], [8] Kapitel 4) abgeleitet wurde:

$$v = c\,\frac{\sqrt{4EK + K^2}}{2E + K} \quad \text{und} \quad v = c\,\frac{\sqrt{4\lambda\lambda_C + \lambda_C{}^2}}{2\lambda + \lambda_C} \tag{3.18}$$

Durch Addition der Magnetfeldgleichungen (3.13) und (3.17) sowohl für die Ruhemasse des Elektrons als auch für seine Trägerenergie wurde dann die folgende Gleichung als Gleichung (49) in Referenz ([30], [8] Kapitel 4) aufgestellt, um die Magnetfeldgleichung für das sich bewegende Elektron zu erhalten:

$$\mathbf{B} = \frac{\pi \mu_0 e c}{\alpha^3}\,\frac{\left(\lambda^2 + \lambda_C{}^2\right)}{\lambda^2 \lambda_C{}^2} \tag{3.19}$$

die übrigens genau dem Magnetfeld entspricht, das sich auf die Marmet-Gleichung ([29], Gleichung (M-23)) bezieht, die aus der Biot-Savart-Gleichung abgeleitet wurde.

Aus dem Produkt von Gleichung (3.19) für das sich bewegende Elektron und von Gleichung (3.18) zur Berechnung relativistischer Geschwindigkeiten aus Wellenlängen wurde dann die Gleichung (3.20) für das sich bei beliebiger Geschwindigkeit geradlinig bewegende Elektron aufgestellt. Die bekannte Beziehung $\mu_o c^2 = 1/\varepsilon_o$ erlaubte es, diese Gleichung auf einfache Weise durch Substitution aufzustellen, da das Produkt der Gleichungen (3.18) und (3.19) genau der rechten Seite der Standardgleichung zur Berechnung der geradlinigen

Bewegung eines geladenen Teilchens $E=vB$ entspricht, das aus der Lorentz-Gleichung stammt:

$$\mathbf{E} = \frac{\pi e}{\varepsilon_0 \alpha^3} \frac{\left(\lambda^2 + \lambda_C{}^2\right)\sqrt{\lambda_C\left(4\lambda + \lambda_C\right)}}{\lambda^2 \lambda_C{}^2 \left(2\lambda + \lambda_C\right)} \tag{3.20}$$

Die formale Aufstellung der Gleichung (3.20) erfordert tatsächlich ein komplexes vektorielles Produkt in der dreiräumlichen Geometrie, das in der Referenz ([34], [8] Kapitel 19) beschrieben wird und das erst noch aufgestellt werden muss.

3.16. Mechanische Erklärung der e^+e^--Paar-Erzeugung durch die Entkopplung von 1.022 MeV elektromagnetischen Photonen in der dreiräumlichen Geometrie

Die Analyse von Gleichung (3.6) im Hinblick auf die stark erweiterten orthogonalen geometrischen Möglichkeiten, die durch die erweiterte dreiräumliche Geometrie ermöglicht werden, ermöglicht auch die Erstellung einer mechanischen Erklärung für die Umwandlung von masselosen elektromagnetischen Photonen zu massiven Elektron-Positron-Paaren, wobei die zyklische Schwingung des magnetischen Aspekts ihrer Ruhemassenenergie zwischen einer zunehmenden sphärischen Präsenz von Null-Präsenz bis zur maximalen sphärischen Präsenz erhalten bleibt, gefolgt von einer abnehmenden sphärischen Präsenz bis zur Null-Präsenz bei der Elektron invarianten Ruhemasse-Energiefrequenz, die ein kritisch wichtiges Merkmal der zyklischen Spin-Orientierungsumkehr der selbsttragenden, lokalisierten Magnetfelder der elektromagnetischen Elementarteilchen ist, die in der dreiräumlichen Geometrie ans Licht gebracht wird ([31], [8] Kapitel 11), was im weiteren Verlauf relativiert werden soll.

Da die gesamte Energie, die die invarianten Ruhemassen der beiden erzeugten 0.511 MeV/c^2-Teilchen ausmacht, nach der Umwandlung eines 1.022 MeV elektromagnetischen Photons eine omnidirektionale Trägheit (elektromagnetische Masse) besitzt, dies bedeutet auch dass der natürliche Umwandlungsprozess erlaubt die unidirektionale Hälfte der Energie des Photons um diese Eigenschaft der omnidirektionalen Trägheit mechanisch zu erwerben. Die Art und Weise, wie dies während des Umwandlungsprozesses in der dreiräumlichen Geometrie geschieht, sowie die Art und Weise, wie die entgegengesetzten Zeichen der Ladungen beider Teilchen erfasst werden, wird in Referenz analysiert ([31], [8] Kapitel 11).

Die dreiräumliche LC-Gleichung für das ruhende Elektron kann wie folgt formuliert werden:

$$E\,\vec{0} = m_e c^2\,\vec{0} = \left[\frac{hc}{2\lambda_C}\right]_Y \vec{J}\,\overleftarrow{i} + \left(2\left[\frac{(e')^2}{4C_C}\right]_X (\,\vec{I}\,\vec{j}\,,\vec{I}\,\overleftarrow{j}\,)\cos^2(\omega t) + \left[\frac{L_C i_C{}^2}{2}\right]_Z \overleftrightarrow{K}\,\sin^2(\omega t) \right) \qquad (3.21)$$

wobei λ_c die Elektron-Compton-Wellenlänge ist. In der dreiräumlichen Raumgeometrie ist die Ruhemassegleichung für das Positron identisch mit der Gleichung (3.21) für das Elektron, mit Ausnahme einer 180°-Orientierungsumkehr des Untereinheitsvektors (*i*) im Ausdruck (*J-i*) innerhalb des elektrostatischen Y-Raums, die sich auf die Umkehrung des Zeichens seiner Einheitsladung in Bezug auf die des Elektrons bezieht ([31], [8] Kapitel 11).

3.17. Die Coulomb-Kraft

Überlegungen zum möglichen Ursprung der impulsbezogenen translatorischen kinetischen Energie, die elementare geladene Teilchen wie Elektronen antreibt, führen zu der Beobachtung, dass auf submikroskopischer Ebene die kinetische Energie in diesen Teilchen ausschließlich in Abhängigkeit von der Entfernung zwischen ihnen induziert wird. Es ist auch gut verifiziert, dass die einzige bekannte Kraft, die in der Lage ist, kinetische Energie in frei sich bewegenden geladenen Teilchen zu induzieren, die bekannte Coulomb-Kraft ist.

Obwohl vor mehr als 200 Jahren von C.A. Coulomb aufgestellt, scheint das erschöpfend bestätigte Coulomb-Gesetz, das zwischen geladenen Teilchen als Funktion des inversen Quadrats des sie trennenden Abstands wirkt, im Hintergrund der Methode der Quantenelektrodynamik (QED) allmählich unsichtbar geworden zu sein, auch wenn die Coulomb-Gleichung ein integraler Bestandteil der ersten Gleichung von Maxwell ist, d.h. der Gauß-Gleichung für das elektrische Feld, aus der sie leicht abgeleitet werden kann ([32], [8] Kapitel 14).

Die Coulomb-Kraft ist in der Tat ein kritisch wichtiger Bestandteil jedes *virtuellen Photonen* in der QED, aber metaphorisch in so viele kleine Stücke geschnitten, dass sie jetzt wenig Aufmerksamkeit erregt. Metaphorisch gesprochen veranlasst uns die QED, jedem einzelnen Pixel in einem metaphorischen 4K-Bildschirm Aufmerksamkeit zu schenken, der die submikroskopische Ebene darstellen würde, aber wenn wir uns mental ausreichend zurückziehen, kann ihre infinitesimal fortschreitende Wirkung wieder beobachtet werden.

Aus den Beobachtungen auf unserer makroskopischen Ebene geht hervor, dass das traditionelle Konzept der "Kraft" von Newton historisch als eine gegenseitige Wechselwirkung zwischen zwei massiven Körpern in dem Sinne etabliert wurde, dass *"wenn ein Körper eine Kraft auf einen zweiten Körper ausübt, dann übt der zweite Körper immer eine Kraft auf den ersten aus"* ([57], S. 87). Newton stellte diese Schlussfolgerung als sein drittes Bewegungsgesetz auf und erklärte, dass die gegenseitigen Wechselwirkungen zweier massiver Körper aufeinander immer gleich sind.

Wenn man jeden dieser Körper einzeln betrachtet, wird die Kraft dann als die Wechselwirkung definiert, die den Impuls eines Körpers in Abhängigkeit von der Zeit, in der diese Wechselwirkung auf ihn einwirkt, verändert. Dies führte dazu, die Kraft als das Produkt der Masse eines Körpers mit seiner Beschleunigung, d.h. seiner sich ändernden Geschwindigkeit ($F=ma$), zu definieren und seinen Impuls zu einem bestimmten Zeitpunkt als das Produkt seiner Masse mit seiner momentanen Geschwindigkeit ($p=mv$) zu definieren.

Dieser beobachtete *scheinbare Anziehungskraft* als Funktion des inversen Quadrats des Abstands zwischen massiven Körpern, die nicht miteinander in Kontakt sind, führte dann zu der Schlussfolgerung, dass das Konzept der *Kraft* in direktem Zusammenhang mit einer natürlichen Zunahme der Translationsimpulse des Körpers steht, ohne dass man sich unmittelbar auf die Gleichzeitigkeit beziehen muss der Zunahme seiner translatorischen kinetischen Energie in Abhängigkeit von der abnehmenden Entfernung zwischen den beteiligten Körpern, die erhalten wird durch Multiplikation der Kraft mit dem Abstand zwischen den Körpern zu einem bestimmten Zeitpunkt, da die Beschleunigung durch das Quadrat der Momentangeschwindigkeit dargestellt wird geteilt durch den entsprechenden momentanen Abstand ($a=v^2/r$), was dazu führt, dass die Gesamtmenge der Energie, die im Körper in diesem spezifischen Abstand momentan induziert wird, ($E=mv^2$) sein muss, d.h. eine Gesamtmenge an induzierter kinetischer Energie, die Leibnitz als die tatsächliche Wirkung der Anwendung einer Kraft betrachtet, wie bereits erwähnt ([57], S. 222), d.h. eine Größe, die übrigens doppelt so groß ist wie mit dem Translationsimpulse (p) verbundene Betrag, der seinerseits traditionell durch Ersetzen von (v) durch

(p/m) in der klassischen kinetischen Energiegleichung ($K=mv^2/2$) berechnet wird, was ($K= p^2/2m$) ergibt ([8], S. 134).

Aus der relativistischen Perspektive, der Grund für den Unterschied zwischen diesen beiden Energiemessverfahren ist das ($E=\gamma m_o v^2$) auch die Energie einschließt, die in das geschwindigkeitsbezogene momentane relativistische Masseinkrement konvertiert die von Walter Kaufmann quer vermessen wurde als er an der Wende zum 20. Jahrhundert relativistisch sich bewegenden Elektronen in einer Blasenkammer ablenkte [64], und auch wurde von Paul Marmet etabliert, um dem relativistischen magnetischen Masseinkrement zu entsprechen, wie es in Gleichung (3.8) dargestellt ist, während ($K=\gamma m_o v^2/2$) nur die richtige Menge an impulsbezogener kinetischer Energie liefert, die die Geschwindigkeit der gesamten relativistischen Masse aufrechterhält, d.h. eine Menge an unidirektionaler kinetischer Energie, die durch Struktur genau der Hälfte der gesamten kinetischen Energie entsprechen die im Elektron zusätzlich zu seine invariante Ruhemassenenergie hinaus induziert werden müssen damit es sich mit der entsprechenden relativistischen Geschwindigkeit bewegt, wie in Referenz ([42], [8] Kapitel 5) analysiert und mit Gleichung (3.8) dargestellt.

Es muss relativiert werden, dass diese Definitionen, die auf unserer makroskopischen Ebene recht nützlich sind, wenn sie auf massive makroskopische Körper angewandt werden, schon festgelegt wurden, bevor entdeckt wurde, dass die zwischen geladenen Elementarteilchen wirkende Kraft aufgrund der Tatsache, dass sie elektrisch geladen sind, tatsächlich kinetische Energie in diesen Teilchen induziert. In Ermangelung dieser Information, die erst später entdeckt wurde, die gleichen Definitionen von Kraft und Impuls wurden standardmäßig auf die Coulomb-Kraft angewandt wie auf diese elementaren massiven Unterkomponenten der Atome anwendbar, ohne zu berücksichtigen, dass sie neben ihrer Masse auch eine elektrische Ladung besitzen, was genau die Eigenschaft ist, die mit der Energieinduktion im Elektromagnetismus zusammenhängt.

Die Coulomb-Kraft wurde daher wie folgt definiert:

"The force of attraction or repulsion between two point charges is directly proportional to the product of the charges and inversely proportional to the square of the distance between them." ([17], S.462).

Übersetzung:

"Die Anziehungs- oder Abstoßungskraft zwischen zwei Punktladungen ist direkt proportional zum Produkt der Ladungen und umgekehrt proportional zum Quadrat des Abstands zwischen ihnen."

Aber eine tiefgreifende Analyse der Coulombschen Kraft im Lichte der internen elektromagnetischen Energiestruktur der in geladenen Teilchen, wie Elektronen und Positronen, induzierten Trägerenergiemengen, die sich in der dreiräumlichen Geometrie zeigen, und der Variation dieser Mengen bei unterschiedlichen Abständen zwischen geladenen Teilchen, zeigt, dass die Kraft selbst nicht direkt anziehend oder abstoßend wirkt in der Art und Weise, wie sie derzeit definiert ist, zu funktionieren, sondern dass sie nur adiabatisch kinetische Energie in elektrisch geladenen Elementarteilchen induziert, und dass es die unidirektionale impulsbezogene Komponente dieser adiabatischen kinetischen Energie ist, die sich vektoriell ausrichtet, um zu bewirken, dass geladene Teilchen bei Ladungen mit entgegengesetzten Zeichen dazu neigen, sich translatorisch aufeinander zu bewegen, oder voneinander weg im Falle gleicher Zeichenladungen zu bewegen, wenn die Teilchen nicht in den verschiedenen stabilen elektromagnetischen Resonanz-Gleichgewichtszuständen gefangen sind, die in atomaren Strukturen erlaubt sind, Zustände, in die diese Translationsbewegung behindert wird, selbst wenn die impulsbezogene kinetische Energie noch adiabatisch induziert bleibt, wie in Referenz ([45], [8] Kapitel 16) analysiert. Dieses adiabatisch erhaltene Vorhandensein von kinetischer Energie wird weiter analysiert.

Dies bringt ans Licht, dass die Coulomb-Kraft nicht wirklich eine *Anziehungs- oder Abstoßungskraft* im herkömmlichen Sinne wäre, sondern eher eine *Kraft der adiabatischen kinetischen Energieinduktion*, die adiabatisch und kontinuierlich kinetische Energie in elementaren geladenen Teilchen induziert, unabhängig davon, ob sie sich bewegen oder nicht, was wurde dazu führen, dass diese Kraft ein *noch-nicht richtig verstandener-aktiver-Agent* wäre, der sich im Hintergrund allgemein in der Umgebung befindet, sozusagen, und dass es nicht mit irgendeiner Geschwindigkeit reisen müsste, um gleichzeitig auf alle existierenden geladenen Teilchen im Universum zu wirken, sondern nur die Mengen dieser adiabatisch induzierten kinetischen Energie infinitesimal progressiv erhöhen oder verringern würde, wann immer sich geladene Teilchen in abstandsvariabler Bewegung zueinander befinden.

Außerdem, Marmets Entdeckung und die durch das Kaufmann-Experiment bestätigte Beobachtung, dass die Hälfte aller in Elektronen induzierten Quanten der Trägerenergie sich in Masse umwandelt, zeigen, dass die Coulomb-Kraft nicht nur die impulsbezogene Translationsenergie von geladenen Elementarteilchen induziert, sondern auch die tatsächliche Masse, die aus der elektromagnetisch oszillierenden anderen Hälfte der induzierten Trägerenergie besteht, wie in den Gleichungen (3.8) bis (3.10) dargestellt und in Referenzen ([42], [8] Kapitel 5) ([30], [8] Kapitel 4) festgelegt.

Aus dieser Perspektive und angesichts der Tatsache, dass diese träger kinetische Energie in geladenen Teilchen *vor* der Möglichkeit einer entsprechenden Bewegung induziert werden muss, bedeutet dies, dass keine Bewegung der geladenen Teilchen erforderlich ist, damit die Coulombsche Kraft in ihnen adiabatisch kinetische Energie als Funktion der Entfernung induziert, und dass diese Energie auch dann induziert bleibt, wenn die entsprechende Geschwindigkeit nicht ausgedrückt werden kann, wenn die Teilchen in stationären orbitalen Resonanzzuständen gefangen sind, bei denen es sich um Zustände induzierter kinetischer Energie handelt, die das klassische Konzept des Impulses, und also auch der Lagrange- und der Hamilton-Funktion, eindeutig nicht berücksichtigt, da die damit verbundene Translationsgeschwindigkeit für die in solchen axialen Resonanzzuständen gefangenen Elektronen dann zwangsweise auf Null reduziert wird.

Außerdem ist die derzeit akzeptierte Vorstellung, dass die Coulomb-Kraft im Wasserstoffatom zwischen dem Elektron und dem *Proton* wirkt. Diese Schlussfolgerung lässt die Tatsache außer Acht, dass das Proton kein elementar geladenes Teilchen ist, sondern ein System von elementar geladenen Teilchen, genau wie das Sonnensystem kein einzelner Körper ist, aber sondern ein System von kleineren massiven astronomischen Körpern ist.

Bedauerlicherweise scheint es 50 Jahre nach der experimentellen Bestätigung dieser wichtigen Entdeckung am Stanford-Linearbeschleuniger im Jahre 1968 [21], dass nur wenige einführende Lehrbücher zur Teilchenphysik diese Entdeckung klar und deutlich erwähnen, sondern sich stattdessen weiterhin auf Protonen und Neutronen als Elementarteilchen beziehen, was ein hohes Maß an Verwirrung in der Gemeinschaft in dieser Hinsicht hervorruft.

Offensichtlich ist das Sonnensystem ein System, dessen innere Struktur durch Planeten definiert ist, die auf Bahnen um einen Zentralstern stabilisiert sind, und ebenso offensichtlich ist seit den 1960er Jahren bekannt, dass das Proton auch ein System ist, dessen innere Struktur durch wechselwirkende Elementarteilchen definiert ist, die geladen, massiv, streuungsfähig sind und sich Punkt-ähnlich wie das Elektron verhalten, die Up- und Down-Quarks genannt wurden, und die elektromagnetisch in Gleichgewichtsresonanzzustände der kleinsten Wirkung stabilisiert sind. Siehe auch Abschnitt 1.23 über dieses Thema.

Da die Coulomb-Kraft also nur zwischen elektrisch geladenen Teilchen wirken kann, kann sie offensichtlich nur zwischen dem geladenen Elektron und den geladenen Up- und Down-Quarks, die in der Protonstruktur gefangen sind, wechselwirken. Diese drei Teilchen sind also die einzigen stabil wechselwirkenden geladenen und massiven Elementarteilchen, die als die physikalischen Bausteine aller Atome im Universum identifiziert werden können, statt der drei, die immer noch oft fälschlicherweise als die drei grundlegenden Elementarteilchen bezeichnet werden, die die innere Struktur der Atome definieren: Elektron, Proton und Neutron.

Folglich ist das Wasserstoffatom aus elektromagnetischer Sicht kein wechselwirkendes *Zwei-Massivkörpersystem*, wie es derzeit noch betrachtet wird, sondern *ein vierfach geladenes elektromagnetisches Partikelsystem*, das in elektromagnetischen Resonanzzuständen der kleinsten Wirkung stabilisiert ist.

Im Lichte dieser Überlegungen könnte eine versuchsweise präzisere Definition der Coulomb-Kraft z.B. wie folgt formuliert werden:

> *"The Coulomb force adiabatically and continuously induces kinetic energy in elementary charged particles as a function of the inverse square of the distance separating them, thus inducing in each charged particle an accompanying energy quantum whose unidirectional half is vectorially oriented so that charged particles tend to close in on each other if they have opposite signs charges, and move away from each other if they have identical sign charges, when not captive in the various resonance states allowed in atoms, and to apply pressure in these vectorial directions when their motion is inhibited by local electromagnetic equilibrium states."*
> ([45], [8] Kapitel 16).

Übersetzung:

> *"Die Coulomb-Kraft induziert adiabatisch und kontinuierlich kinetische Energie in geladenen Elementarteilchen als Funktion des inversen Quadrats des Abstands, der sie trennt, und induziert so in jedem geladenen Teilchen ein begleitendes Energiequant, dessen unidirektionale Hälfte vektoriell orientiert ist, so dass geladene Teilchen dazu neigen, sich einander anzunähern, wenn sie Ladungen mit entgegengesetztem Zeichen haben, und sich*

voneinander wegzubewegen, wenn sie identische Zeichenladungen haben, wenn sie nicht in den verschiedenen Resonanzzuständen gefangen sind, die in Atomen erlaubt sind, in welchem Fall sie dazu neigen, Druck in diesen vektoriellen Richtungen auszuüben, wenn ihre Bewegung durch lokale elektromagnetische Gleichgewichtszustände gehemmt wird."

Also aus der submikroskopischen Perspektive, dann würde es scheinen dass es nicht die makroskopischen Körper selbst sind, die einer Kraft ausgesetzt sind, sondern die individuell geladenen, massiven und punktähnlich wirkenden elektromagnetische Elementarteilchen, deren Summe der Massen die Gesamtmasse der makroskopischen Körper ausmacht, und dass die einzige Kraft, die auf sie einwirken kann wäre durch Struktur die sogenannte *"Coulomb-Kraft"*, die dann keine anziehende und abstoßende Kraft wäre wie ursprünglich durch die Ähnlichkeit mit der scheinbar inversen Quadrat-Anziehungskraft zwischen makroskopischen Massen definiert das war die einzig mögliche Interpretation in der Zeit Newtons, sondern wäre vielmehr ein zugrunde liegender *noch-nicht-richtig-verstandener-adiabatisch-kinetischer-energieerzeugender-aktiver-Agent*, die wir die *"Coulomb-Kraft"* nennen, die von Natur aus permanent und statisch im Universum vorhanden sein könnten und wäre in ständiger Wechselwirkung zwischen allen vorhandenen geladenen Elementarteilchen.

Das bedeutet, dass die in einem beliebigen Paar geladener Teilchen induzierte kinetische Energie unabhängig von der abgelaufenen Zeit umgekehrt proportional zu dem sie trennenden Abstand ist, wenn sie in einem festen Abstand zueinander gehalten werden, und dass sie adiabatisch in beiden Teilchen variiert, wenn sie relativ zueinander in Bewegung sind, unabhängig von ihrer Relativgeschwindigkeit und unabhängig von der während der entsprechenden Bewegungssequenz abgelaufenen Zeit.

In der dreiräumlichen Geometrie würden beide neutralen inneren Ladungen elektromagnetischer Photonen logischerweise entgegengesetzte vektorielle Zeichen auf der Y-y/Y-z-Ebene erhalten, aber beide würden entlang der senkrecht orientierten Y-x-Achse, entlang der sie sich nicht bewegen, neutral erscheinen, wobei dieser letztere scheinbar neutrale Zustand der Zustand ist, der aus der Perspektive beobachtbar ist, die uns im Fall elektromagnetischer Photonen aus dem normalen X-Raum gegeben ist.

Diese versuchsweise neu formulierte Definition ermöglicht nun die Beschreibung des adiabatischen Induktionsprozesses der Coulomb-Kraft, der innerhalb der Atome zwischen den geladenen und massiven Elementarteilchen, aus denen sie bestehen, stattfindet.

Aber, Um die Beschreibung zu vereinfachen, werden die traditionellen Begriffe *Anziehung* und *Abstoßung* in diesem Text weiterhin häufig verwendet, wobei jedoch immer berücksichtigt wird, dass *Anziehung* sich darauf bezieht, dass die unidirektionale Trägerenergie vektoriell auf ein Teilchen mit entgegengesetztem Zeichen ausgerichtet ist, und dass *Abstoßung* sich darauf bezieht, dass die unidirektionale Trägerenergie in ihrer Translationsbewegung behindert wird.

3.17.1. Das Konzept der Gravitationswelle

Die Vorstellungen von *der Unmöglichkeit, absolute Bewegung zu demonstrieren* und stattdessen *relative Bewegung* zu definieren, sind nicht die einzigen Ideen, die Einstein aus diesem kleinen Artikel entlehnt zu haben scheint, der Anfang Juni 1905 von Poincaré veröffentlicht wurde [76] (siehe Abschnitt 3.4 und Unterabschnitt 3.5.1). Auch das Konzept *der Gravitationswelle, die sich mit Lichtgeschwindigkeit ausbreitet*, das er 1916 vorschlug, wird auch in diesem Artikel vorgeschlagen, in dem Poincaré es unter dem Namen *gravitische Welle* ("*onde gravifique*") vorschlug:

> *"J'ai été d'abord conduit à supposer que la propagation de la gravitation n'est pas instantanée, mais se fait avec la vitesse de la lumière... Quand nous parlerons donc de la position ou de la vitesse du corps attirant, il s'agira de cette position ou de cette vitesse à l'instant où l'onde gravifique est partie de ce corps; quand nous parlerons de la position ou de la vitesse du corps attiré, il s'agira de cette position ou de cette vitesse à l'instant où ce corps attiré a été atteint par l'onde gravifique émanée de l'autre corps; il est clair que le premier instant est antérieur au second."* ([76], p. 492).

Translation:

> *" Ich wurde zuerst dazu verleitet, anzunehmen, dass die Ausbreitung der Gravitation nicht augenblicklich erfolgt, sondern mit Lichtgeschwindigkeit... Wenn wir also über die Position oder Geschwindigkeit des anziehenden Körpers sprechen, wird es diese Position oder Geschwindigkeit in dem Moment sein, in dem die*

gravitische Welle diesen Körper verlassen hat; Wenn wir von der Position oder Geschwindigkeit des angezogenen Körpers sprechen, dann ist es die Position oder Geschwindigkeit in dem Augenblick, in dem der angezogene Körper von der gravitische Welle erreicht wurde, die von dem anderen Körper ausgeht; es ist klar, dass der erste Zeitpunkt vor dem zweiten liegt."

Aber, die soeben durchgeführte Analyse des Konzepts der so genannten *Coulomb-Kraft* zeigt, dass die adiabatische ΔK Impulsenergie, die einen Körper im Universum auf einen anderen zubewegt, nicht nach dem von Poincaré konzipierten Konzept von einem Körper auf den anderen *übertragen* wird, sondern durch Struktur in jedem Körper permanent und unmittelbar vorhanden ist und dass sie lokal mit dem Kehrwert des Abstands, der sie trennt, variiert, was bedeutet, dass die Instantaneität der Wechselwirkung zwischen Körpern entgegen der Erwartung von Poincaré durch Struktur realisiert wird, wie in Abschnitten 1.26 und 1.27 beschrieben, und dass *die absolute Bewegung das eigentliche allgemeine Naturgesetz ist*, wie in Unterabschnitt 3.5.1 analysiert, ebenfalls im Gegensatz zu seiner Schlussfolgerung, die auch in seiner Notiz von 1905 dargelegt ist:

"Il semble que cette impossibilité de démontrer le mouvement absolu soit une loi générale de la nature." ([76], p. 489)

Übersetzung:

"Es scheint, dass diese Unmöglichkeit, absolute Bewegung zu demonstrieren, ein allgemeines Naturgesetz ist."

Aber um Poincaré gegenüber fair zu sein, war es ihm ebenso wenig möglich, sich die Idee vorzustellen, dass sowohl Impuls als auch transversale Masseenergie adiabatisch als eine *physikalisch existierende Substanz* in allen Elementarteilchen induziert wird, wie es Newton möglich war, sich die Idee vorzustellen, dass die Masse von Körpern mit der Geschwindigkeit zunimmt, da aus dem begrenzteren Umfang des Wissens, das in ihren jeweiligen Epochen angesammelt wurde, keine Anhaltspunkte in diesen Richtungen verfügbar waren.

3.18. Adiabatische kinetische Energieinduktion in atomaren und nuklearen Strukturen

Die Analyse der Art und Weise, in der die Temperatur adiabatisch mit der Tiefe im Inneren der Erdmasse zunimmt [62], führt zu der Schlussfolgerung, dass diese Zunahme nur mit einer progressiven Kompressionszunahme mit der Tiefe der elektronischen Orbitale um die Kerne der Atome, die die Masse der Erde bilden, in Verbindung gebracht werden kann, die die mittleren Abstände zwischen den Elektronen und den Up- und Down-Quarks, die die einzigen elementar geladenen Unterkomponenten der Nukleonen sind, aus denen diese Kerne bestehen, verkürzen würden, was die Mengen an kinetischer Energie, die in ihnen durch die Coulomb-Kraft induziert wird, nur in Abhängigkeit vom inversen Quadrat dieser verkürzten Abstände erhöhen kann.

Im Gegenzug, dies führt zu der Beobachtung, dass für Elektronen, die in solche natürlichen Zustände der kleinsten Wirkung stabilisiert sind, die kinetische Energie nur auf adiabatische Weise induziert werden kann, da diese Energie progressiv variiert, wenn sich die Abstände zwischen diesen geladenen Teilchen ändern, ohne dass etwas davon an die Umgebung abgegeben oder von der Umgebung während dieses natürlichen kompressionsbedingten Abstandsvariationsprozesses beigetragen wird ([43], [8] Kapitel 2). Siehe auch Abschnitt 1.27 über dieses Thema.

Da alle drei massiven Elementarteilchen, die durch zerstörungsfreie Streuung innerhalb aller vorhandenen Atome (Elektronen, Up- und Down-Quarks) nachgewiesen werden können, geladen sind ([34], [8] Kapitel 19), bedeutet dies natürlich, dass in allen von ihnen permanent adiabatische kinetische Energie induziert wird, deren Größen für die stabilen mittleren axialen Resonanzabstände, die sie trennen, deutlich messbar sind und die notwendigerweise den elektronischen Orbitalen für Elektronen und den nukleonischen Orbitalen für Up- und Down-Quarks innerhalb der Nukleonen entsprechen.

Ein ausführlich dokumentierter Fall eines solchen Niveaus der adiabatischen Trägerenergieinduktion durch die Coulombsche Kraft ist der des Grundzustandsorbitals des Wasserstoffatoms:

$$E = \int_{a_0}^{\infty} \frac{1}{4\pi\,\varepsilon_o} \frac{e^2}{r^2} \cdot dr\, 0 = 0 - \frac{1}{4\pi\,\varepsilon_o} \frac{e^2}{r_o} = -4.3597438\ 05\ \text{E} \text{-} 18\ \text{J}\ (27.2\ \text{eV}) \tag{3.22}$$

wobei (r_o) der Bohr-Radius ist, der genau dem mittleren Abstand entspricht, der das im axialen Resonanzzustand im Grundzustandsorbital stabilisierte

Elektron von den im zentralen Proton des Wasserstoffatoms gefangenen geladenen Up- und Down-Quarks trennt.

Die zuvor festgestellte interne elektromagnetische Struktur der durch Gleichung (3.14) beschriebenen Trägerenergie des Elektrons zeigt nun, dass die Hälfte dieser adiabatischen Energie systematisch in ein Masseinkrement umgewandelt wird, das ebenso wie die unveränderliche Ruhemasse des Elektrons eine omnidirektionale Trägheit besitzt, die die momentane Elektronmasse erhöht, unabhängig davon, ob das Elektron auf diese Weise translatorisch immobilisiert ist oder sich frei mit der Geschwindigkeit bewegt, die diesem Betrag der Trägerenergie entspricht, wie durch Kaufmanns transversale Massemessungen von Elektronen, die sich mit relativistischen Geschwindigkeiten bewegen, bestätigt wird [64].

Dieser messbare Zustand kann nun direkt mit der Differenz zwischen der Gesamtmenge der Trägerenergie, die von Gleichung $(E=\gamma m_o v^2)$ geliefert wird und aus der Beschleunigungsgleichung $(F=\gamma m_o a)$ stammt, und der Hälfte dieser Menge, die mit Gleichung $(K=\gamma m_o v^2/2)$ berechnet wird, die nur die auf den Translationsimpuls bezogene kinetische Energie liefert, die die gesamte relativistische Masse des Teilchens antreibt, in Beziehung gesetzt werden.

Da die gleiche adiabatische Kinetischeenergie induzierende Coulomb-Kraft ist strukturell im Spiel zwischen den geladenen Up- und Down-Quarks im Proton, die damit verbundenen adiabatischen Masseinkremente können aufgrund ihrer immens höheren Trägerenergie nur viel wichtiger sein als in den energiereichsten elektronischen Orbitalen, da sie innerhalb der Nukleonenstrukturen nur extrem kurze Abstände voneinander haben.

Die genaue Untersuchung der Strukturen der Nukleonen im Rahmen der dreiräumlichen Geometrie im Hinblick auf die unvermeidliche Anwesenheit dieser permanent induzierten adiabatischen Energie, die dazu beiträgt, die Masse der Elementarteilchen in Abhängigkeit von diesen sehr kurzen axialen Abständen zwischen den Up- und Down-Quarks zu erhöhen, führte dann zur Aufstellung von dreiräumlichen LC-Gleichungen für die Ruhemassenenergie und für die Trägerenergieniveaus dieser geladenen und massiven Elementarteilchen, aus denen die innere Struktur der Nukleonen besteht, die mit der Beobachtung konsistent sind ([43], [8] Kapitel 2) ([32], [8] Kapitel 14) ([49], [8] Kapitel 9).

Diese Gleichungen zeigen, dass das für jedes Up- und Down-Quark innerhalb der Protonstruktur erreichte Trägerenergieniveau etwa 600 Mal höher ist als die

Energie, die in der Ruhemasse des im Grundzustandsorbital des Wasserstoffatoms stabilisierten Elektrons enthalten ist ([32], [8] Kapitel 14).

3.19. Die zyklische Polaritätsumkehrung der Magnetfelder von Elementarteilchen

Die oszillierende Natur der magnetischen Komponente der invarianten Ruhemasseenergie der Elementarteilchen und auch die ihrer Trägerenergie, wie sie durch die LC-Gleichungen (3.14) und (3.21) offenbart wird, macht deutlich, dass in der dreiräumlichen Geometrie die physikalische Präsenz dieser magnetischen Komponente nur zwischen Null-Präsenz und maximaler sphärischer Präsenz im Raum und dann wieder zu Null-Präsenz bei der Frequenz und in einem physikalischen sphärischen Ausmaß oszillieren kann, das mit der in seines Quant enthaltenen Energiemenge zusammenhängt.

In der dreiräumlichen Geometrie befindet sich in der Mitte jedes lokalisierten elektromagnetischen Quants ein *Punkt-ähnlicher Verbindungsbereich* oder *Punkt-ähnlicher Durchgangsbereich*, der es seiner Energie erlaubt, zwischen den drei so miteinander verbundenen Räumen frei zu zirkulieren, wie zwischen kommunizierenden Gefäßen, und sich lokal in einem Zustand selbsttragenden dynamischen Gleichgewichts zwischen den drei 3-dimensionalen orthogonalen Räumen zu stabilisieren, die den dreiräumlichen geometrischen Komplex bilden, innerhalb dessen jedes elektromagnetische Energiequant existiert (**Abbildung 3.1**), der vollständig in Referenzen ([15], [8] Kapitel 6) ([34], [8] Kapitel 19) beschrieben ist, und die es erlaubt, die Energie des Quants als eine unidirektionale Hälfte zu beschreiben, die innerhalb des normalen X-Raums für das Photon in Translationsrichtung verbleibt, während die andere Hälfte elektromagnetisch quer zwischen zwei getrennten orthogonalen dreidimensionalen Räumen oszilliert, die senkrecht zueinander und zum normalen X-Raum stehen, von denen einer als Y-Raum identifiziert wird, was die Manifestation der durch das elektrische E-Feld repräsentierten Eigenschaften erlaubt, während die andere als Z-Raum identifiziert wird, was die Manifestation der durch das magnetische B-Feld repräsentierten Eigenschaften erlaubt. Diese zweite Hälfte der Energie des Teilchens, die durch Struktur in Längsrichtung inert ist, zeigt folglich per Definition im normalen X-Raum eine omnidirektionale Trägheit, das heißt, *elektromagnetische Masse.*

In der dreiräumlichen Geometrie soll dieser Punkt-ähnliche Übergang das beobachtbare und messbare *Punkt-ähnliche Verhalten* von geladenen

Elementarteilchen wie Photonen oder Elektronen bei streuenden Begegnungen zwischen diesen Teilchen im Normalraum darstellen.

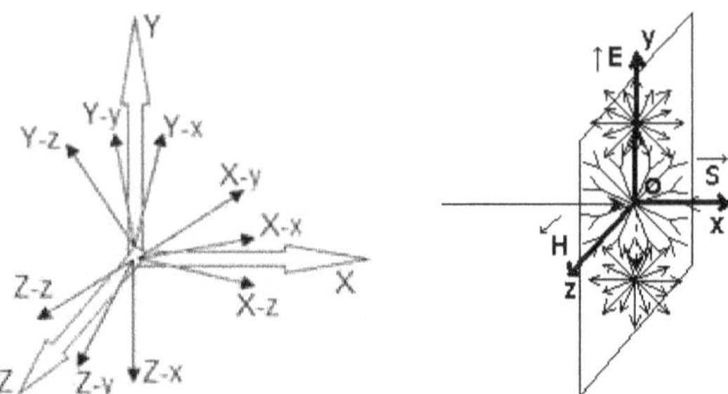

Abbildung 3.1: Die orthogonale Struktur des 3-Raum-Geometriekomplexes und des ebenen Wellenbezugssystems, das auf ein permanent lokalisiertes Photon angewendet wird.

In dieser Raumgeometrie ist die Energie, die die magnetische Komponente der Ruhemasse des Elektrons bildet, durch Struktur in konstanter interner Bewegung ist, nacheinander in zwei entgegengesetzten sphärischen Orientierungen, von einem Anfangszustand der Null-Präsenz im magnetostatischen Z-Raum zu Beginn jedes Zyklus, nachdem sie vollständig in einen anderen Raum des Komplexes übertragen wurde, besteht diese Bewegung der Energie dann aus zwei verschiedenen Phasen, wobei die erste eine sphärische Expansionsphase ist, da sie omnidirektional in den Z-Raum durch den Punkt-ähnlichen Übergang eintritt, bis die maximale radiale Expansion erreicht ist. Die zweite Phase besteht in einer umgekehrten Bewegung nach innen durch die dreiräumliche Verbindung als eine allseitige sphärische Regression dieser Energie, bis der Z-Raum vollständig evakuiert ist. Dieser Schwingungsprozess definiert den Spin eines elektromagnetischen Elementarteilchens neu als eine Eigenschaft, die relativ zum Zustand der Expansions- und Regressionszyklen des Vorhandenseins der magnetischen Energie aller anderen elektromagnetischen Elementarteilchen zu einer Eigenschaft wird.

Dieses Verhalten impliziert auch, dass die beiden Pole des Magnetfeldes eines elektromagnetischen Elementarteilchens geometrisch durch Struktur mit dem Ort der dreiräumlichen, punktähnlichen Verbindungsstelle in ihrem Zentrum zusammenfallen müssen. Dies bedeutet, dass eine relativ parallele Spinausrichtung zwischen zwei Elektronen stattfindet, wenn beispielsweise die magnetische Präsenz der Energie beider Teilchen gleichzeitig synchron in sphärischer Ausdehnung und Regression vorliegt, was einer sphärischen inversen Würfelmagnetabstoßung mit Abstand zwischen beiden Magnetkugeln gleichkommt, da die magnetischen Energien beider Teilchen während der gesamten Sequenz vektoriell entgegengesetzt bleiben; während eine relative antiparallele Spinausrichtung auftritt, wenn sich die magnetische Energie des einen Elektrons synchron in seiner expandierenden sphärischen Anwesenheitsphase befindet, während sich das andere Elektron in seiner regressiven sphärischen Anwesenheitsphase befindet, was auf eine kugelförmige inverse Würfelmagnetanziehung mit Abstand zwischen beiden Teilchen hinausläuft, da die Energien beider kugelförmiger Magnetkugeln während der gesamten Sequenz vektoriell in konvergierenden Richtungen bewegt bleiben.

Interessanterweise wurde die resultierende magnetische inverse Würfelwechselwirkung zwischen zwei Elektronen, die zur Wechselwirkung in paralleler abstoßender Spinorientierung gezwungen werden, kürzlich von Kotler et al. im Jahr 2014 experimentell gemessen [64].

Außerdem, die Kraft, die zwischen den beiden Elektronen aus den gesammelten Daten berechnet werden kann, deren Analyse zur Aufstellung von Gleichung (3.23) führt, genau die Hälfte der Kraft beträgt, die aus der magnetischen Wechselwirkung zwischen zwei Stabmagneten berechnet werden kann, innerhalb derer sowohl die Nord- als auch die Südpole durch Struktur durch einen messbaren Abstand in jedem Magneten getrennt sind, und deren Kraft zwischen ihren gleichzeitig wechselwirkenden 2 Pole-Paare mit Gleichung (3.24) berechnet wird, die die Standardgleichung ist, die für den Umgang mit Stabmagneten aufgestellt wurde ([57], S. 93).

$$F = \frac{3\mu_0 \mu^2}{4\pi d^4} \tag{3.23}$$

$$F = \frac{3\mu_0 \mu^2}{2\pi d^4} \tag{3.24}$$

Dieser Intensitätsunterschied der mit diesen beiden Gleichungen berechneten Kraft scheint in direktem Zusammenhang damit zu stehen, dass innerhalb eines sich Punkt-ähnlich verhaltenden elektromagnetischen Teilchens, bei dem sich der Abstand zwischen beiden Polen durch Struktur auf Null reduziert, beide Pole nur abwechselnd nacheinander existieren können, was beide Pole sowie den relativen Spin des Teilchens direkt mit den beiden Phasen des oszillierenden elektromagnetischen Zyklus der Energie des Quants, wie er durch die dreiräumlichen LC-Gleichungen beschrieben wird, korreliert.

Interessanterweise kann das alternierende Vorhandensein beider Magnetpole für Magnetfelder, bei denen beide Pole geometrisch zusammenfallen, wie sie im Experiment von Kotler et al. für die sich punktähnlich verhaltenden Elektronen scheinbar beobachtet wurden, auf unserer makroskopischen Ebene mit parallel zur Dicke magnetisierten Kreismagneten, wie z.B. Lautsprechermagneten, recht einfach bestätigt werden ([49], [8] Kapitel 9).

Aufgrund der Notwendigkeit, dass die Lautsprecherspule ständig dazu neigt, eine perfekte senkrechte axiale Ausrichtung in der zentralen Bohrung dieser Magnete aufrechtzuerhalten, zwingt diese Ausrichtung des Magnetfeldes während des Magnetisierungsprozesses die beiden Pole der makroskopischen Magnetfelder, die sich um sie herum entwickeln, dazu, durch Struktur in ihrem geometrischen Zentrum geometrisch zusammenzufallen, wobei der Beweis dafür erbracht wird, dass aus den Daten, die aus der Wechselwirkung solcher gegenseitig wechselwirkender Magnete gesammelt werden, die Kraft, die systematisch berechnet werden kann, der Gleichung (3.23) gehorcht, genau wie für die Elektronen der Kotler et al. Experiment, und kann unter keinen Umständen der Gleichung (3.24) gehorchen, wie es in der Referenz ([49], [8] Kapitel 9) analysiert wurde, und somit zeigen, dass während der Wechselwirkung zwischen zwei solchen Magneten, bei denen beide Magnetpole durch Struktur innerhalb des Magnetfeldes jedes Magneten oder im Zusammenhang zwischen den beiden punktähnlich sich verhaltenden Elektronen des Experiments von Kotler et al. zusammenfallen, nur zwei Pole gleichzeitig wechselwirken, und niemals 4 Pole wie bei Stabmagneten.

Eine überraschende Schlussfolgerung aus diesem beobachteten und gemessenen Verhalten ist, dass Magnetfelder, in denen beide Pole geometrisch zusammenfallen, zu jedem beliebigen Zeitpunkt nur monopolar sein können, was bedeutet, dass das Magnetfeld der invarianten Ruhemasse der Elektronen, wie sie in der Dreiraumgeometrie beschrieben und während des Experiments von Kotler et al. gemessen wurde, zu jedem beliebigen Zeitpunkt durch Struktur ein magnetischer Monopol ist.

In der Tat zeigen das Experiment von Kotler et al. und das Experiment mit den Kreismagneten zweifelsfrei, dass bei solchen magnetischen Begegnungen zwischen Magnetfeldern wie denen von Elektronen nur zwei Magnetpole gleichzeitig wechselwirken können, d.h. jeweils nur ein Pol zu einer Zeit, der zu jedem Teilchen gehört, was den zyklischen magnetischen Spinumkehrprozess, der durch die innere Struktur der elektromagnetischen Teilchen in der Dreiraumgeometrie vorgeschrieben ist, vollständig zu bestätigen scheint.

3.19.1 Experimenteller Nachweis der physikalischen Trennung von Magnetpolen innerhalb magnetisierter Stäbe

Jüngste Experimente mit der von Emmanouil Markoulakis [95] entwickelten neuen Ferrolens-Technik zeigen eine klare physikalische Trennung zwischen den beiden Polen eines Stabmagnets.

Aus elektromagnetischer Sicht scheint das, was zu geschehen scheint, wenn die ungepaarten Elektronen im paramagnetischen Material des magnetisierten Stabes gezwungen werden, sich in paralleler Magnetspinorientierung zu stabilisieren, ihre individuelle dynamische magnetische Energie, die normalerweise zeitlich oszilliert, scheint zu einem gemeinsamen statischen Pool zu verschmelzen, der sich nicht-sphärisch im Raum senkrecht zur Zeitdimension erstreckt, aufgrund der ausgedehnten räumlichen Verteilung der beteiligten Elektronen, die bewirkt, dass sich das so errichtete makroskopische Magnetfeld zu einem statischen raumweise magnetischen Dipol stabilisiert, dessen beide Pole, wie dieses Experiment zeigt, physikalisch getrennt bleiben, woraus jeweils auf einen *makroskopischen statischen magnetischen Monopol* geschlossen werden kann.

3.20. Wechselwirkung magnetischer Felder in Abhängigkeit von identischen Schwingungsfrequenzen

Dieser Zustand der zyklischen magnetischen Polaritätsumkehrung der magnetischen Komponente des Elektrons bringt ein völlig neues Licht auf den Grund, warum sich zwei Elektronen trotz ihrer elektrischen Abstoßung als Funktion des inversen Quadrats des Abstands, der sie trennt, aufgrund ihres identischen elektrischen Zeichens, das auf den ersten Blick eine solche enge Assoziation von zwei Elektronen logischerweise verhindern sollte, in antiparalleler Spinausrichtung assoziieren können, um elektronische Orbitale zu füllen oder um sich in kovalenter Bindung zwischen den Atomen zu assoziieren.

Die Antwort liegt offensichtlich in der Tatsache, dass ihre Magnetfelder als Funktion eines Wechselwirkungsgesetzes höherer Ordnung als das inverse quadratische elektrische Wechselwirkungsgesetz (**Abbildung 3.2**) wechselwirken, was bedeutet, dass sie, wenn sie durch lokale elektromagnetische Umstände gezwungen werden, sich so nahe aneinander zu nähern, dass die inverse magnetische Würfelwechselwirkung beginnt, die inverse quadratische Wechselwirkung zu überwinden, leicht auf eine gegenseitig anziehende antiparallele Spinausrichtung umschalten, die ein Zustand der kleinsten Wirkung in Bezug auf die parallele magnetische Spinausrichtung ist. Dieser Prozess wird in Referenz ([43], [8] Kapitel 2) analysiert.

Derselbe Prozess erklärt auch, warum es einem Paar aus Elektron und Positron, die sich gegenseitig in metastabiler Positroniumkonfiguration einfangen, immer gelingt, sich tatsächlich spiralförmig nach innen zu bewegen, bis sie sich treffen und sich in elektromagnetische Photonen umwandeln, und zwar als systematische Endstufe des Positronium-Zerfallsprozesses, die von dem zusätzlichen günstigen Umstand profitiert, dass sich die beiden Teilchen im Gegensatz zu einem Paar von gegenseitig wechselwirkenden Elektronen auch in Abhängigkeit vom inversen Quadratgesetz elektrisch anziehen, was sie leicht zu dem Gleichgewichtspunkt bringt, an dem die inverse Würfelmagnetwechselwirkung dominieren wird ([43], [8] Kapitel 2). Da ihre jeweiligen Mengen an Trägerenergie durch Struktur im Positronium-System gleich sind, werden ihre beitragenden Magnetfelder ebenfalls mit der gleichen gegenseitigen Frequenz schwingen und den Prozess in keiner Weise behindern.

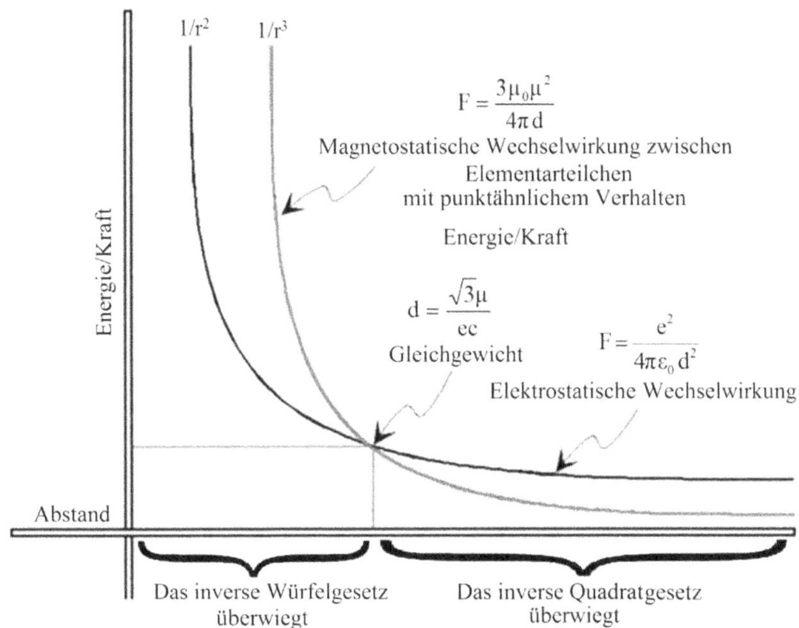

Abbildung 3.2: Schnittpunkt zwischen inversen Quadrat- und inversen Würfel-Wechselwirkungskurven.

Der Erfolg der antiparallelen Spinkopplung von Elektronenpaaren bei kovalenter Bindung und elektronischer Orbitalpaarfüllung sowie die letzte Stufe des Positronium-Zerfallsprozesses, der dazu führt, dass sich das Elektron und das Positron physikalisch verbinden, um in den Zustand elektromagnetischer Photonen überzugehen, ist in der dreiräumlichen Geometrie eng mit der Tatsache verknüpft, dass die magnetischen Schwingungsfrequenzen beider Teilchen identisch sind, was es ihnen ermöglicht, leicht in perfekt synchronisierte antiparallele magnetische Schwingungen der kleinsten Wirkung zu verfallen.

3.21. Wechselwirkung von Magnetfeldern in Abhängigkeit von verschiedenen Schwingungsfrequenzen

Ganz anders verhält es sich jedoch, wenn ein Elektron und ein Proton in Wechselwirkung ein Wasserstoffatom bilden, obwohl sie entgegengesetzte Ladungszeichen mit gleicher Intensität aufweisen, die denen eines Elektron-Positron-Paares ähneln, das sich in Positronium-Konfiguration metastabilisiert.

Der Unterschied liegt in der *scheinbaren* Einheit der positiven Ladung des Protonsystems, das, erinnern wir uns, ein System von elektrisch geladenen Elementarteilchen ist und selbst kein geladenes Teilchen ist. Die Besonderheit der scheinbaren Einheitsladung des Protons, die oft übersehen wird, besteht darin, dass ihre angenommene Einheitsladung das Ergebnis der Addition der Bruchteilladungen ihrer drei Elementarkomponenten ist, d.h. +2/3 +2/3 -1/3 = +1. Dies bedeutet also, dass das Elektron nicht wirklich mit dem Proton als solchem, sondern mit seinen drei elektromagnetischen elementaren geladenen inneren Teilkomponenten (uud) elektromagnetisch wechselwirkt.

Im Gegensatz zum Positronium-Fall, bei dem die magnetische Energie beider Teilchen in der dreiräumlichen Geometrie mit genau derselben Frequenz schwingt, sind beim Wasserstoffatom die Frequenzen der beiden schwingenden Magnetfelder des Elektrons und seiner Trägerenergie einerseits, nun mit den viel höheren Schwingungsfrequenzen der Magnetfelder der geladenen inneren Teilkomponenten des Protons und ihrer ungleich energiereicheren Trägerenergie andererseits in Wechselwirkung treten ([43], [8] Kapitel 2) ([32], [8] Kapitel 14). Siehe auch Abschnitt 2.20.

Im besten Fall erfolgt die magnetische Polaritätsumkehr der magnetischen Präsenz der energiereichsten inneren Protonenkomponenten mehr als 600 Mal während jedes magnetischen Präsenzzyklus der magnetischen Energie des Elektrons (**Abbildung 3.3**), was, aufgrund der Tatsache dass die Intensität der magnetischen Wechselwirkungskraft des inversen Würfels fällt mit zunehmender Entfernung schnell ab, führt dazu, dass die magnetische Wechselwirkung zwischen den inneren Komponenten des Elektrons und des Protons jedes Mal, wenn das Elektron dem Proton näher als der mittlere Grundorbitalabstand kommt, der zufällig dem Abstand entspricht, bei dem die Intensitäten sowohl der elektrischen Kraft als auch der magnetischen Wechselwirkung ins Gleichgewicht fallen, überwiegend abstoßend wird (**Abbildung 3.2**).

Das ständige Wechselspiel aufgrund der unterschiedlichen Frequenzen der verschiedenen Magnetfelder, die an der inversen Würfelwechselwirkung beteiligt sind und die der unidirektionalen Impulsenergie des Elektrons entgegenwirken, die ständig dazu neigt, das Elektron in Richtung des Protons zu bewegen, kann dann nur zur Herstellung eines stabilen axialen Resonanzzustandes führen (**Abbildung 3.3**), der sicherlich mit Louis de Broglies anfänglicher Intuition, dass elektronische Orbitale solche Resonanzzustände sein müssen, die in der dreiräumlichen Geometrie den verschiedenen elektromagnetischen Gleichgewichtszuständen der kleinsten Wirkung entsprechen, in Zusammenhang gebracht werden kann, in die elementare geladene Teilchen innerhalb atomarer und nukleonischer Strukturen gefangen werden ([43], [8] Kapitel 2).

Die detaillierten Grundlagen der Mechanik dieses elektromagnetischen Resonanzzustandes werden in Referenzen ([43], [8] Kapitel 2) ([32], [8] Kapitel 14) und auch in Abschnitt 2.20 analysiert und können wie folgt zusammengefasst werden. Unter Berücksichtigung von **Abbildung 3.3** stellt die zentrale Sequenz eine willkürliche Reihe von 6 Vorkommnissen der Intensitätsvariation der sphärischen Präsenz der magnetischen Elektronenergie in Abhängigkeit von ihrer Frequenz dar. In vereinfachter Weise wird jedes dieser 6 Vorkommen in der unteren Sequenz symbolisch mit den mehr als 600 Vorkommen der sphärischen Intensitätsvariation der Anwesenheit der magnetischen Energie nur von eines der Trägerenergiequanten der Up- und Down-Quarks des Protons in Abhängigkeit von seiner eigenen Frequenz konfrontiert. Siehe auch Abschnitt 2.20.

Abbildung 3.3 stellt die Tatsache dar, dass, während das Elektron seine Spinpolarität einmal umkehrt, diese innere Komponente des Protons seine eigene Spinpolarität mehr als 600 Mal umkehrt, was bedeutet, dass das Magnetfeld dieser inneren Protonkomponente während jedes Zyklus der kugelförmigen magnetischen Energiepräsenz des Elektrons mehr als 600 Mal zwischen einer relativ parallelen Spinausrichtung in Bezug auf die Spinorientierung des Elektrons, die es abstößt, und einer relativ antiparallelen Spinausrichtung, die es anzieht, wechselt.

Der orbitale Gleichgewichtszustand der kleinsten Wirkung wird folglich dadurch hergestellt, dass die permanent induzierte unidirektionale Translationskomponente der adiabatischen Trägerenergie des Elektrons, die ständig dazu neigt, das Elektron in Richtung des Protons zu treiben, jedes Mal, wenn die magnetische Wechselwirkungsfunktion des inversen Würfelgesetzes abstoßend wird, abwechselnd in ihrer Vorwärtsbewegung behindert wird, so dass sich die beiden beteiligten Magnetkugeln abstoßen, und dann von diesem Gegendruck befreit wird, während die magnetische Wechselwirkung anziehend wird.

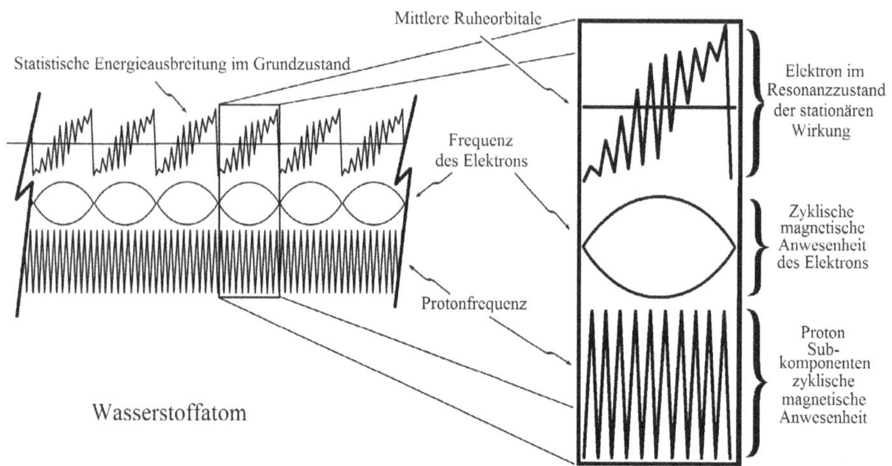

Abbildung 3.3: Herstellung des Resonanzzustandes der kleinsten Wirkung des Elektrons im Wasserstoffatom.

Wie in **Abbildung 3.3** dargestellt, während jedes der 600 magnetischen Zyklen der inneren Protonkomponente, das Elektron wird axial vom Proton um den Abstand $+d$ abgestoßen während der Hälfte des magnetischen Anwesenheitszyklus der inneren Protonkomponente, während dessen die Spin-Ausrichtung parallel ist, und da das Elektron weiter vom Proton entfernt sein wird, als die Beziehung für die gleiche Dauer antiparallel wird, wird es physisch unmöglich sein, es axial bis auf die Entfernung $-d$ zurückzubringen, da die inverse Kubikkraft zu Beginn der antiparallelen Phase an dieser vom Proton weiter entfernten Stelle schwächer sein wird.

Daher kann das Elektron aufgrund der schwächer wirkenden inversen Würfelanziehung zu Beginn der Anziehungsphase durch Struktur nur bis zum Abstand $-(d-\Delta d)$ axial zurückgebracht werden, wodurch es sich bei jeder Polaritätsumkehrsequenz schrittweise vom Proton wegbewegt, bis seine eigene magnetische Energiepräsenz auf Null fällt, Moment, in dem nur die adiabatische Elektron-Impulsenergie im Spiel ist, wodurch sich das Elektron so nahe an das Proton heranbewegt, wie es das umgekehrte Quadratgesetz bis zum Beginn des nächsten magnetischen Anwesenheitszyklus bringt, und die gesamte überwiegend abstoßende magnetische Sequenz erneut eingeleitet wird, wie in **Abbildung 3.3** dargestellt.

Natürlich wird der tatsächliche Zustand der orbitalen Resonanz der kleinsten Wirkung des Elektrons im Wasserstoffatom oder in jedem anderen Atom viel komplexer sein, als mit diesem begrenzten Beispiel angedeutet, das nur die grundlegende Mechanik des Prozesses beschreiben soll, und wird zwangsläufig alle diese elektromagnetischen Wechselwirkungen zwischen dem Magnetfeld des Elektrons und denjenigen aller anderen elektromagnetischen Komponenten, die in nahe gelegenen atomaren und nuklearen Strukturen gefangen sind, einschließen.

Angesichts des mittleren Gleichgewichtsabstands, bei dem sich das Elektron durch diesen Prozess im Wasserstoffatom stabilisiert, wird auch deutlich, dass die Wahrscheinlichkeitsverteilung aller möglichen augenblicklichen Orte, die das Elektron über diesen mittleren axialen Abstand stochastisch aufsuchen wird, ähnlich der statistischen Heisenbergschen Verteilung ist und innerhalb der axialen Grenzen eingeschränkt wird, die mit der Tatsache übereinstimmen, dass die tatsächliche Amplitude des Volumens, das das Elektron auf diese Weise besuchen kann, von seiner variierenden relativistischen massebezogenen Trägheit zu jedem beliebigen Zeitpunkt abhängt ([43], [8] Kapitel 2) ([32], [8] Kapitel 14):

$$\int_{-d}^{+d} |\psi|^2 \, dxdydz = 1 \tag{3.25}$$

Es scheint auch völlig vernünftig zu schließen, dass die elementar geladenen Up- und Down-Quarks, aus denen die streubare innere Struktur der Protonen und Neutronen und ihre Trägerenergie bestehen, die die einzigen Unterkomponenten aller Atomkerne in der dreiräumlichen Geometrie sind, wie in der Referenz ([32], [8] Kapitel 14) analysiert, ähnlichen Resonanzzuständen innerhalb ihrer eigenen lokalen elektromagnetischen Gleichgewichtszustände der kleinsten Wirkung unterliegen würden, die dann möglicherweise auch durch die verschiedenen Methoden der Quantenmechanik beschrieben werden könnten.

3.22. Resonanzzustände in der Quantenmechanik und im Elektromagnetismus

Es lässt sich beobachten, dass die Quantenmechanik und der Elektromagnetismus Resonanzzustände aus ganz unterschiedlichen Perspektiven behandeln, erstens auf der allgemeinen Ebene mittels der Wellenfunktion, die Resonanzvolumen festlegt, wie z.B. auf einfachere Weise in der klassischen Mechanik zur Berechnung des von einer schwingenden Gitarrensaite besuchten

Raumvolumens; und zweitens direkter aus der wechselseitigen Induktion von elektrischen und magnetischen Feldern, wie sie z.B. bei der LRC-Resonanz verkörpert wird. Deshalb erscheint es völlig logisch, dass die inneren elektromagnetischen LC-Strukturen, die die dreiräumliche Geometrie mit elektromagnetischen Elementarteilchen assoziieren kann, eine permanente Lokalisierung des sich bewegenden Elektrons ermöglicht, indem der interne Punkt-ähnliche Übergang des LC-Verhaltens seines Energiequant mit ihrem Punkt-ähnlichen Verhalten bei allen streuenden Begegnungen in Beziehung gesetzt wird, könnte somit die Beschreibung der tatsächlichen Mechanik der axialen Elektronresonanz-Trajektorie innerhalb der auf allgemeiner Ebene durch die Wellenfunktion definierten Volumina ermöglichen, die, wenn sie richtig mathematisiert wird, eine vierte quantenmechanische Darstellung liefern könnte, die die permanente Lokalisierung des Elektrons mit der Wellenfunktion in Einklang bringt.

Auch andere Studien können gefunden werden, die versuchen, QM und Elektromagnetismus aus der Resonanzperspektive direkt zu korrelieren. Ein Beispiel ist diese interessante Studie von V.A. Golovko [68] über Resonanz-Wechselwirkungen zwischen stationären Zuständen der QM und der Emission und Absorption elektromagnetischer Wellen.

90 Jahre nach der Identifizierung von Louis de Broglie, dass elektronische Orbitale Resonanzzustände sein müssen [4], scheint die Forschung über Resonanzzustände wieder in neue Richtungen zu gehen. Ein weiteres Beispiel ist diese faszinierende Studie über Resonanzzustände in der Sonnenkorona von Antony Soosaleon, die eine Wechselwirkung zwischen elektrischen und magnetischen Feldern beinhaltet [96], die eine Lösung vorschlägt zu der derzeit unerklärlichen extremen Hitze in der Sonnenkorona, die sich von derjenigen unterscheidet, die sich natürlich aus der dreiräumlichen Geometrie ergibt, wie sie in Referenz ([61], [8] Kapitel 15) vorgeschlagen wird.

3.23. Der Impuls, der Hamilton- und der Lagrange-Funktionen

Wie bereits erwähnt, zeigt eine Analyse aus der elektromagnetischen Perspektive, dass die fortschreitende adiabatische Wärmezunahme mit zunehmender Tiefe in der Erdmasse nur mit einem adiabatischen Kompressionsgradienten der elektronischen Orbitale zu den Kernen der Atome, aus denen die Masse der Erde besteht, mit zunehmender Tiefe in Verbindung gebracht werden kann ([43], [8] Kapitel 2). Dieser Prozess beinhaltet zwangsläufig eine Zunahme der adiabatischen kinetischen Energie, die durch die Coulombkraft in allen in den verschiedenen Orbitalen stabilisierten Elektronen induziert wird, aufgrund der damit verbundenen Verkürzung der inneren atomaren Achsabstände, die sie von den Kernen der Atome, zu denen sie gehören, trennen.

Wenn man auf den Ursprung des Impulskonzepts zurückblickt, kann man beobachten, dass das Konzept eng mit der Bewegung verbunden war, bevor die Existenz elektrisch geladener und massiver Elementarteilchen entdeckt wurde und die Coulomb-Kraft als die letztendliche Ursache für die Induktion von kinetischer Energie in diesen Teilchen identifiziert wurde, wie sie zuvor relativiert wurde.

Obwohl adiabatische Prozesse bereits zu dieser Zeit untersucht wurden, die Idee, dass die Impuls bezogene kinetische Translationsenergie könnte induziert bleiben in Körpern, die in natürliche dynamische Gleichgewichtszustände der kleinsten Wirkung stabilisiert sind könnte mit einem solchen adiabatischen Prozess zusammenhängen offensichtlich keine Aufmerksamkeit erregt hat, wie z.B. die stabilisierte Impulsenergie der massiven Elementarteilchen, die die Masse der Erde auf ihrer Umlaufbahn um die Sonne ausmachen.

Das anfängliche Konzept des Vorhandenseins von kinetischer Energie in Abhängigkeit von der Bewegung wurde dann nicht wieder aufgegriffen, und wurde mittels der Lagrange- und dann der Hamilton-Funktion und um auf submikroskopischer Ebene angewendet werden sollen, nach Aufnahme des Konzepts der elektromagnetischen Felder, was die Annahme verewigt hat, dass eine translatorische Bewegung stattfinden muss bevor die kinetische Energie überhaupt existieren konnte und dass die damit verbundenen magnetischen und elektrischen Felder auf submikroskopischer Ebene entstehen konnten, statt zu schließen dass die kinetische Energie zwingend zunächst adiabatisch existieren musste bevor Bewegung und die damit zusammenhängenden elektrischen und magnetischen Felder aus seiner Anwesenheit entstehen könnten.

Dies führte zu der immer noch aktuellen Auffassung, dass impulsbezogene kinetische Energie in *potentielle Energie* umgewandelt werden muss, so dass der Prozess als konservativ angesehen werden kann, wenn die Bewegung von Elektronen beim Einfangen in atomare Strukturen behindert wird, was die Tatsache außer Acht lässt, dass in der physikalischen Realität diese impulsbezogene kinetische Energie in diesen Elektronen adiabatisch induziert bleibt, selbst wenn ihre Bewegung gehemmt wird.

Es scheint, dass diese adiabatisch aufrechterhaltene, aber translatorisch behinderte kinetische Impulsenergie in Wirklichkeit weiterhin gegen dieses Hindernis *kämpft*, ein ständiger Kampf, der sich als permanent aufrechterhaltener axialer *Druck* in der vektoriellen Richtung des Kerns gegen den *Gegendruck* der vorwiegend abstoßenden magnetischen Wechselwirkung zwischen der magnetischen Energie der Elektronen und der der inneren Bestandteile der Nukleonen, aus denen die Atomkerne bestehen, manifestiert.

Folglich scheint es, entgegen den Erwartungen des Impulserhaltungskonzepts, dass die impulsbezogene kinetische Energie eine wirklich physikalisch vorhandene *Substanz* wäre und sich entsprechend verhalten würde. Das bedeutet, dass sie sich nicht *auf eine wundersame Weise* in eine Form inaktiver, undefinierbarer, eigenschaftsloser potentieller Energie verwandeln würde, wenn die Bewegung, die sie aufrechterhält, behindert wird, um sich ebenso *auf eine wundersame Weise* wieder in aktive unidirektionale kinetische Energie zu verwandeln, wenn ihre Bewegung ungehindert ist, wie sie gegenwärtig dargestellt wird, sondern dass sie vielmehr ständig präsent und aktiv bleiben würde, selbst wenn ihre Bewegung behindert wird, aber in einer Weise, die das gegenwärtige Konzept von Impuls / Lagrange / Hamiltonian nicht erklären kann.

Die Konsequenz aus der Fortführung dieses Konzepts der konservativen Impulse in der Lagrange- und der Hamilton-Funktionen ohne diese Tatsache zu berücksichtigen, ist, dass in Bezug auf die Beziehungen zwischen Kraft, Bewegung und Materie, die klassische und relativistische Mechanik (KM und RM) beschäftigen sich mit dieser *echten kinetischen Energie* fast wie ein nachträglicher Gedanke, aufgrund der Tatsache, dass in KM und RM der einzige Parameter, der neben der Masse den Impuls bestimmt, ist die Geschwindigkeit. Da die Masse bei KM und RM als konstant bleibend definiert ist, erscheint die kinetische Energie als eine auftauchende Größe, die von einer vorher vorhandenen Geschwindigkeit abhängt, und nicht als eine vorher existierende ursprüngliche Größe, die Geschwindigkeit verursachen kann, wenn ihre Bewegung nicht durch lokale elektromagnetische Umstände behindert wird.

In Wirklichkeit erfordert die adiabatische Natur der in geladenen Teilchen induzierten kinetischen Energie eher, dass in Wirklichkeit Geschwindigkeit, Druck, Ladung und Masse nur aufgrund der adiabatisch aufrechterhaltenen Anwesenheit dieser kinetischen Energie entstanden Eigenschaften sein können. Von diesen vier Eigenschaften der kinetischen Energie sind der Druck und das Zeichen der Ladungen in der dreiräumlichen Geometrie mit der erzwungenen Hemmung der Translationsgeschwindigkeit der impulsbezogenen unidirektionalen kinetischen Energie, die ein Halbquant der elementaren elektromagnetischen Teilchen und ihrer Trägerenergie ist, verbunden, wodurch diese unidirektionale kinetische Energie in Konfigurationen gezwungen wird, die diese Eigenschaften induzieren; während die Masse, genauer definiert als *omnidirektionale Trägheit*, mit der Tatsache zusammenhängt, dass das transversale elektromagnetisch oszillierende Halbquant eines beliebigen Photons oder Elementarteilchens, das Energie trägt, und das Gesamtquant der massiven Elementarteilchen im Normalraum translatorisch inert sind ([34], [8] Kapitel 19)].

Möglicherweise ist es die Tatsache, dass die kinetische Energie eines Körpers als auf Null fallend betrachtet wird, wenn dieser Körper in der traditionellen konservativen Hamiltonianisch / Lagrangianischen Auffassung von Impuls translatorisch immobilisiert wird, die es bisher schwierig machte, die Natur dieser drei letzten Eigenschaften der kinetischen Energie klar zu identifizieren, da sie mit dieser adiabatisch aufrechterhaltenen Präsenz verbunden zu sein scheinen, die die invariante Ruhemasse aller massiven und geladenen Elementarteilchen begleiten, aus denen alle makroskopischen massiven Körper bestehen, von Mengen unlösbarer kinetischer Energie, die nicht dem Energieerhaltungsprinzip unterliegen ([43], [8] Kapitel 2) und von denen die Hamiltonian und Lagrangian, wie sie derzeit definiert sind, nicht in der Lage sind, zu berücksichtigen, wenn die Translationsgeschwindigkeit während solcher axialen Bewegungszustände auf null fällt oder auf null gemittelt wird.

3.24. Das submikroskopische Impulse Trenn

Es ist auch zu beobachten, dass es einen großen Unterschied gibt zwischen der Definition des Impulses, die für die klassische und relativistische Mechanik einerseits und für den Elektromagnetismus, die QED und die QM andererseits gilt. Dieser Unterschied hängt damit zusammen, dass die ersten beiden entwickelt wurden, um physikalische Prozesse auf der makroskopischen Ebene zu behandeln, ohne die elektromagnetischen Eigenschaften von Elementarteilchen zu berücksichtigen, während die zweite Gruppe entwickelt wurde, um die physikalischen Prozesse auf der submikroskopischen Ebene der physikalischen Realität zu behandeln, wo es keine andere Wahl gibt, als diese Eigenschaften zu berücksichtigen, trotz einer gewissen Überlappung beider Ebenen durch die relativistische Mechanik und den Elektromagnetismus.

Was die erste Gruppe charakterisiert, ist, dass sie sich strikt mit Massen und ihren beobachteten Wechselwirkungen, hauptsächlich auf makroskopischer Ebene, befasst, ohne zu berücksichtigen, dass ihre messbare Masse auf makroskopischer Ebene nur das Ergebnis der Addition der einzelnen invarianten Massen der geladenen Elementarteilchen, und der massiven Komponenten ihrer Trägerenergie ist, die physikalisch auf submikroskopischer Ebene existieren und aus denen sie bestehen. Die zweite Gruppe ihrerseits befasst sich direkt mit den elektrisch geladenen elektromagnetischen Elementarteilchen und ihrer Trägerenergie, ohne zu berücksichtigen, dass die elektromagnetische Energie, aus der sie bestehen, kann nur in Form von lokalisierten Quanten existieren, die aufgrund der gegenseitigen elektrischen und magnetischen Induktion selbsttragend sind, was die Grundvoraussetzung dafür ist, dass elektromagnetische Energie überhaupt in der elektromagnetischen Theorie existiert.

Auf dieser submikroskopischen Ebene, wurde klar festgestellt, dass der einzige Weg für ein geladenes und massives Elektron, um in der Natur in Bezug auf ihre Umwelt translatorisch gestoppt zu werden, ist, dass es von einem Atom in einen der elektromagnetischen Resonanzzustände eingefangen wird, die in diesem Atom erlaubt sind; was beinhaltet, dass neben dem Verlust seines akkumulierten translatorischen kinetischen Impulsenergie-Halbquants als ein austretendes elektromagnetisches Bremsstrahlungsphoton, das dem Prinzip der Energieerhaltung unterliegt, die gleichzeitige adiabatische Induktion der genau gleichen Menge an translatorischer Ersatzimpulskinetik-Energie, die auch mit dem Konzept von Impuls / Lagrangian / Hamiltonian in Verbindung gebracht werden sollte, die von der Coulomb-Kraft in dieser Entfernung vom Kern beauftragt wurde, wie in Referenz ([43], [8] Kapitel 2) relativiert, die die abgestrahlte Energie sofort und synchron ersetzt, auch wenn seine nun behinderte Translationsgeschwindigkeit zum Kern hin ist nun im Durchschnitt auf Null gesunken, die eine Menge an translatorisch behinderter kinetischer Energie ist die dennoch im Teilchen induziert bleiben werden solange das Teilchen in diesem verwandten Resonanzzustand der kleinsten Wirkung bleibt.

In allen diesen Fällen, Anstatt sich in inaktive virtuelle *potentielle Energie* umzuwandeln, wie derzeit mit dem traditionellen Konzept von Impuls / Hamiltonian / Lagrangian angenommen wird, kann die induzierte kinetische Energie nur dann aktiv bleiben, wenn die Translationsgeschwindigkeit der geladenen Elementarteilchen behindert wird, indem ein kontinuierlicher *Druck* in derselben vektoriellen Richtung ausgeübt wird.

Die Konsequenz aus der aktuellen Definition von Impuls, als konservativ zu sein, ist, dass in allen Bereichen der konventionellen Physik, d.h. der klassischen und relativistischen Mechanik, des Elektromagnetismus, der Elektrodynamik und der Quantenphysik, die kinetische Energie nur dann als existent angesehen wird, wenn eine translatorische Bewegung für eine Masse auf makroskopischer Ebene und für ein geladenes und massives Elementarteilchen auf submikroskopischer Ebene stattfindet, und wird durch Struktur als nicht existent angesehen, wenn die Translationsgeschwindigkeit auf Null reduziert wird, was eine solche unvereinbare Trennung zwischen dem traditionellen Konzept des Impulses / Hamiltonian / Lagrangian und dem realen Zustand der adiabatischen kinetischen Energieinduktion in allen elektrisch geladenen Elementarteilchen darstellt, die in elektromagnetischen Gleichgewichtszuständen der kleinsten Wirkung auf submikroskopischer Ebene gefangen sind.

3.25. *Diabatische und adiabatische Prozesse*

Es gibt nur wenige Studien über adiabatische Prozesse auf submikroskopischer Ebene, die mit dem Hamiltonianischen verwandt sein könnten, und alle beinhalten Zustandsänderungen aufgrund von Änderungen der Umgebungsbedingungen in Abhängigkeit von der Zeit. Diese zeitbasierten Veränderungen werden durch das adiabatische Theorem abgedeckt, das 1928 von Max Born und Vladimir Fock aufgestellt wurde [97]. Es ist anzumerken, dass diese Schlussfolgerungen seither nicht wieder aufgegriffen wurden, und dass nach der bestätigten Entdeckung, dass Nukleonen keine Elementarteilchen sind, sondern komplexe Systeme aus geladenen und massiven Elementarteilchen, die ebenfalls in elektromagnetische Gleichgewichtszustände der kleinsten Wirkung stabilisiert sind, genau wie die Elektronen in ihren Orbitalzuständen, keine nachvollziehbare Studie durchgeführt worden zu sein scheint.

Die Born-Fock-Analyse kam zu dem Schluss, dass schnelle Änderungen der Umgebungsbedingungen (z.B. veränderliche Magnetfelder der Umgebung) die Systeme daran hindern, ihre Konfigurationen anzupassen, wodurch sie unverändert bleiben, Prozesse, die sie als *diabatische Prozesse* bezeichneten, und den finalen Hamiltonianer in einem Zustand belassen, der seinem Anfangszustand entspricht.

Alternativ kamen sie zu dem Schluss, dass allmähliche Veränderungen der Umgebungsbedingungen es den Systemen ermöglichen, ihre Konfigurationen anzupassen, was dazu führt, dass ihre Wahrscheinlichkeitsdichten während dieser als *adiabatische Prozesse* bezeichneten Prozesse verändert werden, was dazu führt, dass sich ihr letzter Hamiltonianer in einem anderen Zustand als ihrem ursprünglichen Hamiltonianer stabilisiert.

Ein genauer Vergleich dieser Schlussfolgerungen mit den Schlussfolgerungen, die in Referenzen ([43], [8] Kapitel 2) ([49], [8] Kapitel 9) im Fall der Stabilität des Wasserstoff-Grundzustandsorbitals gezogen wurden, zeigt, dass die Systeme, auf die sie sich bezogen, die Resonanzvolumina der kleinsten Wirkung sind, deren Formen und Amplituden durch die Wellenfunktion bestimmt werden können, wobei jedes dieser Systeme einem der stabilen elektromagnetischen Resonanzzustände der kleinsten Wirkung entspricht, in die die Elektronen in den Atomen gefangen werden.

Die damit verbundene Schlussfolgerung, die in Referenz ([43], [8] Kapitel 2) gezogen wurde, ist, dass die Wellenfunktion die Form der Volumina beschreibt, die von der statistischen Ausbreitung der Positionen, die ein Elektron in den verschiedenen Orbitalkonfigurationen als Funktion der lokalen Gegebenheiten, wie sie ursprünglich definiert wurden, eingenommen werden können, während die zuvor beschriebene Resonanzmechanik die Existenz dieser Volumina und ihre Ausarbeitung als Funktion der Zeit erklärt, da lokalisierte Elektronen in Reaktion auf die lokalen Fluktuationen der magnetischen Wechselwirkung in konstante axiale Resonanzbewegung gezwungen werden; ihre permanente Lokalisierung während des Resonanzprozesses wird durch die Korrelation ihrer Punkt-ähnlichen physischen Präsenz im Raum mit dem Punkt-ähnlichen dreiräumlichen Übergang, der sich in ihrem Zentrum in der dreiräumlichen Geometrie befindet, hergestellt. Siehe Abschnitt 2.20.

Folglich kann man beobachten, dass das Hamiltonian, wie es derzeit definiert ist, sich auf allgemeiner Ebene mit der Frage befasst, wie das von der statistischen Ausbreitung eines Staates belegte Volumen in eines der anderen autorisierten Bände überführt werden kann, aber in keiner Weise mit dem Fortbestehen der adiabatisch bedingten, adiabatisch induzierten, unidirektionalen Hälfte der kinetischen Energie des Elektrons befasst, die nun hauptsächlich axial zum Kern hin wirkt, während sie auf einer klar definierbaren axialen Resonanzflugbahn etwa in einem mittleren Abstand vom Kern gefangen ist, während sie zwischen verminderten und erhöhten adiabatischen induzierten Energieintensitätssequenzen abwechselt, da das Elektron zwangsweise vom

Kern weggeschoben und dann wieder freigesetzt wird, um sich innerhalb der durch die Wellenfunktion bestimmten Volumina zum Kern hin zurückzubewegen ([43], [8] Kapitel 2).

3.26. Reparieren der submikroskopischen Impulstrenn

Aus der in den Referenzen ([43], [8] Kapitel 2) ([52], [8] Kapitel 10) durchgeführten Analyse geht es klar hervor, dass die transversal schwingende elektromagnetische Hälfte der induzierten adiabatischen Trägerenergie geladener Elementarteilchen, die dem Teilchen sein omnidirektional inertes Masseinkrement liefert, nicht beeinflusst wird, unabhängig davon, ob ihre unidirektionale andere Hälfte daran gehindert wird, als eine Translationsgeschwindigkeit des Teilchens ausgedrückt zu werden, während sie in einen der möglichen orbitalen Resonanzzustände in Atomen stabilisiert wird.

Seinerseits, der natürlichen Bewegung der unidirektionalen Hälfte der induzierten Energie kann durch lokale elektromagnetische Gleichgewichtszustände translatorisch so widerstanden werden, dass die behinderte Geschwindigkeit nur als ein ständig in Richtung des Kerns ausgeübter Ersatz-*Druck* ausgedrückt werden kann, angesichts der entgegengesetzten Zeichen der Ladungen des Elektrons und der Summe der Ladungen der inneren geladenen Komponenten der Kerne, die die vektorielle Richtung der Anwendung dieses *Drucks* bestimmen.

Die überwiegend abstoßende magnetische Wechselwirkung, die der Bewegung des Elektrons zum Kern entgegenwirkt, kann logischerweise nur von Natur aus ein *Kontakt*-Widerstand zwischen den kugelförmig schwingenden kinetischen Energie-Magnetkugeln der beteiligten Teilchen und den ihrer Trägerenergie sein, sozusagen ein *Anstoßen* gegeneinander, innerhalb des magnetostatischen Z-Raums ([15], [8] Kapitel 6), der eine elastische Kontaktfläche bietet, die durch Struktur dem Elektron die gleiche Art von Hindernis entgegensetzt, sich näher an das Massezentrum des Atoms zu bewegen, die die Erdoberfläche auf dem Boden liegenden Körpern entgegensetzt, um sich näher an das Massezentrum der Erde zu bewegen.

Aus der strikt elektromagnetischen Perspektive muss man sich immer vor Augen halten, dass alle makroskopischen Körper, die auf dem Boden liegen, wie auch die gesamte Materie, aus der der Boden an der Erdoberfläche besteht, letztlich aus Atomen bestehen, deren ultimative Bausteine nur Elektronen, und

Up- und Down-Quarks sind, die die einzigen stabil streubaren, sich punktähnlich verhaltenden, elektrisch geladenen und massiven elektromagnetischen Elementarteilchen sind, die jemals innerhalb atomarer und nuklearer Strukturen mittels zerstörungsfreier Streuung nachgewiesen wurden, und die die einzigen Bestandteile der Materie sind, die durch die Coulomb-Kraft mit kinetischer Energie induziert werden können.

Die geladenen Teilchen, aus denen diese an der Erdoberfläche liegenden Körper bestehen, befinden sich folglich auch in konstanter Coulomb-Kraft inverser quadratischer Wechselwirkungsfunktion der Entfernung mit den geladenen Teilchen, aus denen die Masse der Erde besteht, die sich folglich in der gleichen Situation befinden wie ein Elektron, das durch die Coulomb-Kraft in einem Wasserstoffatom von einem Proton angezogen wird, selbst wenn sie sich gegenseitig in verschiedenen elektromagnetischen Gleichgewichtszuständen der kleinsten Wirkung gefangen halten, um diese makroskopischen Massen zu bilden ([43], [8] Kapitel 2).

Mit anderen Worten, dieser *Druck*, der nun die gehemmte Geschwindigkeit des Elektrons in Richtung der Anwendung der unidirektionalen Energie seines Träger-Photons auf das Proton ersetzt, läuft auf eine *Gravitationskraft* in Newtonen (N) hinaus, die das Elektron auf den Kern ausübt, während es im mittleren Grundzustand-Orbitalabstand vom Wasserstoffatom gefangen ist.

In dieser Hinsicht stellt die Referenz ([44], [8] Kapitel 7) eindeutig die gegenseitige Identität aller klassischen Kraftgleichungen fest, indem sie mathematisch zeigt, dass sie alle in die Form *F=ma* umgewandelt werden können, was die Feststellung der Identität zwischen der makroskopischen Gravitationskraft und der Coulombschen Kraft einschließt, nachdem sie klargestellt hat, dass die Gravitationskonstante, die in jedem natürlichen, axial strukturierten Vielteilchensystem verwendet werden muss, die für die relative Größenordnung dieses Systems spezifischen Bahnparameter berücksichtigen muss, damit es mit der beobachteten Realität kohärent bleibt, woraus die Feststellung einer für das Wasserstoffatom spezifischen Gravitationskonstante resultiert, Ref: ([44], [8] Kapitel 7, Gleichung (13)), hier aus Gründen der Bequemlichkeit wiedergegeben:

$$G_p = \frac{4\pi^2 r_o^3}{M_p T^2} = 1.514172983\text{E}29\,\text{N} \bullet \text{m}^2/\text{kg}^2 \qquad (3.26)$$

wobei M_p= 1.67262158E-27 kg die Masse des Protons ist, r_o=5,291772083E-11 m der mittlere Wasserstoff-Grundzustands-Orbitalradius und T=1.519829851E-16 s ist die Zeit, die das Elektron benötigen würde, um das

Proton einmal in der Entfernung (r_o) zu umlaufen, wenn es sich so übersetzen könnte; anstelle von (M), der Masse der Sonne, (r), dem mittleren Abstand zwischen Erde und Sonne, und (T), der Zeit, die für eine Erdumlaufbahn um die Sonne benötigt wird, die die Werte sind, die in die Standarddefinition der astronomischen Konstante G ([44], [8] Kapitel 7) eingebettet sind.

Was es erlaubt, die potenzielle Zeit zu nutzen, die das Elektron benötigen würde, um sich einmal um das Proton in der Entfernung (r_o) vom Proton zu bewegen, wie es im Bohrschen Atom theoretisch vorgeschlagen wird, ist die Tatsache, dass das richtige Energieniveau, das es dem Elektron erlauben würde, sich wirklich mit der entsprechenden Geschwindigkeit zu bewegen, permanent durch die Coulombkraft in dieser Entfernung des Kerns des Wasserstoffatoms induziert wird. Dieses Zeitelement ist also mit der Bewegungsmenge des vollständig ausgedrückten entsprechenden Impulses auch bei seiner derzeitigen Definition kohärent und kann aus der Frequenz der adiabatisch induzierten Trägerenergie am mittleren Bohrschen Radius berechnet werden (4,359743808E-18 j), die der Anzahl der Male entspricht, die das Elektron den Kern in der Entfernung (r_o) in 1 Sekunde mit der entsprechenden Geschwindigkeit umkreisen würde:

$$T = 1 \text{ sec} / 6.57968391\text{E}15 \text{ Hz} = 1.519829851\text{E-}16 \text{ sec}. \tag{3.27}$$

Dieser geschwindigkeitsersetzende *Druck*, die auf den Kern ausgerichtet ist, entspricht der bekannten *Kraft* von 8,238721759E-8 Newton, die auf das mittlere Wasserstoff-Grundzustandsorbitale anwendbar ist, und wird in die korrekte Perspektive gesetzt, wie sie in der Referenz ([44], [8] Kapitel 7, Gleichung (14)) berechnet wurde, die hier aus Bequemlichkeit wiedergegeben wird:

$$F_g = \frac{e^2}{4\pi\,\varepsilon_o r_o^{\,2}} = G_p\,\frac{M_p m_e}{r_o^{\,2}} = 8.238721759\,\text{E}-8\,\text{N} \tag{3.28}$$

3.27. Schlussfolgerung

Die Beobachtung, dass die physikalische Realität notwendigerweise von unserer makroskopischen Wahrnehmung aus erforscht wurde, die sich nach innen in Richtung der submikroskopischen Ebene verlagerte, als immer mehr Verständnis über die Natur von Materie, Masse und Energie gewonnen wurde, was schließlich dazu führte, dass wichtige Fragen trotz unserer derzeitigen recht tiefen Wissensbasis ungelöst blieben, schien es interessant zu sein, zu versuchen, diese Fragen von dem, was jetzt über die submikroskopische Ebene bekannt war, nach oben in Richtung unserer makroskopischen Ebene zu behandeln.

Die Analyse dieser Wissensbasis ermöglichte es dann, die elektromagnetischen Eigenschaften der Energie zu identifizieren, die diesen ultimativen Tiefpunkt der submikroskopischen Ebene der physikalischen Realität beherrschen, wo nur eine energieinduzierende Kraft identifiziert werden kann, nämlich die Coulombsche Kraft, wie sie zuvor ins rechte Licht gerückt wurde.

Diese Perspektive bringt auch zwei wichtige Aspekte der elektromagnetischen Elementarteilchen ans Licht, die sich in den derzeit nützlichen, im Laufe der Zeit entwickelten Theorien noch nicht berücksichtigt haben, nämlich die Tatsache, dass die aktuellen Mechanik-Theorien die physikalische Präsenz der geladenen und massiven Elementarteilchen, aus denen sie bestehen, und die Folgen ihrer individuellen Bewegung auf den Bewegungszustand der makroskopischen Körper, zu denen sie gehören, nicht berücksichtigen, wie z.B. die Frage, die sich in dieser Situation in Bezug auf makroskopische rotierende Körper stellt, und die Tatsache, dass die Quantenmechanik und der Elektromagnetismus die obligatorische interne gegenseitige Induktion der elektrischen und magnetischen Aspekte des elektromagnetischen Energiequants noch nicht in einer Weise integrieren, die mechanisch erklärt, warum diese Quanten lokal selbsttragend sein und sich bei Streuungsbegegnungen Punkt-ähnlich verhalten können.

Interessanterweise scheint diese vorgeschlagene alternative Grundlage der physikalischen Realität direkt mit dem Nullpunkt-Energieniveau des Quanten-Vakuum-Konzepts zu korrelieren, das ein hypothetisches einheitliches Nullpunkt-Energieanregungsniveau des Quanten-Vakuums am Anfang des Universums postuliert, das die Grundlage der QFT ist. Der Hauptunterschied besteht darin, dass diese alternative Grundlage ein hypothetisches einheitliches Null-Energie-Niveau im Raum am Anfang des Universums vorschlägt, das dann eine kontinuierliche, infinitesimal progressive Wechselwirkungsalternative bietet, die nahtlos funktionierende mechanische Lösungen bietet, die die QFT nicht bietet. Diese sind, neben anderen Vorteilen, eine Maxwell-Gleichungen-konforme mechanische Beschreibung der internen, selbsttragenden, gegenseitigen Induktion der elektrischen und magnetischen Felder der lokalisierten Energiequanten, die jedes elektromagnetische Photon ([15], [8] Kapitel 6) und der invarianten Ruhemasse jedes geladenen und massiven

Elementarteilchens bilden , ([31], [8] Kapitel 11) ([32], [8] Kapitel 14), eine klare Trennung der ebenfalls elektromagnetischen Trägerenergie der Elementarteilchen von der Energie, aus der ihre unveränderliche Ruhemasse besteht ([42], [8] Kapitel 5) ([30], [8] Kapitel 4), was es erlaubt, sich der adiabatischen Natur dieser in allen geladenen Elementarteilchen induzierten Trägerenergie als Funktion der sie trennenden Abstände bewusst zu werden ([43], [8] Kapitel 2), und eine dem Elektromagnetismus gemäße mechanische Erklärung der Stabilität der elektronischen wie auch der nukleonischen Resonanz-Orbitale ([43], [8] Kapitel 2) ([49], [8] Kapitel 9). Siehe auch Kapitel 2.

Wenn man bedenkt, dass zu Beginn des Universums der ultimative Tiefpunkt der submikroskopischen Ebene ein energieloses, statisches, leeres Vakuum ohne jegliche geladene Teilchen gewesen wäre, das durch die Coulomb-Kraft zur Wechselwirkung hätte veranlasst werden können, anstatt des von der QFT vorgeschlagenen Quantenvakuum-Nullenergiepunktes, der Teilchen-Antiteilchen-Paare durch angenommene spontane natürliche Quantenvakuumfluktuationen erzeugt, wirft offensichtlich die Frage auf, wie die ersten elektromagnetischen Photonen am Ursprung des Universums erschienen sein konnten, als es noch nicht einmal geladene Teilchen gab, die beschleunigt werden konnten, um schließlich die ersten Bremsstrahlungsphotonen freizusetzen, die aus dieser Perspektive benötigt werden, um sich gegenseitig in einem Prozess zu destabilisieren, dessen Existenz von K. McDonald et al. 1997 an der SLAC-Anlage [24] bestätigt wurde, um die ersten Elektron-Positron-Paare zu erzeugen, die dann durch diese induzierende Kraft beschleunigt und mit den ersten adiabatischen Trägerenergiequanten induziert werden konnten, was schließlich zur Erzeugung der ersten Nukleonen und der ersten Wasserstoffatome führte.

Diese Frage, die natürlich noch aussteht, wird in der Referenz ([56], [8] Kapitel 17) analysiert, wo sie versuchsweise mit der Idee angegangen wird, dass die Konstanz des Zeitflusses auch von der kinetischen Energie angetrieben sein könnte und dass ein punktuelles Ereignis in der fernen Vergangenheit seine Bewegung vorübergehend behindert haben könnte, wodurch die Freisetzung des anfänglichen elektromagnetischen Quants als energetische Bremsstrahlungsphotonen im Raum ausgelöst werden könnte, wodurch ein noch laufender Prozess der Erzeugung geladener Teilchen eingeleitet würde ([45], [8] Kapitel 16) ([61], [8] Kapitel 15).

Das Konzept der Selbstenergie der elektromagnetischen Elementarteilchen der QFT wird durch das mechanisch definierbare Konzept der sich selbst erhaltenden gegenseitigen Induktion der elektrischen und magnetischen Aspekte der Energie des lokalisierten Quants der geladenen Elementarteilchen ersetzt ([15], [8] Kapitel 6) ([32], [8] Kapitel 14) ([31], [8] Kapitel 11).

Da diese Kraft statisch vorhanden ist und ständig zwischen jedem Paar geladener Teilchen wirkt, kann jedes Auftreten einer solchen Wechselwirkung zwischen geladenen Teilchenpaaren als eine Einheit unter der Vielzahl solcher Erscheinungen angesehen werden, die einen universellen Gradienten bilden, der streng aus der Addition aller solcher aktiven Erscheinungen zwischen allen im Universum vorhandenen Ladungspaaren besteht. Im Gegensatz zur QFT, bei der das Vorhandensein einzelner angeregter Zustände die Intensität des lokalen Energiegradienten beeinflusst, ist das Vorhandensein zweier elektromagnetischer Teilchen erforderlich, damit jede diskrete Einheit von Coulomb-Kraft-Wechselwirkungen im universellen Gradienten existiert, so dass der Gradient eine Intensität dieser Wechselwirkungsereignisse und nicht direkt eine Energieintensität oder Dichte ist, wie bei der QFT.

Obwohl der Gradient die Coulomb-Kraft beinhaltet, handelt es sich dabei nicht um das traditionelle kontinuierliche elektrische Feld, das mit dieser Kraft verbunden ist, sondern einzig und allein um die begrenzte Menge aller wirklich existierenden diskreten Wechselwirkungsvorgänge, die zwischen den wirklich existierenden Ladungen im Universum als diskontinuierliche Ansammlung von Einzelvorgängen im Spiel sind.

Es wird nun möglich, diesen Gradienten in vier Intensitätsbereiche zu trennen, deren Grenzen den verschiedenen in der Natur erkennbaren Resonanz-Intensitätsbereichen entsprechen. Wie in der Referenz ([45], [8] Kapitel 16) perspektivisch dargestellt, wird die intensivste Stufe durch die Resonanzzustände bestimmt, die die Wechselwirkungen geladener Elementarteilchen innerhalb der Nukleonen charakterisieren. Die zweite Ebene gilt für die Stabilisierung von Nukleonen innerhalb von Kernen. Die dritte Ebene gilt für die elektronischen Resonanzzustände innerhalb von Atomen und Molekülen sowie zwischen Atomen und Molekülen, die in direkter Berührung miteinander stehen, in allen lokalen Materieansammlungen. Und schließlich gilt eine vierte und letzte Intensitätsstufe für alle Atome, Moleküle und größeren Körper im freien Fall, eine Kategorie, die die Stabilisierung makroskopischer Bahnen auf astronomischer Ebene umfasst.

Diese verschiedenen Intensitätsbereiche der Induktion adiabatischer Trägerenergie durch die Coulomb-Kraft, deren Hauptkomponente das permanent induzierte adiabatische Masseinkrement ist, das sie für jedes existierende geladene Teilchen liefert, können dann direkt mit den 4 Kräften des Standardmodells, wie sie in der Referenz ([45], [8] Kapitel 16) perspektivisch dargestellt werden, in Beziehung gesetzt werden, vier Kräfte, die sich dann nur als ungefähre alternative Darstellungen der verschiedenen Intensitätsbereiche der Anwendung derselben zugrunde liegenden adiabatischen Coulomb-Energieinduktionskraft herausstellen.

Es ist daher an diesem Punkt dass ein klarer Zusammenhang zwischen der Quantenmechanik und diesem globalen Gravitationsgradient hergestellt werden kann, da die Wellenfunktion mit Präzision die Orte und Formen der Volumina festlegt, innerhalb derer sich jedes Elektron in seinen Orbitalzuständen der kleinsten Wirkung der elektromagnetischen Resonanzgleichgewichte stabilisiert mittels eines Wechselwirkungsvorkommens des Gradients, wie in Referenz ([43], [8] Kapitel 2) erläutert, und ist folglich mit dem dritten Intensitätsbereich des Intensitätsgradients der universellen Wechselwirkungen verbunden. Dieses Wechselwirkungsereignis kann dann als ein lokales Auftreten der klassischen "Gravitationskraft" erkannt werden, die als Funktion des inversen Quadrats des Abstands zwischen dem Elektron und jeder der geladenen elementaren Unterkomponenten des Kerns wirkt, wobei jede von ihnen einem Auftreten der in Referenz ([45], [8] Kapitel 16) beschriebenen Kategorie der tertiären Attraktoren entspricht.

Jedes Element des globalen Gradients trägt zu den entfernungsgekoppelten adiabatischen Energieinduktionsschwankungen bei, die den geladenen Teilchen durch die lokalen dynamischen Umstände, die ihre lokalen effektiven Massen definieren, auferlegt werden. Das heißt, dynamische Umstände, die sich mit der Zeit entsprechend der Rate der Materieanhäufung in Sternkörpern entwickeln, wobei einer der bemerkenswertesten Prozesse der mechanische Prozess ist, der die Zündschwelle der Sterne mit der fortschreitenden adiabatischen Kompression der Wasserstoffatome im Grundzustand der Orbitale in Beziehung setzt, wenn die Tiefe in Richtung des Zentrums der Protosternmassen zunimmt, aufgrund der Akkumulation von primordialen Wasserstoffatome bis zu dem Punkt, an dem ihr Grundzustandsorbit den axialen Abstand innerhalb der Wasserstoffatome im Zentrum solcher Massen erreicht, der ihnen das Energieniveau liefert, das den Neutronennukleogeneseprozess auslöst, der den

Fusionsprozess auslöst, wie ebenfalls in Referenz ([45], [8] Kapitel 16) analysiert.

Interessanterweise, da die Resonanzzustände der Up- und Down-Quarks innerhalb der Nukleonen strukturell der gleichen elektromagnetischen Resonanzmechanik unterworfen sind wie die Elektronen in den Atomorbitalen, kann daraus geschlossen werden, dass die verschiedenen Wellenfunktionsdarstellungen der Quantenmechanik so angepasst werden könnten, dass sie direkt auf sie innerhalb der Nukleonen in einer viel integrierteren und zufriedenstellenderen Weise angewendet werden können, als es die QCD erlaubt, was die Quantenmechanik mit dem intensivsten Intensitätsniveau des Gravitationsgradients in Verbindung bringen würde.

Schließlich, angesichts der Variabilität, Funktion der Entfernung, der Größe der adiabatischen Masseninkremente, die Teil jeder Menge an Trägerenergie sind, die in geladenen Elementarteilchen durch die Coulomb-Kraft induziert wird, dargestellt in den Gleichungen (3.10) und (3.14), wie sie aus den in Referenzen ([42], [8] Kapitel 5) ([30], [8] Kapitel 4) durchgeführten Analysen bestimmt werden, kann beobachtet werden, dass die Summe der experimentell bestätigten maximalen invarianten Massen der drei Up- und Down-Quarks, die die wechselwirkende innere Struktur von Protonen und Neutronen bilden, kaum 2 bis 2.4% der gemessenen Massen dieser Nukleonen beträgt, und dass folglich mehr als 97% der Massen aller existierenden massiven Körper nur adiabatischen Ursprungs sein können und somit Teil der Träger-Photonen geladener und massiver elektromagnetischer Elementarteilchen sind ([43], [8] Kapitel 2) ([32], [8] Kapitel 14).

Dies bedeutet, dass die Masse der Nukleonen in Abhängigkeit von der lokalen Intensität des Gravitationsgradients variieren kann und dass mehr als 97% der messbaren Masse im Universum auf diese Weise adiabatisch durch die Coulombsche Kraft induziert wird, was zeigt, dass die Masse der astronomischen Körper auch in Abhängigkeit von den Entfernungen, die sie trennen, variabel ist ([45], [8] Kapitel 16).

Anhang A

A.1. Herleitung der relativistischen Energie-Impuls-Gleichung

In Referenz [17] wird auf Seite 835 erwähnt, dass die Kombination der Gleichungen $E=\gamma m_o c^2$ und $p=\gamma m_o v$ miteinander die vollständige relativistische Energie-Impuls-Gleichung (2.41) ergeben sollte, aber es wird keine detaillierte Ableitung dieser Gleichung angeboten: $E^2=(pc)^2+(mc^2)^2$.

Hier ist also, der Einfachheit halber, die vollständige schrittweise Herleitung dieser berühmten Gleichung:

$$E = \gamma m_0 c^2 \qquad\qquad p = \gamma m_0 v \qquad\qquad (A.0)$$

$$\frac{E}{m_0 c^2} = \frac{1}{\sqrt{1-v^2/c^2}} \qquad\qquad \frac{p}{m_0 v} = \frac{1}{\sqrt{1-v^2/c^2}}$$

$$\left(\frac{E}{m_0 c^2}\right)^2 = \frac{1}{\sqrt{1-v^2/c^2}} \qquad\qquad \left(\frac{p}{m_0 v}\right)^2 \frac{v^2}{c^2} = \frac{v^2/c^2}{\sqrt{1-v^2/c^2}}$$

$$\frac{E^2}{m_0^{\,2} c^4} = \frac{1}{\sqrt{1-v^2/c^2}} \quad (A.1) \qquad \frac{p^2}{m_0^{\,2} c^2} = \frac{v^2/c^2}{\sqrt{1-v^2/c^2}} \quad (A.2)$$

Subtrahiert man, Term für Term, die Impulsgleichung (A.2) von der Massegleichung (A.1), erhält man:

$$\frac{E^2}{m_0^{\,2} c^4} - \frac{p^2}{m_0^{\,2} c^2}\frac{c^2}{c^2} = \frac{1}{\sqrt{1-v^2/c^2}} - \frac{v^2/c^2}{\sqrt{1-v^2/c^2}} \qquad\qquad (A.3)$$

$$\frac{E^2}{m_0^{\,2} c^4} - \frac{p^2 c^2}{m_0^{\,2} c^4} = \frac{1}{\sqrt{1-v^2/c^2}} - \frac{v^2/c^2}{\sqrt{1-v^2/c^2}}$$

$$\frac{E^2 - p^2 c^2}{m_0^{\,2} c^4} = \frac{1-v^2/c^2}{1-v^2/c^2} = \frac{\gamma}{\gamma} \qquad\qquad (A.4)$$

$$\frac{E^2 - p^2 c^2}{m_0^{\,2} c^4} = \frac{\gamma^2}{\gamma^2}$$

$$\gamma^2\left(E^2 - p^2 c^2\right) = \gamma^2 m_0^{\,2} c^4$$

$$\gamma^2 E^2 - \gamma^2 p^2 c^2 = \left(mc^2\right)^2 \qquad \text{wobei } \gamma m_o = m$$

$$\gamma^2 E^2 = (pc)^2 + \left(mc^2\right)^2 \qquad \text{wobei } p = \gamma m_o v = mv \qquad (A.5)$$

Und schließlich $E=\gamma E$ und wir erhalten Gleichung (2.41):

$$E^2 = (pc)^2 + (mc^2)^2 \qquad (2.41)$$

Betrachtet man Schritt (A.4) während der Ableitungssequenz, so ist die Versuchung groß, beide Vorkommen des γ Lorentz-Faktors auf 1 zu vereinfachen, bevor man fortfährt, aber dies führt zu der häufig anzutreffenden und fehlerhaften nicht-relativistischen Version $E^2 = (pc)^2 + (m_o c^2)^2$, die häufig als die endgültige Darstellung der Speziellen Relativitätstheorie angegeben wird, aber die in der Tat einfach nur Newtonsche ist, da eine solche Vereinfachung auf 1 zur Folge dazu führt, dass alle Vorkommen des γ Faktors aus der Gleichung verschwinden. Folglich wird dann nur der klassische Wert der ΔK Impulsenergie für die Ruhemasse des in Bewegung befindlichen Teilchens geliefert, zusätzlich zum Weglassen der $\Delta m_m c^2$ magnetischen Energiekomponente der Trägerenergie, die elektromagnetisch transversal schwingt und das geschwindigkeitsbezogene relativistische Masse-Inkrement liefert, das transversal messbar ist.

Das richtige Verfahren besteht dann darin, die gegenseitig reduzierbaren γ Faktorvorkommen zu quadrieren, so dass sie im Laufe der Entwicklung wieder mit den beiden Vorkommen von m_o vereinigt werden können.

Für den Nennwert mag die Verschmelzung des letzten Vorkommens des quadrierten γ Faktors mit der quadrierten Energie ($\gamma^2 E^2$) problematisch erscheinen, aber wenn man bedenkt, dass dieser Faktor eine dimensionslose Größe ist (Siehe Abschnitt 3.5), kann er mit der *Energiekomponente* multipliziert werden, ohne dass sich dies nachteilig auf die Integrität der Gleichung auswirkt, um dann die Gesamtenergiemenge auf der linken Seite der Gleichung auf denselben relativistischen Wert zu erhöhen, den sie jetzt auf der rechten Seite hat.

Vorsicht ist auch in Bezug auf die mathematisch unsolide und in der Physikgemeinschaft tief verankerte urbane Legende geboten, dass es ausreicht, m im $(mc^2)^2$-Term von Gleichung (2.41) auf Null zu setzen, um die Gleichung auf $E = pc$ zu reduzieren, was dann angeblich die Energie eines frei sich bewegenden Photons liefern würde.

Damit wird die mathematische Grundregel ignoriert, dass, wenn ein Element einer Gleichung in einem ihrer Terme auf Null gesetzt wird, es auch in allen anderen Termen auf Null gesetzt werden muss, im vorliegenden Fall auch im Term $(pc)^2$, da die Schritte (A.0) und (A.4) im Zusammenhang zeigen, dass das Symbol für den Impuls p nur im Zusammenhang als gleich mv in der Energie-Impulsgleichung definiert werden kann, und dass keine logische Ableitung sie mit $\lambda v/c$ gleichsetzen kann.

Außerdem, die in diesem Buch durchgeführte Analyse zeigt, dass es doppelt falsch ist, auf diese Weise vorzugehen, denn $p=mv$ liefert nur die Hälfte der Energie des Träger-Photons der massiven Teilchen, d.h. nur sein ΔK Impulsenergie-Halbquant, während $p=\lambda v/c$ die Gesamtenergie eines frei sich bewegenden Photons liefert, d.h. sein ΔK Impulsenergie-Halbquant plus die $\Delta m_m c^2$ Energie seines transversal oszillierenden elektromagnetischen Halbquants.

Folglich, die Vorgehensweise, m nur im $(mc^2)^2$-Masseterm der Energie-Impulsgleichung auf Null zu setzen, ohne es im $(pc)^2$-Impulsterm auf Null zu setzen, offenbart eine logische Inkonsistenz, die einem Grad an mathematischem Analphabetentum gleichkommt, der ziemlich an die logische Inkonsistenz erinnert, die mit der fehlerhaften Gleichung (7.1.2) beobachtet wurde, die in Referenz [7] gefunden wurde, und die offensichtlich keine Aufmerksamkeit in der formalen Physikgemeinschaft erregte, wie in Abschnitt 1.7.2 analysiert.

Mathematik ist eine Sprache, die auf dem gleichen Kenntnisstand erlernt werden muss wie für die Anwendbarkeit in den Ingenieurwissenschaften, bevor fundamentale physikalische Fragen eingehend untersucht werden können, da andernfalls Verwüstungen wie die, die durch die Kopenhagener Deutung hervorgerufen wurden, wahrscheinlich könnte die Gemeinschaft wieder beeinflussen. Tatsächlich lässt sich beobachten, dass die Wissenschaftler, die die Entwicklung der theoretischen Physik am stärksten beeinflusst haben, wie Gauß, Maxwell, Minkowski und Poincaré, in Wirklichkeit allesamt hochrangige Mathematiker waren, die die Gleichungen, die aus bestätigten experimentellen Daten von praktischen Experimentatoren aufgestellt wurden, kohärent synthetisierten.

A.2. Die dreiräumliche Energie-Impuls-Gleichung

Es sei darauf hingewiesen, dass die traditionelle relativistische Energie-Impuls-Gleichung (2.41) aufgrund ihrer komplexen Auflösung nirgendwo für Berechnungen verwendet wird. Die neue dreiräumliche Energie-Impuls-Gleichung (1.50) hingegen:

$$E_e = \Delta K + \Delta m_m c^2 + m_0 c^2 \tag{1.50}$$

ist für jede Bewegungsenergie-Berechnung einfach zu verwenden, da seine beiden Komponenten ΔK und $\Delta m_m c^2$ immer durch Struktur gleich sind, und dass es nicht notwendig ist, den γ Faktor zur Lösung zu verwenden.

Im Gegensatz zur relativistischen Gleichung (2.41) erscheint m_o nur in einem ihrer Terme. Daher reicht es im Fall von Gleichung (1.50) effektiv aus, m_o in dem Term $m_o c^2$ auf Null zu setzen, um die Gleichung auf $E=\Delta K+\Delta m_m c^2$ zu reduzieren, die dann effektiv zu Gleichung (2.13) des Träger-Photons des Teilchens wird, die auch eine der Standardgleichungen zur Berechnung der Energie eines elektromagnetischen Photons ist.

$$E = \Delta K + \Delta m_m c^2 \tag{2.13}$$

Wenn man dann die Energie jedes Terms der Gleichung kennt, sei es für Gleichung (1.50) oder Gleichung (2.13), wird es einfach, die Geschwindigkeit des Teilchens mit einer der beiden Gleichungen (1.33) zu berechnen:

$$v = c\,\frac{\sqrt{\lambda_c\left(4\lambda+\lambda_c\right)}}{\left(2\lambda+\lambda_c\right)} \quad \text{oder} \quad v = c\,\frac{\sqrt{4EK+K^2}}{2E+K} \tag{1.33}$$

Siehe auch Abschnitt 3.5.1.

Anhang B

B.1. Die Maxwellsche Gleichungen

Die Maxwellsche Gleichungen		
Atomare, makroskopische und astronomische Größenordnungen		**Subatomare Größenordnung**
Integral-Form	**Differential-Form**	**Form der ersten Ebene**
1 $\oint \mathbf{E}\cdot d\mathbf{S} = {}^{q}\!\!/\!_{\varepsilon_0} = \Phi_E$	$\nabla\cdot\mathbf{E} = \rho/\varepsilon_0$	$\mathbf{E}_\lambda = \dfrac{\pi e}{\varepsilon_0 \alpha^3 \lambda^2}$
2 $\oint \mathbf{E}\cdot d\mathbf{l} = -d\left(\int \mathbf{B}\cdot\hat{n}d\mathbf{S}\right)\!/dt = -d\Phi_B/dt$	$\nabla\times\mathbf{E} = -\partial\mathbf{B}/\partial t$	$v = \dfrac{\mathbf{E}_{\lambda_C}\times\Delta\mathbf{E}_\lambda}{\mathbf{B}_{\lambda_C}+\Delta\mathbf{B}_\lambda}$
3 $\oint \mathbf{B}\cdot d\mathbf{S} = 0$	$\nabla\cdot\mathbf{B} = 0$	$\mathbf{B}_\lambda = \dfrac{\mu_0\pi e c}{\alpha^3\lambda^2}$
4 $\oint \mathbf{B}\cdot d\mathbf{l} = \mu_0\left(i + \varepsilon_0 d(\Phi_E)/dt\right)$	$\nabla\times\mathbf{B} = \mu_0\left(\mathbf{J}+\dfrac{\varepsilon_0\partial\mathbf{E}}{\partial t}\right)$	$c = \dfrac{\mathbf{E}_\lambda}{\mathbf{B}_\lambda}$

B.2. Gleichungen für die atomaren, makroskopischen und astronomischen Größenordnungen

Der Satz von Gleichungen, der als Maxwell-Gleichungen bekannt ist, wurde in Wirklichkeit von Gauß, Faraday und Ampere anhand physikalisch durchgeführter Experimente entwickelt. Maxwells wichtigster Beitrag zur Wissenschaft war nach der Analyse der beobachteten Tatsache, dass wechselnde Magnetfelder in leitenden Drähten Strom induzieren und dass umgekehrt, wie zuvor von Oersted entdeckt, dass Strom, der in einem Draht zirkuliert, ein Magnetfeld um den Draht herum induziert, seine Intuition, dass eine solche gegenseitige Induktion von elektrischen und magnetischen Feldern im Raum ohne materielle Träger wie Magnete und elektrische Drähte auftreten könnte.

Dies veranlasste ihn, diese Hypothese mit dem Rätsel der Lichtausbreitung in Verbindung zu bringen, nachdem Faraday ihn, wie zu Beginn von Abschnitt 1.1 erwähnt, darüber informiert hatte, dass, wenn er eine Glasplatte zwischen die

Pole eines Elektromagneten legte, das Magnetfeld die Polarisationsebene des durch die Platte hindurchtretenden Lichts zum Rotieren brachte.

Er zog dann die Schlussfolgerung, dass es sich bei Licht tatsächlich um elektromagnetische Energie handeln müsse, und da der Bereich der Frequenzen des sichtbaren Lichts ziemlich begrenzt sei, d.h. von etwa 405 THz für rotes Licht bis etwa 790 THz für violettes Licht, müsse dieser begrenzte Bereich Teil eines potenziell vollständigeren Spektrums mit anderen Frequenzen sein, die für uns diesmal unsichtbar seien und die sich in beide Richtungen erstrecken würden, d.h. höher als die 790 THz des violetten Lichts und kürzer als 405 THz des roten Lichts

Seine diesbezügliche Hypothese wurde erst 20 Jahre später bestätigt, als Hertz die Existenz von Funkfrequenzen bestätigte. Der Rest ist Geschichte, und seine Kontinuierliche Wellentheorie der elektromagnetischen Energie hat sich im Umgang mit elektromagnetischer Energie von der atomaren bis zur astronomischen Größenordnung als völlig erfolgreich erwiesen.

Die erste Maxwell-Gleichung ist eigentlich die Gauß-Gleichung für das elektrische Feld, die eine Verallgemeinerung des Coulomb-Gesetzes ist und ein potentielles elektrisches Wechselwirkungsfeld herstellt, indem eine Ladung aus der Coulomb-Gleichung entfernt wird (siehe Unterabschnitt 1.7.1).

Die zweite Gleichung, abgeleitet aus dem Faradayschen Induktionsgesetz, bedeutet, dass eine Variation eines Magnetfeldes erforderlich ist, damit ein elektrisches Feld erzeugt werden kann. Im Zusammenhang mit den lokalisierten punktähnlichen Feldern des vorliegenden Modells kann sie ohne Modifikation dahingehend interpretiert werden, dass jede Variation des magnetischen Aspekts eines elektromagnetischen Ereignisses zwangsläufig mit einer entsprechenden inversen Variation seines elektrischen Aspekts einhergeht.

Die dritte Gleichung entspricht dem Gaußschen Gesetz für Magnetismus, das ein potentielles magnetisches Wechselwirkungsfeld als Gegenstück zu dem durch die erste Gleichung definierten potentiellen elektrischen Feld definiert und impliziert, dass aus einem gegebenen Volumen, das die Quelle des Feldes enthält, so viel *magnetische* Energie herausfließt wie hineinfließt, daher der resultierende Nullwert.

Die vierte Gleichung, die aus dem Ampere-Gesetz abgeleitet und Ampere-Maxwell-Gleichung genannt wurde, berücksichtigte zunächst die Beobachtung, dass ein Magnetfeld durch einen elektrischen Strom in einem Draht erzeugt wird, die Maxwell dann zu der Schlussfolgerung erweiterte, dass ein Magnetfeld auch durch ein sich änderndes elektrisches Feld und reziprok, auch ohne materielle Unterstützung, erzeugt wird, was Maxwells größte Entdeckung darstellt.

B.3. Gleichungen für die subatomare Größenordnung

Die vier elektromagnetischen Gleichungen der ersten Ebene für die subatomare Größenordnung wurden während der ersten Welle von Ableitungen nach Paul Marmets Entdeckung entwickelt und 2007 im "*International IFNA-ANS Journal*" der Staatlichen Universität Kasan veröffentlicht ([30], [8] Kapitel 4).

Der Begriff "*erste Ebene*" bezieht sich auf die Tatsache, dass im Gegensatz zu den Maxwell-Gleichungen, auf die traditionell in allen Nachschlagewerken Bezug genommen wird, und wie oben dargestellt, die Gleichungen der subatomaren Ebene nur einen Schritt von der Anzeige des vollständigen Satzes von Konstanten und Variablen entfernt sind, die, genau wie die Coulomb-Gleichung (2.19), sofort zur Berechnung eines physikalischen Wertes verwendet werden können. Die Analyse des Grundes, warum die Ausarbeitung solcher Gleichungen der ersten Ebene erforderlich ist, um Fortschritte in der Fundamentalphysik zu erzielen, wurde in Abschnitt 27 der Referenz [25] vorgenommen.

Die elektrische Gauß-Gleichung der ersten Ebene wurde als Gleichung (40) in Referenz [30] entwickelt. Siehe Abschnitt 2.7 für ein Nutzungsbeispiel:

$$\mathbf{E}_\lambda = \frac{\pi e}{\varepsilon_0 \alpha^3 \lambda^2} \tag{B.1}$$

sowie die Gaußsche Magnetgleichung der ersten Ebene, die als Gleichung (34) in derselben Referenz entwickelt wurde:

$$\mathbf{B}_\lambda = \frac{\mu_0 \pi e c}{\alpha^3 \lambda^2} \tag{B.2}$$

Die elektrische zusammengesetzte E-Feldgleichung der ersten Ebene, die erforderlich ist, um die Geschwindigkeit eines massiven geladenen Teilchens zu berechnen, bei der es sich in Wirklichkeit um das vollständig aufgelöste E-Feld der Lorentz-Gleichung F=q($E + v$ x B) handelt, wurde dann als Gleichung (58) in derselben Referenz aufgelöst und ist hier aus Bequemlichkeit vollständig entwickelt:

$$\mathbf{E} = \mathbf{E}_{\lambda_c} \times \Delta\mathbf{E}_\lambda = \frac{\pi e}{\varepsilon_0 \alpha^3} \frac{\left(\lambda^2 + {\lambda_c}^2\right)\sqrt{\lambda_c\left(4\lambda + \lambda_c\right)}}{\lambda^2 {\lambda_c}^2 \quad \left(2\lambda + \lambda_c\right)} \tag{B.3}$$

Die zur Berechnung der Geschwindigkeit eines massiven geladenen Teilchens erforderliche zusammengesetzte B-Feldgleichung der ersten Ebene, die das vollständig aufgelöste B-Feld der Lorentz-Gleichung ist, wurde als Gleichung (49) in der gleichen Referenz aufgelöst und wird hier aus Bequemlichkeit vollständig entwickelt:

$$\mathbf{B} = \mathbf{B}_{\lambda_c} + \Delta\mathbf{B}_\lambda = \frac{\pi \mu_0 e c}{\alpha^3} \frac{\left(\lambda^2 + {\lambda_c}^2\right)}{\lambda^2 {\lambda_c}^2} \tag{B.4}$$

Die Gleichungen (B.3) und (B.4) können dann direkt verwendet werden, um die Geschwindigkeit eines geladenen massiven Teilchens mit der traditionellen Gleichung *v=E/B*. zu berechnen. In ähnlicher Weise können die Gleichungen (B.1) und (B.2) direkt verwendet werden, um die Geschwindigkeit jedes frei beweglichen Photons mit der Gleichung *c=E$_\lambda$/B$_\lambda$* zu berechnen.

Nachwort

Das Ziel des vorliegenden Projekts war es, die mechanischen Umwandlungsprozesse zu erforschen, die elektromagnetische Energie und die sehr begrenzte Menge an stabilen elektromagnetischen Elementarteilchen die auf der subatomaren Ebene der physikalischen Realität bestätigt wurden, mittels zerstörungsfreier Streuung, und das sind die Bausteine aller Atome, und auch die sich frei sich bewegenden elektromagnetischen Photonen, die von diesen stabilen Elementarteilchen ausgesandt werden, wenn sie sich in atomaren Strukturen stabilisieren und deren Absorption sie veranlasst, ihre stationären Gleichgewichtszustände vorübergehend oder dauerhaft zu verändern, sowie die Prozesse, durch die sie sich in der beobachteten Hierarchie dieser stabilen Gleichgewichtszustände stabilisieren.

Die nächste Stufe umfasst die Erstellung der verschiedenen komplexen Resonanzwellenfunktionen, die die Mischung aus festen und variierenden Schwebungsfrequenzen beinhalten werden, die die Resonanzvolumina jedes dieser stabilen stationären elektromagnetischen Gleichgewichtszustände definieren, nach der in Referenz ([25] Abschnitt 27) beschriebenen Methode.

Die Methode, die verwendet wurde, um die dreiräumliche Geometrie zu definieren und die subatomare Ebene der physikalischen Realität bis zu der in diesem Projekt erreichten Ebene zu erforschen, wird in Referenz [98] analysiert und beschrieben. So überraschend dies den meisten Menschen auch erscheinen mag, jeder hätte dieses Buch schreiben können, denn die Natur hat jeden von uns mit einem persönlichen Exemplar des mächtigsten Korrelators, den es gibt, unseres Neocortex, ausgestattet. In Referenz [25] wird beschrieben und erklärt, warum und wie sie es jedem von uns ermöglichen kann, nach und nach unser persönliches Verständnis der physischen Realität in einen Zustand zu versetzen, der dem objektiven Verständnis dieser physischen Realität so nahe wie menschenmöglich kommt, und zwar mit den einfachen Mitteln der systematischen Bestätigung der Gültigkeit aller Elemente, die als Grundlage für jede unserer Schlussfolgerungen gewählt wurden, weil ein mehrschichtiges neuronales Netz wie der Neocortex nicht in der Lage ist, aus einer Menge, in der alle Elemente gültig sind, eine ungültige Schlussfolgerung zu ziehen.

Referenz [99] analysiert und beschreibt, wie jedes Kind dazu angeleitet werden kann, seinen persönlichen Korrelator so vollständig wie möglich zu beherrschen. Leider wird zahllosen Kindern in meiner eigenen Gemeinschaft und in vielen anderen durch formell ausgebildete Pädagogen, die über das gesammelte Wissen und dem Verständnis, das die Entdecker der verschiedenen Aspekte unseres Verstehens gewonnen haben, noch nicht vertraut sind. Das Ergebnis ist, dass viele die Verschreibung von betäubenden Medikamenten zur Kontrolle von unbändigem Verhalten bei Kindern tolerieren und in vielen Fällen sogar ermutigen, eine wichtige Ursache dafür ist genau dieser Mangel an geeigneter formaler Anleitung, wie in einer Feldstudie beobachtet wurde, die in den Grundschulen einer großen Stadt in meiner Gemeinschaft durchgeführt wurde und die über die Referenz [100] zugänglich ist.

Literatur

[1] Selleri, F. (1994) *Le grand débat de la théorie quantique*. Champs. Flammarion. France.

[2] Petkov, V. Editor. (2012) *Space and Time - Minkowski's Papers on Relativity*. Minkowski Institute Press. Montreal. Canada.
https://www.amazon.com/Space-Time-Minkowskis-papers-relativity/dp/0987987143.

[3] Planck, M. (1931) *Positivismus und reale Aussenwelt*. Akademische Verlagsgeselschaft M. B. H., Leipzig.
https://catalog.princeton.edu/catalog/2057791

[4] Einstein, A., Schrödinger, E., Pauli, W., Rosenfeld, L., Born, M., Joliot-Curie, I. & F., Heisenberg, W., Yukawa, H., et al. (1953) *Louis de Broglie, physicien et penseur*. 2e Éditions Albin Michel, Paris.

[5] Einstein A. (1910) *Le Principe de relativité et ses conséquences dans la physique moderne*. Traduit de l'allemand par E. Guillaume. Archives des sciences physiques et naturelle 29 (1910): 5-28; 125-144.
http://www.minkowskiinstitute.org/mip/books/einstein2.html

[6] Pais, A. (2005) *Subtle is the Lord: The Science and the Life of Albert Einstein*. Oxford University Press. New York.

[7] Ciufolini I & Wheeler JA (1995). *Gravitation and Inertia*, Princeton University Press.

[8] Michaud A. (2017). *Electromagnetic Mechanics of Elementary Particles. 2nd Edition*. Scholar's Press. Saarbrücken, Germany. 2016. ISBN: 978-3-330-65345-0.
https://www.morebooks.de/store/gb/book/electromagnetic-mechanics-of-elementary-particles/isbn/978-3-330-65345-0

[9] Michaud, A. (2020) *Electromagnetism according to Maxwell's Initial Interpretation*. Journal of Modern Physics, 11, 16-80. https://doi.org/10.4236/jmp.2020.111003.
https://www.scirp.org/pdf/jmp_2020010915471797.pdf.

[10] Michaud, A. (2018) *The Hydrogen Atom Fundamental Resonance States*. Journal of Modern Physics,9,1052-1110.doi:10.4236/jmp.2018.95067.
https://file.scirp.org/pdf/JMP_2018042716061246.pdf.

[11] Michaud, A. (2017) *Gravitation, Quantum Mechanics and the Least Action Electromagnetic Equilibrium States*. J Astrophys Aerospace Technol 5: 152. doi:10.4172/2329-6542.1000152.

https://www.omicsonline.org/open-access/gravitation-quantum-mechanics-and-the-least-action-electromagneticequilibrium-states-2329-6542-1000152.pdf.

[12] Michaud, A. (2020) *Gravitation, Quantum Mechanics and the Least Action Electromagnetic Equilibrium States*. In: Amenosis Lopez, editor. Prime Archives in Space Research. Hyderabad, India: Vide Leaf. 2020.

https://videleaf.com/gravitation-quantum-mechanics-and-the-least-action-electromagnetic-equilibrium-states/

[13] Rousseau, P. (1959) *La Lumière*. Presses Universitaires de France, Collection "Que sais-je?". France.

[14] Michaud, A. (2013) *Deriving Eps_0 and Mu_0 from First Principles and Defining the Fundamental Electromagnetic Equations Set*. International Journal of Engineering Research and Development e-ISSN: 278-067X, p-ISSN: 2278-800X, Volume 7, Issue 4 (May 2013), PP. 32-39.

http://ijerd.com/paper/vol7-issue4/G0704032039.pdf.

[15] Michaud, A. (2016) *On De Broglie's Double-particle Photon Hypothesis*. J Phys Math 7: 153. doi:10.4172/2090-0902.1000153,

https://www.omicsonline.org/open-access/on-de-broglies-doubleparticle-photon-hypothesis-2090-0902-1000153.pdf.

[16] Cornille, P. (2003) *Advanced Electromagnetism and Vacuum Physics*. World Scientific Publishing, Singapore.

[17] Sears F., Zemansky M., Young H. (1984) *University Physics*, 6th Edition, Addison Wesley.

[18] Eisberg, R., and Resnick, R. (1985) *Quantum Physics of Atoms, Molecules, Solids, Nuclei, and Particles*. 2nd Edition, John Wiley & Sons, New York.

[19] Griffiths, D.J. (1999) *Introduction to Electrodynamics*. Prentice Hall, USA.

[20] Jackson, J.D. (1999) *Classical Electrodynamics*. John Wiley & Sons. USA.

[21] Breidenbach M. et al. (1969) *Observed Behavior of Highly Inelastic Electron-Proton Scattering*, Phys.Rev.Let.,Vol.23,No.16,935-939.

https://journals.aps.org/prl/abstract/10.1103/PhysRevLett.23.935.

[22]   Ohanian, H.C., Ruffini, R. (1994) *Gravitation and Spacetime*, Second Edition, W.W. Norton. P. 194.

[23]   Anderson, C.D. (1933) *The Positive Electron*. Phys.Rev.43,491.
https://journals.aps.org/pr/pdf/10.1103/PhysRev.43.491.

[24]   McDonald, K., et al. (1997) Positron Production in Multiphoton Light-by-Light Scattering, Phys.Rev.Lett.79,1626.
http://www.slac.stanford.edu/exp/e144/.
http://journals.aps.org/prl/abstract/10.1103/PhysRevLett.79.1626.

[25]   Michaud, A. (2019) *The Mechanics of Conceptual Thinking*. Creative Education, 10, 353-406.
https://doi.org/10.4236/ce.2019.102028.
http://www.scirp.org/pdf/CE_2019022016190620.pdf.

[26]   Feynman R.P., Leighton R.B and Sands M. (1964) *The Feynman Lectures on Physics*. Addison-Wesley, Vol. II, p. 28-1.

[27]   De Broglie, L. (1993) *La physique nouvelle et les quanta*, Flammarion, France 1937, 2nd Edition 1993, with new 1973 Preface by Louis de Broglie. ISBN: 2-08-081170-3.

[28]   Michaud, A. (2000) *On an Expanded Maxwellian Geometry of Space*. Proceeding of Congress-2000. "Fundamental Problems of Natural Sciences and Engineering". St Peterburg State University. Russia. Volume 1. pp. 291-310.

[29]   Marmet, P. (2003) *Fundamental Nature of Relativistic Mass and Magnetic Fields*. International IFNA-ANS Journal, 9. 64-76. Kazan State University, Kazan, Russia.
http://www.newtonphysics.on.ca/magnetic/index.html.

[30]   Michaud, A. (2007) *Field Equations for Localized Individual Photons and Relativistic Field Equations for Localized Moving Massive Particles*, International IFNA-ANS Journal, No. 2 (28), Vol. 13, 2007, p. 123-140, Kazan State University, Kazan, Russia. https://www.gsjournal.net/Science-Journals/Research%20Papers-Relativity%20Theory/Download/2257.

[31]   Michaud, A. (2013) *The Mechanics of Electron-Positron Pair Creation in the 3-Spaces Model*. International Journal of Engineering Research and Development e-ISSN: 2278-067X, p-ISSN: 2278-800X, Volume 6, Issue 10 (April 2013), PP. 36-49. http://ijerd.com/paper/vol6-issue10/F06103649.pdf.

[32]   Michaud, A. (2013) *The Mechanics of Neutron and Proton Creation in the 3-Spaces Model*. International Journal of Engineering Research and

Development e-ISSN: 2278-067X, p-ISSN : 2278-800X, Volume 7, Issue 9 (July 2013), PP.29-53. http://www.ijerd.com/paper/vol7-issue9/E0709029053.pdf.

[33]   Michaud, A. (2013) *The Mechanics of Neutrinos Creation in the 3-Spaces Model*. International Journal of Engineering Research and Development. e-ISSN: 2278-067X, p-ISSN: 2278-800X, Volume 7, Issue 7 (June 2013), PP. 01-08. http://www.ijerd.com/paper/vol7-issue7/A07070108.pdf.

[34]   Michaud, A. (2017). *The Last Challenge of Modern Physics*. J Phys Math 8: 217. doi: 10.4172/2090-0902.1000217. https://www.omicsonline.org/open-access/the-last-challenge-of-modern-physics-2090-0902-1000217.pdf.

[35]   Bartels, J., Haidt, D., Zichichi, A. Editors (2000) *The European Physical Journal C - Particles and fields*. Springer, Germany.

[36]   Kaufmann, W. (1903) *Über die "Elektromagnetische Masse" der Elektronen*, Kgl. Gesellschaft der Wissenschaften Nachrichten, Mathem.-Phys. Klasse, pp. 91-103. http://gdz.sub.unigoettingen.de/dms/load/img/?PPN=PPN252457811_1903&DMDID=DMDLOG_0025.

[37]   Lorentz, H.A. (1904) *Electromagnetic phenomena in a system moving with any velocity smaller than that of light*, in: KNAW, Proceedings, 6, 1903-1904, Amsterdam, 1904, pp. 809-831. https://en.wikisource.org/wiki/Electromagnetic_phenomena.

[38]   Einstein, A. (1934) *Comment je vois le monde*, Flammarion, France, 1958.

[39]   Abraham, M. (1902) *Dynamik des Elektrons*, Nachrichten von der Gesellschaft der Wissenschaften zu Göttingen, Mathematisch-Physikalische Klasse,1902,S.20. http://gdz.sub.unigoettingen.de/dms/load/img/?PPN=PPN252457811_1902&DMDID=DMDLOG_0009.

[40]   Poincaré, H. (1902) *La science et l'hypothèse*, France, Flammarion 1902, 1995 Edition.

[41]   Planck, M. (1906) *Das Prinzip der Relativität und die Grundgleichungen der Mechanik*. Verhandlungen Deutsche Physikalische Gesellschaft. 8, pp. 136–141. (Vorgetragen in der Sitzung vom 23. März 1906.). https://archive.org/details/verhandlungende00goog/page/n179.

[42] Michaud, A. (2013) *From Classical to Relativistic Mechanics via Maxwell*, International Journal of Engineering Research and Development, e-ISSN: 2278-067X, p-ISSN: 2278-800X. Volume 6, Issue 4. pp. 01-10. http://www.gsjournal.net/Science-Journals/Essays/View/3197.

[43] Michaud, A. (2016) *On Adiabatic Processes at the Elementary Particle Level*. J Phys Math 7: 177. doi: 10.4172/2090-0902. 1000177. https://www.omicsonline.org/open-access/on-adiabatic-processes-at-the-elementary-particle-level-2090-0902-1000177.pdf.

[44] Michaud, A. (2013) *Unifying All Classical Force Equations*, International Journal of Engineering Research and Development, e-ISSN: 2278-067X, p-ISSN: 2278-800X, Volume 6, Issue 6 (March 2013), PP. 27-34. http://www.ijerd.com/paper/vol6-issue6/F06062734.pdf.

[45] Michaud, A. (2013) *Inside Planets and Stars Masses*. International Journal of Engineering Research and Development e-ISSN: 2278-067X, p-ISSN: 2278-800X, Volume 8, Issue 1 (July 2013), PP. 10-33. http://ijerd.com/paper/vol8-issue1/B08011033.pdf.

[46] Anderson, J.D., Laing, A., Lau, E.L., Liu, A.S., Nieto, M.M. et al. (1998) Indications from Pioneer 10/11, Galileo, and Ulysses Data, of an Apparent Anomaleous, Weak, Long-Range Acceleration, gr-qc/9808081, v2, 1 Oct 1998. http://arxiv.org/pdf/gr-qc/9808081v2.pdf.

[47] Nieto, M.M., Goldman, T., Anderson, J.D., Lau, E.L., Perez-Mercader, J. (1994) *Theoretical Motivation for Gravitation Experiments on Ultra low Energy Antiprotons and Antihydrogen*, hep-ph/9412234, 5 Dec 1994. http://arxiv.org/pdf/hep-ph/9412234.pdf.

[48] Anderson, J.D., Campbell, J.K, Nieto, M.M. (2006) *The energy transfer process in planetary flybys*, astro-ph/0608087v2, 2 Nov 2006. http://arxiv.org/pdf/astro-ph/0608087.pdf.

[49] Michaud, A. (2013) *On The Magnetostatic Inverse Cube Law and Magnetic Monopoles*. International Journal of Engineering Research and Development e-ISSN: 2278-067X, p-ISSN: 2278-800X. Volume 7, Issue 5. pp. 50-66. http://www.ijerd.com/paper/vol7-issue5/H0705050066.pdf.

[50] National Institute of Standards and Technology, (NIST).

https://www.physics.nist.gov/cgi-bin/cuu/Value?h|search_for=universal_in!.

[51] Lide, D.R., Editor-in-chief. (2003) *CRC Handbook of Chemistry and Physics*. 84thEdition 2003-2004, CRC Press, New York. 2003.

[52] Michaud, A. (2013) *On the Einstein-de Haas and Barnett Effects*, International Journal of Engineering Research and Development. e-ISSN: 2278-067X, p-ISSN: 2278-800X, Volume 6, Issue 12, pp. 07-11. http://ijerd.com/paper/vol6-issue12/B06120711.pdf.

[53] Michaud, A. (2013) *The Expanded Maxwellian Space Geometry and the Photon Fundamental LC Equation*. International Journal of Engineering Research and Development, e-ISSN: 2278-067X, p-ISSN: 2278-800X. Volume 6, Issue 8, pp. 31-45. http://ijerd.com/paper/vol6-issue8/G06083145.pdf.

[54] Kühne, R.W. (1998) Remark on "Indication, from Pioneer 10/11, Galileo, and Ulysses Data, of an Apparent Anomalous, Weak, Long-Range Acceleration". arXiv:gr-qc/9809075v1 28 Sep 1998. https://arxiv.org/pdf/gr-qc/9809075.pdf.

[55] Hafele, J.C., and Keating, R.E. (1972) *Around-the-World Atomic Clocks: Predicted Relativistic Time Gains*. Science, New Series, Vol. 177, No. 4044, pp. 166-168. DOI: 10.1126/science.177.4044.166. http://www.personal.psu.edu/rq9/HOW/Atomic_Clocks_Experiment.pdf.

[56] Michaud, A. (2016) *On the Birth of the Universe and the Time Dimension in the 3-Spaces Model*. American Journal of Modern Physics. Special Issue: Insufficiency of Big Bang Cosmology. Vol. 5, No . 4-1, 2016, pp. 44-52. doi: 10.11648/j.ajmp.s.2016050401.17. http://article.sciencepublishinggroup.com/pdf/10.11648.j.ajmp.s.201605040 1.17.pdf.

[57] Resnick, R., & Halliday, D. (1967) *Physics*. John Wyley & Sons, New York.

[58] De Broglie, L. (1923) *Ondes et Quanta*. Comptes rendus T.177 (1923) 507-510. http://www.academie-sciences.fr/pdf/dossiers/Broglie/Broglie_pdf/CR1923_p507.pdf.

[59] Kaku, M. (1993) *Quantum Field Theory*. Oxford University Press. New York.

[60] Michaud, A. (2013) *On the Electron Magnetic Moment Anomaly*, International Journal of Engineering Research and Development. e-ISSN: 2278-067X, p-ISSN: 2278-800X. Volume 7, Issue 3, PP. 21-25.

http://ijerd.com/paper/vol7-issue3/E0703021025.pdf.

[61] Michaud, A. (2013) *The Corona Effect.* International Journal of Engineering Research and Development e-ISSN: 2278-067X, p-ISSN: 2278-800X, Volume 7, Issue 11(July2013), PP. 01-09.

http://www.ijerd.com/paper/vol7-issue11/A07110109.pdf.

[62] Lowrie, W. (2007) *Fundamentals of Geophysics*, Second Edition, Cambridge University Press.

[63] Auger, A., Ouellet, C. (1998) *Vibrations, ondes, optique et physique moderne.* 2e Édition. Le Griffon d'argile. Quebec. Canada.

http://collegialuniversitaire.groupemodulo.com/2252-vibrations-ondes-optique-et-physique-moderne-2e-edition-produit.html.

[64] Kotler S., Akerman N., Navon N., Glickman Y., Ozeri R. (2014) *Measurement of the magnetic interaction between two bound electrons of two separate ions.* Nature magazine. doi:10.1038/nature13403. Macmillan Publishers Ltd. Vol. 510, pp. 376-380.
http://www.nature.com/articles/nature13403.epdf?referrer_access_token=yoC6RXrPyxwvQviChYrG0tRgN0jAjWel9jnR3ZoTv0PdPJ4geER1fKVR1YXH8GThqECstdb6e48mZm0qQo2OMX_XYURkzBSUZCrxM8VipvnG8FofxB39P4lc-1UIKEO1.

[65] De Broglie, L. (1924) *Sur la définition générale de la correspondance entre onde et mouvement*, Comptes rendus de l'Académie des Sciences. (Paris) 179, 39.

[66] De Broglie, L. (1924) *Sur un théorème de Bohr*, C. R. Acad. Sci. (Paris) 179, 676, Comptes rendus de l'Académie des Sciences. (Paris) 179, 39.

[67] Schrödinger, E. (1952) *Are there quantum jumps?* Brit. J. Philos. Sci. 3 109,233.

https://philpapers.org/rec/SCHATQ-3

[68] Golovko, V.A. (2008) Electromagnetic radiation and resonance phenomena in quantum mechanics. arXiv:0810.3773v2.

https://arxiv.org/abs/0810.3773

[69] Schrödinger, E. (1930) *Über die kräftefreie Bewegung in der relativistischen Quantenmechanik*, Sitzungsberichte Akad. Berlin 1930, 418-428.

[70] Schwinger, J. (1948) On Quantum-electrodynamics and the Magnetic Moment of the Electron. Phys. Rev. 73, 416-417.

[71] Haskell, R.E. (2003) *Special Relativity and Maxwell's Equations*, Computer Science3 and Engineering Department, Oakland University, Rochester, Mi 48309.
http://www.cse.secs.oakland.edu/haskell/Special%20Relativity%20and%20Maxwells%20Equations.pdf

[72] Ernst, A. and Hsu, J.P. (2001) *First Proposal of the Universal Speed of Light by Voigt in 1887*, Chinese Journal of Physics, Vol. 39, No. 3.
http://adsabs.harvard.edu/cgi-bin/nph-data_query?bibcode=2001ChJPh..39..211E&link_type=ARTICLE&db_key=PHY&high=

[73] Particle Data Group. The European Physical Journal - Review of Particle Physics, Volume 15 – Number 10-4.2000.

[74] Cauchois Y. (1952). *Atomes, Spectres, Matière*. Éditions Albin Michel, Paris, 1952.

[75] Poincaré H. (1905). *La valeur de la science*, France, Flammarion 1994 Edition.

[76] Poincaré, M.H. (1905) *Sur la dynamique de l'électron*. Comptes rendus de l'Académie française. 1905/01 (T140)-1905/06, pp 1504-1508.

[77] Poincaré, M.H. (1906) *Sur la dynamique de l'électron*. Rendiconti del circolo matematico di Palermo **21,** 129–175.
https://doi.org/10.1007/BF03013466.
https://fr.wikisource.org/wiki/Sur_la_dynamique_de_1%E2%80%99%C3%A9lectron

[78] Blackett P.M.S. & Occhialini G. (1933). *Some photographs of the tracks of penetrating radiation*, Proceedings of the Royal Society, 139, 699-724.

[79] Anderson J.D. et al. (2005). Study of the anomalous acceleration of Pioneer 10 and 11, gr-qc/0104064.
https://arxiv.org/abs/gr-qc/0104064

[80] Keith J.C. (1963). *Gravitational Radiation and Aberrated Cenripetal force Reactions in Relativity theory. Part 2. Retarded cohesive Forces. Revista Mexicana de Fisica. Vol.XII,1: (7 Marzo de 1963).

[81] Fremerey J.K. (1973). Significant Deviation of Rotational Decay from Theory at a Reliability in the 10^{-12} sec^{-1} Range. Phys. Rev. Lett., v. 30, no. 16, pp. 753-757.

https://journals.aps.org/prl/abstract/10.1103/PhysRevLett.30.753

[82] Blewett J.P. (1946). Radiation Losses in the Induction Electron Accelerator, Phys. Rev. 69, 87.

https://journals.aps.org/pr/abstract/10.1103/PhysRev.69.87

[83] Turner, S. Editor. (1994) *CERN Accelerator School — Fifth General Accelerator Physics Course*. Proceedings. University of Jyväskylä. Finland.

https://cds.cern.ch/record/235242/files/CERN-94-01-V1.pdf.

[84] Storti, R. (2011) Quinta Essentia. *A Practical Guide to Space-Time Engineering*. Delta Group Engineering. Australia.

[85] Giancoli, D.C., (2008) *Physics for Scientists & Engineers*. Pearson Prentice Hall, USA.

[86] Çengel, Y.A., & Boles, M.A., (2002) *Thermodynamics - An Engineering Approach*. McGraw Hill, USA.

[87] Meriam, J.L., & Kraige, L.G., (2003) *Engineering Mechanics Dynamics*. John Wiley and Sons. USA.

[88] Rao, S.S., (2005) *Mechanical Vibrations*. Pearson Prentice Hall, Singapore.

[89] Rao, N.N. (2000) *Elements of Engineering Electromagnetics*. 5th Edition. Prentice Hall. Upper Saddle River, New Jersey.

[90] Hibbeler, R.C., (2005) *Mechanics of Materials*. Pearson Prentice Hall, USA.

[91] De Broglie L. (1934). *L'équation d'ondes du photon*, C. R. Acad. Sci., **199**, p. 445-448.

[92] De Broglie L. and Winter M.J. (1934). *Sur le spin du photon*, C. R. Acad. Sci., **199**, p. 813-816.

[93] De Broglie L. (1936). La théorie du photon et la mécanique ondulatoire relativiste des systèmes, C. R. Acad. Sci., 203, p. 473-477.

[94] De Broglie L. (1937). *La quantification des champs en théorie du photon*, C. R. Acad. Sci., **205**, p. 345-349.

[95] Markoulakis, E., Rigakis, I., Chatzakis, J., Konstantaras, A., Antonidakis, E. (2018) *Real time visualization of dynamic magnetic fields with a nanomagnetic ferrolens*, J. Magn. Magn. Mater. 451 (2018) 741-748. doi:10.1016/j.jmmm.2017.12.023.
https://www.sciencedirect.com/science/article/abs/pii/S0304885317319194?via%3Dihub.

[96] Soosaleon A. (2017). *Gravity Induced Resonant Emission.* arXiv:1704.07225v1 [physics.plasm-ph+2] 4 Apr 2017.

https://arxiv.org/pdf/1704.07225.pdf

[97] Born M. & Fock V. (1928). *Beweis des Adiabatensatzes.* In: Zeitschrift für Physik. Band 51, Nr. 3-4, März 1928, S. 165–180, doi:10.1007/BF01343193.

https://link.springer.com/article/10.1007%2FBF01343193

[98] Michaud A (2017) On the Relation between the Comprehension Ability and the Neocortex Verbal Areas. J Biom Biostat 8: 331. doi:10.4172/2155-6180.1000331

https://www.hilarispublisher.com/open-access/on-the-relation-between-the-comprehension-ability-and-the-neocortexverbal-areas-2155-6180-1000331.pdf.

[99] Michaud A (2016) *Intelligence and Early Mastery of the Reading Skill.* J Biom Biostat 7: 327. doi: 10.4172/2155-6180.10003.

https://www.hilarispublisher.com/open-access/intelligence-and-early-mastery-of-the-reading-skill-2155-6180-1000327.pdf.

[100] Michaud A (2016) *Critical Analysis of a Field Research Report on ADD and ADHD.* Int J Swarm Intel Evol Comput 5: 142. doi: 10.4172/2090-4908.1000142.

https://www.longdom.org/open-access/critical-analysis-of-a-field-research-report-on-add-and-adhd-2090-4908-1000142.pdf.

9 789975 323864